普通高等学校智能建造类"新工科新形态"系列教材

总主编 陈湘生 中国工程院院士

Intelligent Construction

传感器与物联网概论

陈 鑫 王其昂 刘景良 徐卓君 傅文炜 编著

中南大学出版社
www.csupress.com.cn
·长沙·

图书在版编目（CIP）数据

传感器与物联网概论／陈鑫等编著. --长沙：中南大学出版社，2025.7. --（普通高等学校智能建造类"新工科新形态"系列教材／陈湘生总主编）. --ISBN 978-7-5487-6307-9

Ⅰ. TP212；TP393.4；TP18

中国国家版本馆 CIP 数据核字第 2025S6G237 号

传感器与物联网概论
CHUANGANQI YU WULIANWANG GAILUN

陈　鑫　王其昂　刘景良　徐卓君　傅文炜　编著

□出 版 人	林绵优
□策划编辑	刘颖维　刘锦伟
□责任编辑	刘锦伟
□责任印制	李月腾
□出版发行	中南大学出版社
	社址：长沙市麓山南路　　　　邮编：410083
	发行科电话：0731-88876770　　传真：0731-88710482
□印　　装	长沙鸿和印务有限公司

□开　　本　787 mm×1092 mm　1/16　□印张 13.5　□字数 341 千字
□互联网+图书　二维码内容　视频 84 分钟　字数 34 千字
□版　　次　2025 年 7 月第 1 版　　□印次 2025 年 7 月第 1 次印刷
□书　　号　ISBN 978-7-5487-6307-9
□定　　价　55.00 元

出版说明

PUBLICATION NOTE

在国家大力推动人工智能发展的大背景下，土木工程领域正经历着深刻的变革，将通过数字化、人工智能、各类感知、物联网、区块链以及相关学科交叉融合，打造数智大土木工程学科。智能建造作为土木工程与新兴技术深度融合的产物，正逐渐成为行业发展的新趋势。它不仅为土木工程的设计、施工、运维等各个环节带来了创新的理念和方法，也为解决传统土木工程面临的诸多挑战提供了新的思路和途径。智能建造作为建筑业数字化、智能化、绿色化发展的核心驱动力，深度融合了土木工程、计算机科学、机械工程等多学科知识，是推动建筑业高质量发展、助力国家"新工科"战略实施的关键领域。高校开设智能建造专业，不仅顺应了行业发展趋势，更为国家"新工科"战略提供了强有力的人才支撑，是培养高素质复合型人才、推动建筑业转型升级的重要举措。

随着全国开设智能建造专业高校数量的增加，智能建造专业学生规模持续扩大。为满足专业发展和高质量人才培养的需求，优质教材的编写与出版成为当务之急。为此，陈湘生院士与中南大学出版社携手，联合全国近30所高校（中南大学、西南交通大学、湖南大学、东南大学、山东大学、同济大学、深圳大学、济南大学、中国矿业大学、香港理工大学、沈阳建筑大学、福建农林大学、长沙理工大学、华南理工大学、湖南城市学院、湖南工业大学、湖南科技大学、湖北工业大学、浙江工业大学、浙大宁波理工学院、苏州科技大学、安徽理工大学、江西理工大学、南京工程学院、新疆工程学院、宿迁学院、苏州城市学院、常州工学院等）和3家国家经济战略层面的特大型综合性建筑产业集团（中国中铁股份有限公司、中国交通建设股份有限公司、中国建筑集团有限公司），依托国家"新工科"战略导向，以全国教育大会精神为根本遵循，紧扣新时代教育"政治属性、人民属性、战略属性"核心要义，落实《教育强国建设规划纲要（2024—2035年）》关于教材建设的要求，组建了以院士、杰青、长江学者、优青、高被引学者、一线骨干教师为核心的高水平师资队伍，制定了服务"科技强国"战略需求的专业教材体系，创建了符合中国式现代化人才培养规律的教学资源生态新形态教材特色模块，全面反映了智能建造专业基础理论、工程应用技术和科技发展前沿，旨在为智能建造领域提供一批引领专业发展、创新人才培养模式的精品教育资源，助力新时代智能建造人才的培养与行业进步。

根据土木工程专业升级需求，关注智能建造核心内容，重点围绕理论建模与智能算法、感知融合与数字平台、工具平台与系统开发与土木工程专业课程的智能化升级四大知识集群编著本套教材。本套教材第一期共 14 种：《土木工程与智能建造导论》《智能建造基础理论》《智能感知与数字孪生》《深度学习算法与应用》《智能控制与工程机器人技术》《智能建造工程材料》《Python 程序设计与智能建造实例》《传感器与物联网概论》《BIM 技术基础及应用》《工程测量与智能勘测》《土木工程智能施工》《基础设施智能检测监测与评价》《3D 打印混凝土建造技术》《智能建造专业英语》。

本套教材将教学改革、教学研究的成果与教材建设相结合。遵循"重基础、宽口径、强能力、强应用"的原则，全套教材统一规划，各系列教材之间紧密配合、有机联系，突出教材的科学性、系统性、适应性、时代性、创新性。同时，体现智能建造领域新知识、新技术、新工艺、新方法、新成果，使智能建造教学跟上科技发展的步伐。

本套教材的组织出版，以自愿、热爱和能力为基础，汇聚志同道合者，共同致力于编写高质量的教材，编写时力求做到概念准确、叙述精练、案例典型、深入浅出、篇幅恰当、辞章规范，采用最新的国家标准及技术规范。

本套教材适用于高等院校智能建造、土木工程、建筑工程、工程管理等专业的本科生、专科生，也可作为其他专业学生、教师、科研工作者、工程技术人员的参考书，还可用作创新竞赛和训练计划项目等大学生创新实践活动的指导用书。对于对智能建造感兴趣的跨领域学习者，本套教材也可作为入门参考，帮助其了解智能建造的基本概念、技术框架及其与其他学科的交叉应用实例。

中南大学出版社

2025 年 4 月

编委会

EDITORIAL COMMITTEE

◎ **主　任**

陈湘生

◎ **常务副主任**

余志武　　毛志兵　　蒋丽忠

◎ **副主任**(按姓氏笔画排序)

王卫东　　王　平　　王　磊　　包小华　　华旭刚　　李利平

汪双杰　　黄　超

◎ **委　员**(按姓氏笔画排序)

丁　陶	马亚飞	王　宁	王　劲	王　彬	王华飞	王其昂
王树英	王晓健	王银辉	元　强	毛广湘	毛建锋	方　钊
方　琦	邓江桦	龙　昊	石　雷	庄培芝	刘　潇	刘洪亮
刘祥鑫	刘景良	江力强	汲广超	孙　晓	杨万理	杨成龙
李　伟	李　军	李　辉	肖同亮	肖源杰	吴　畅	吴晶晶
何　畅	邹贻权	汪　优	汪建群	宋　力	宋占峰	张　玲
张西文	张育智	陈　鑫	陈争卫	范　成	国　巍	易　亮
郑响凑	胡文博	费建波	姚一鸣	贾布裕	钱　于	徐卓君
高　畅	郭　峰	唐　葭	唐由之	宾　佳	黄浩如	崔炜奇
董　优	蒋红光	傅文炜	谢　金	蔡景明	蔡新江	裴尧尧
谭　毅	黎　翔	燕　飞				

◎ **出版人**

林绵优(中南大学出版社)

序

PREFACE

随着新一轮科技革命与产业变革的深入演进，以人工智能、大数据、物联网为代表的新一代信息技术与传统土木工程行业的深度融合，正深刻重构土木工程行业的生态格局。智能建造作为推动专业转型升级的核心引擎，如何培养兼具工程实践能力与数字创新思维的高素质人才，已成为我国高等教育亟待破解的课题。

在此时代使命的召唤下，由全国近30所高校和3家代表性企业组成的跨区域教研联盟，历时三年协同攻坚，共同编撰完成"普通高等学校智能建造类'新工科新形态'系列教材"。本套教材注重服务国家战略、对接产业发展需求，适应国家高等教育教学改革要求，符合教情学情，以学生为中心，注重培养学生综合素质和实践能力；强化教材的育人功能，将课程逻辑、人类命运共同体逻辑融为一体，并将课程思政内容有机融入工程实际的每个过程，注重潜移默化地引导学生树立科技报国、工程造福社会的职业使命感。

新形态教材体系贯彻落实《中国教育现代化2035》提出的"发展中国特色世界先进水平的优质教育"战略目标，响应《教育信息化2.0行动计划》关于"构建智慧学习支持环境"的要求，对接《关于深化高等学校创新创业教育改革的实施意见》中"强化实践"的指导意见，通过四大模块形成完整学习闭环：首先借助思维导图建立知识网络框架，将碎片化的信息转换为可视化的逻辑体系；继而通过AI数字人微课对核心知识点进行深度解析，以智能化方式激活学生高阶思维；认知拓展模块通过学生参与教材内容建设，激励学生参与知识补充与创新表达；实践创新模块以真实项目为载体，既强化问题解决能力，又通过代际知识传承机制使教材成为动态生长的智慧载体。4 个维度环环相扣，既融合先进技术赋能思维可视化与深度学习，又通过参与式创作和项目实践培育创新素养，最终形成框架建构、思维深化、认知迭代、实践创新的立体化学习生态，使教材从静态知识载体转型为连接师生智慧、贯通理论实践、促进代际对话的动态教育平台。

本套教材的编撰，汇聚了全国多所高校的学科优势，以及院校在地方特色方面的实践经验。智能建造的发展浪潮方兴未艾，教材的出版并非终点，而是深化教育教学改革的起点。期待本系列教材能成为高校智能建造专业的"基石之作"，未来通过持续迭代升级，逐步拓展至建筑产业互联网、低碳智慧城市等新兴领域。数字化、智能化(包括人工智能)属于青年人，尤其是 35 岁以下的青年学子。希望青年学子以此为舟楫，在掌握 Python 编程、深度学习、智能装备操控以及人工智能技术等"硬技能"的同时，涵养"以技术赋能未来人居文明"的"软情怀"，成为引领中国建造迈向"中国智造"的时代开拓者！

当建筑被赋予感知与思考的能力，当钢筋混凝土的肌理流淌着数据的脉搏，智能建造正以颠覆性的力量重塑人类构筑文明的范式。从深埋地下的城市综合管廊到高耸入云的摩天大楼，从装配式构件的毫米级拼装到数字孪生城市的全域推演，这场变革不仅需要硬核技术的突破，更需要教育链与产业链的同频共振。让我们共同期待，这套凝聚着中国工程教育界集体智慧的教材，能为智能建造人才培养注入强劲动能，为中国建造的数字化未来书写崭新篇章！

陈湘生　中国工程院院士

2025 年 5 月 20 日

前 言

FOREWORD

　　本教材立足"新工科"建设背景，以培养创新型、复合型智能建造人才为目标，致力于为专业教材建设提供科学依据与实践指导。本教材编写将秉持以下原则：①充分体现"新工科"建设要求，突出专业特色；②注重理论知识与实践应用的有机融合；③强化创新思维与前沿技术的渗透；④构建系统化、模块化的知识体系。通过打造具有创新性、实用性和前瞻性的高质量教材体系，切实提升智能建造专业人才培养质量，助力建筑业智能化转型升级。

　　本教材内容设计具有整体性和逻辑性，框架清晰、循序渐进、层次分明、模块设置合理；文字、图片、音视频等内容系统设计，有机结合；适应教育数字化要求，结构开放，内容可选择，配套资源丰富，满足弹性教学、分层教学等需要，充分应用数字技术，做到教材内容可更新。

　　本教材是本紧密契合数智化时代需求、聚焦建筑业智能化转型的前沿教材。以"智能传感"与"物联网"两大技术为主线，系统阐述其在智能建造中的理论框架、关键技术及工程实践，旨在为读者构建从基础概念到行业应用的全景知识体系。全书共分七章，内容层层递进：第1章立足行业背景，剖析智能传感与物联网在解决建筑业信息化水平低、资源浪费严重等瓶颈问题中的核心价值；第2~4章深入技术细节，涵盖传感器原理与标定、RFID标识、无线定位及网络传输等关键技术，特别强化传感器选型布设、多源数据融合等工程实践要点；第5~6章聚焦智能信息处理与安全，结合云计算、异常数据修复等数智化手段，探讨物联网安全新范式；第7章通过建筑、桥梁和地下空间等典型工程实例，验证技术落地的可行性。

本教材核心特点：

（1）体系完整，逻辑递进清晰。从智能传感与物联网的基础概念切入，厘清技术内涵与发展脉络，并锚定智能建造的行业需求（如建筑业瓶颈与转型趋势）；按"感知（传感技术）→标识（RFID/定位）—传输（有/无线通信）—处理（数据融合/云计算）—安全（分层防护/数字孪生）"链条展开关键技术，章节间逻辑紧密咬合，形成完整技术生态；以桥梁、地下空间等典型工程为场景，体现"理论-技术-应用"的系统性。

（2）强调"感知-传输-处理-应用"的技术闭环。从传感器原理、标定到选型布设，延伸至 RFID、生物识别等多元标识技术，夯实数据采集精度与对象识别能力。覆盖有线（双绞线、光缆）与无线（通信原理、传感网络优化）双路径，解析组网拓扑与传输效能提升方法。通过海量数据压缩、异常修复、多源融合（Bayes/神经网络）及云计算，实现数据到决策的转换。以工程实例验证技术闭环的协同价值，体现从单一技术到系统集成的跃迁。

（3）技术覆盖"广域+纵深"，兼具专业性与普适性。涵盖传感器、自动识别（光符/语音/生物）、无线定位、Internet 等基础技术，并延伸至多源数据融合、分布式压缩等复合领域。涵盖传感器原理、RFID、无线定位、有线/无线通信、数据压缩等多领域技术。关键技术均设专题剖析，兼顾原理认知与实践指导。

（4）前沿技术深度融合，回应数智化转型挑战。融入云计算、数字孪生、神经网络、分布式压缩等新兴技术，呼应数智化浪潮下技术迭代需求，凸显技术迭代路径与创新思维。

（5）以问题为导向，强化工程思维训练。每章设置实践导向的复习思考题，强化解决复杂工程问题的能力。

由于编写水平有限，书中难免有不妥和错误之处，望广大读者批评指正。最后，感谢所有为本书编写和出版付出辛勤努力的老师们，也感谢广大读者对本书的关注和支持。我们期待在未来的日子里，能够继续与大家一起探索智能建造领域的无限可能。

作者

2025 年 6 月

目 录

CONTENTS

绪　论

AI微课

本章思维导图

```
                   ┌─ 认识智能传感—跨学科、多领域的综合性技术
                   │
         智能传感的基本 ┤           ┌─ 从航空航天、机械等领域推广到土木工程领域
         概念         ├─ 发展历程 ┤                        ┌─ 数据感知获取
                   │           └─ 未来发展方向 ─┤─ 智能结构构建
                   │                            └─ 结构识别评估
                   └─ 主要功能和特点

                   ┌─ 认识物联网 ┤─ 全面感知
                   │            ├─ 可靠传输
         物联网的基本概念 ├─ 发展历程   └─ 智能处理
                   └─ 主要功能和特点

  绪论             ┌─ 体系架构
                   │            ┌─ 感知层
         物联网的关键技术 ┤─ 关键技术的组成 ┤─ 网络层
                                └─ 应用层

                   ┌─ 建筑业转型升级 ┤─ 粗放式增长与高质量发展的矛盾
                   │  的主要瓶颈    ├─ 劳动力供需之间的矛盾突出
         智能传感与物联网 │            └─ 高消耗、高污染与绿色发展理念的冲突
         在智能建造中的应用 ├─ 发展趋势
                   ├─ 智能传感的应用
                   └─ 物联网的应用
```

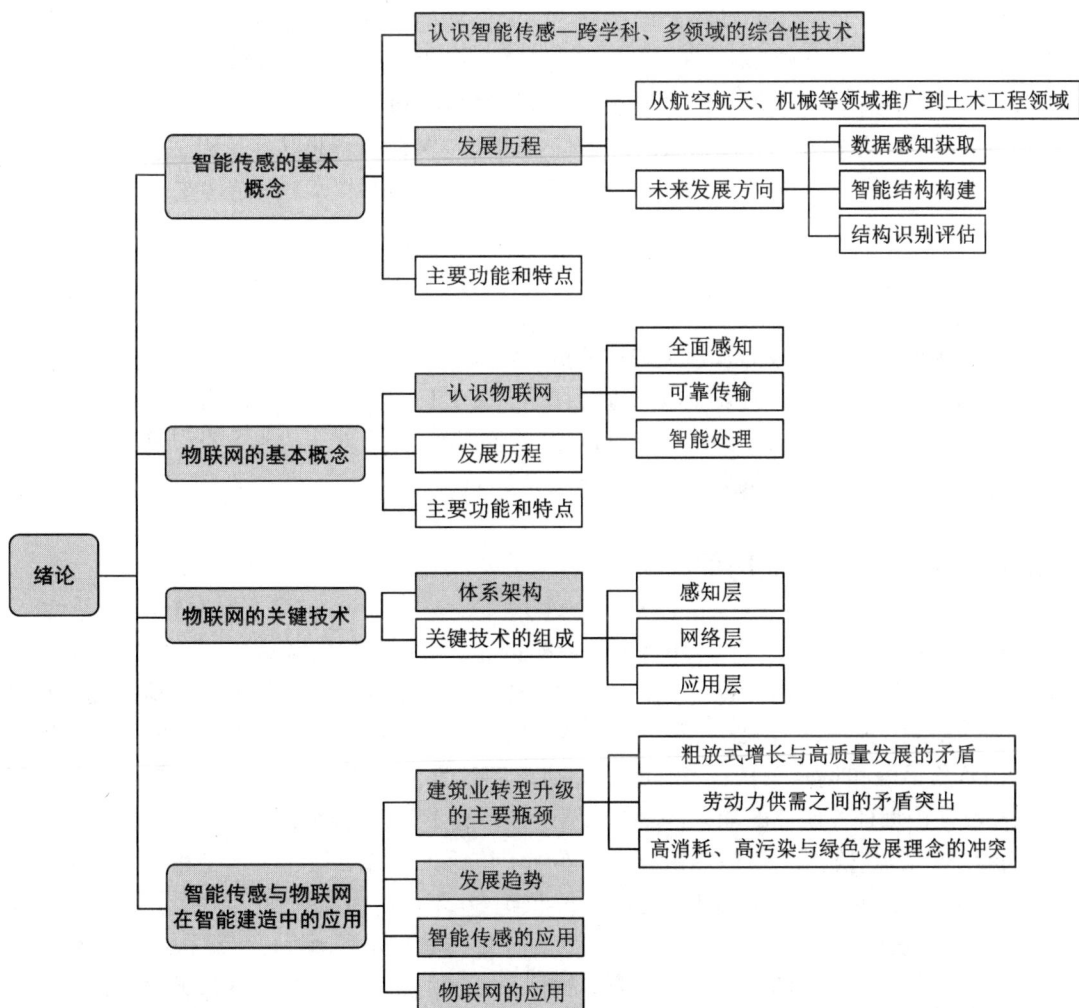

建议掌握　　建议了解

1.1 智能传感的基本概念

>>>

1.1.1 认识智能传感

>>>

智能传感的定义为利用传感技术获取结构载荷与响应的关键信息，通过现场测量数据分析和挖掘获得结构性能表征，进而评估当前结构健康状态与服役能力的一般过程。具体来说，智能传感是通过在施工中或建成后的结构构件上设置传感或驱动元件，定时探测结构内部与环境因素耦合作用下的参数改变，并通过实时采集与信号传输，使监测单位及时获取与结构性能状况有关的各类信息，从中提取损伤特征因子，进行状态识别、健康评估、灾害预警等实际应用的技术。可见，智能传感的内涵在于：基于传感技术，通过对结构的物理力学性能进行无损检测，实时监测结构的整体状态，对结构的损伤、退化进行诊断，对结构的承载能力、服役状况、可靠性和耐久性等进行智能综合评估，同时在突发情况下或结构状态异常时发出预警，从而可为结构的维护与管理决策提供指导和依据。

智能传感是一项跨学科、多领域的综合性技术，包含结构分析技术、传感技术、测试技术、通信技术、信号分析技术、计算机技术和数据挖掘处理技术等。对结构进行长期健康监测意义重大：

①可以实时或准实时地对结构出现的损伤进行诊断，及时发出危险预警，从而避免或减小事故发生造成的损失。

②对发现的损伤原因或异常情况进行分析，从而提供合理的维护建议。

③在结构突发事件后对其安全状态进行评估，或在服役后期预测其使用寿命。

④监测所得的实测数据和分析结果可以提高研究设计人员对于大型复杂结构的认识，为今后的设计和建造提供参考依据。

1.1.2 智能传感的发展历程

>>>

智能传感技术起源于 20 世纪 50 年代，最初目的是进行结构的载荷监测。随着结构日益向大型化、复杂化和智能化发展，该技术的内容逐渐丰富起来，不再局限于载荷监测，而向着结构损伤检测、损伤评估、结构寿命预测乃至结构损伤的自动修复等方面发展。受制于早期落后的监测手段和技术条件，当时的研究缺乏系统性。随着传感元件、计算机设备的革新，以及数据挖掘理论研究的深入，智能传感已经引起了国内外科技部门的高度重视。

智能传感在航空航天、机械等领域已经得到了广泛的应用，但在土木工程领域，尤其是在建筑结构方面，还处于逐步成熟的阶段。20 世纪 80 年代中后期到 90 年代，服务于智能传感的结构健康监测系统研究迅速发展起来，欧美一些国家首先明确提出了结构健康监测的新理念，并先后在一些重要的大跨度桥梁或结构体系新颖的桥梁上安装了健康监测系统，主要监测环境载荷、结构振动和局部应力状态，用以监测施工质量、验证设计假定和评定结构安全状态。土木工程结构具有体量巨大、形式复杂、服役期长、载荷多样的显著特点，这使得结构健康监测技术有了充分发展的空间，引起了各国政府和研究机构的高度重视。早在1995年，美国白宫科技政策办公室和国家关键技术评审组就将智能材料与结构监测技术列入《美国国家关键技术报告》；进入21世纪，美国国家科学基金会机械与土木工程学科设立了专门"传感器技术计划"，每年投入300余万美元开展此项研究。日本设立了"智能结构系统"研究计划。欧洲科学基金会设立了"智能复合材料结构损伤诊断"研究计划。我国国家自然科学基金委自20世纪90年代后期就已将"结构健康监测"列入重要支持方向。与此同时，该领域的国际合作研究也日益增多，如美国国家科学基金会资助了美中、美日等以强调地震与自然灾害应用为目的的集成健康监测的合作研究项目等。另外，一些国际学术组织，如国际结构控制与监测学会(International Association for Structural Control and Monitoring，IASCM)、国际智能基础设施结构健康监测学会(International Society for Structural Health Monitoring of Intelligent Infrastructure，ISHMII)、智能结构技术亚太研究中心网络(Asian-Pacific Network of Centers for Research in Smart Structures Technology，ANCRiSST)也相继成立。我国相继成立了中国振动工程学会结构抗振控制与健康监测专业委员会、中国仪器仪表学会设备结构健康监测与预警分会等学术组织。以结构健康监测为主题的系列国际会议定期召开，如结构控制与监测世界大会(World Conference on Structural Control and Monitoring，WCSCM)、结构健康监测国际研讨会(International Workshop on Structural Health Monitoring，IWSHM)、结构健康监测欧洲研讨会(European Workshop on Structural Health Monitoring，EWSHM)以及国内的全国结构抗振控制与健康监测学术会议等。此外，多种国际学术期刊相继创办，如 *Structural Control and Health Monitoring*、*Structural Health Monitoring*、*Structural Monitoring and Maintenance*、*Smart Structures and Systems* 等。为了推动这一技术在工程中的应用，使其更加规范化和标准化，我国学者编制了各种技术标准，如《结构健康监测系统设计标准》(CECS 333：2012)、《建筑与桥梁结构监测技术规范》(GB 50982—2014)、《大跨度桥梁结构健康监测系统预警阈值标准》(T/CECS 529—2018)、《结构健康监测系统运行维护与管理标准》(T/CECS 652—2019)、《结构健康监测系统施工及验收标准》(T/CECS 765—2020)等。

21世纪以来，随着各种监测硬件和软件系统的开发以及相关技术的进步，结构健康监测已经被广泛地应用于各类重要结构中，具有代表性的有香港青马大桥、山东滨州黄河公路大桥、韩国珍岛大桥、日本明石海峡大桥等大跨度桥梁结构，广州电视塔、上海中心、深圳京基100大楼等结构。典型智能传感技术的工程应用案例如图1-1所示。

在各国学者的共同努力和相互促进下，土木工程结构健康监测技术日益成熟，已成为结构工程学科的重要分支。伴随先进传感、物联网、大数据、云计算等信息技术的快速发展，结构健康监测取得了一系列的创新和突破。但其未来在数据感知获取、智能结构构建、结构识别评估等方面仍存在诸多挑战，这也为健康监测未来的研究和发展指明了方向。

1. 数据感知获取方面

当前的结构健康监测系统大多采用有线传输的方式，传感器与采集设备与数据存储端都需要采用线缆(电缆、光缆、网线等)进行连接，这使得监测系统通信复杂、维护困难和成本高昂。随着新一代蜂窝移动通信技术——第五代移动通信(5th generation mobile communication，5G)技术的逐步成熟和走向市场，结构健康监测必将发生革命性的变化。众所周知，5G时代

(a) 桥梁结构　　　　　　　　　　　(b) 高层建筑

(c) 大跨空间结构　　　　　　　　　(d) 大坝结构

图 1-1　典型智能传感技术的工程应用案例

的目标是数据高速率、低时延、广连接，实现真正意义上的万物互联。对结构健康监测而言，利用 5G 技术可实现传感网络快速部署、减轻专业的网络配置工作，使得超大规模基础设施的高效集群监测成为现实。因此，需要研究面向 5G 网络的结构健康监测系统的构建技术，包括节点配置技术、网络拓扑构型技术、多线程运行机制、模块化系统架构技术等。

　　2. 智能结构构建方面

　　智能土木工程结构是指通过高度集成的传感和控制系统，实现对外界激励的自感知和自适应。构建智能土木工程结构的目的是将结构健康监测和结构维护管理成本最小化，在最少人为干预下满足：①自主感知结构的服役状态并反馈信息，实现结构与人的"对话"，让管理者实时掌握结构的运营状态和潜在的风险隐患；②当外界输入发生变化时，结构能自动做出响应，将结构响应控制在正常安全范围内，并可在一定程度上自主修复早期局部损伤。因此，需要研究满足工程结构长期监测和特殊环境要求的光、电、纳米、仿生、无线等智能传感元件，并开发精度高、速度快、性能稳定的数据融合分析系统，搭建起智能结构信息交互的高效平台。

　　3. 结构识别评估方面

　　数据采集技术的不断进步使得结构健康监测系统获取更加全面的载荷（温度场载荷、风场载荷、车辆载荷分布等）与结构响应（分布式应变、精准位移等）成为可能；无人机、机器人等技术大幅提高了结构外观检测的自动化程度，使得文本、图片和视频等非结构化数据得以快速累积，两者最终融合形成多样化的结构大数据。如何对多源异构海量大数据进行高效的管理和分析是有待解决的问题。深度学习技术将有助于推动结构检测和健康监测数据的统筹利用，催生出一系列新的结构识别评估方法，未来需要开展多种海量数据融合的结构损伤识别方法和模型修正方法研究，信息不完备及小子样条件下的结构不确定性分析和可靠性分析理论与方法研究，结构累积损伤和抗力衰减的数据挖掘和数理统计方法与概率模型研究，基于长期监测信息的结构全寿命时变可靠度分析、失效模式预测方法及安全预警决策方法研究等各类研究。

1.1.3　智能传感的主要功能和特点

>>>

基于上述智能传感的主要内涵，有必要对其中涉及的重要概念进行进一步说明。阐述结构功能与智能传感的基本概念，厘清结构损伤的定义与成因，明确结构状态评估的范畴，有助于进一步理解结构健康监测和智能传感之间的联系。

结构健康是指结构部件或系统具备出色执行其既定功能的能力。通常，结构的既定功能包含以下四点：

①能承受在正常施工和正常使用时可能出现的各种作用力。

②在正常使用条件下应具有良好的使用性能。

③在正常维护条件下应具有足够的耐久性。

④在偶然性超载或其他偶然激励条件下仍然能保持必需的整体稳定性。

其中，①和④为对结构的安全性要求，②为对结构的适用性要求，③为对结构的耐久性要求，它们统称可靠性要求。具体而言，结构健康这个表述中隐含了 3 层意思：首先，结构至少能够保持既定的基本功能，即在全寿命周期下实现并保证预先设定的安全性、稳定性及可靠性等的功能；然后，还能保持一些研究人员额外期待的功能，如出现超越设计规范的作用力时，结构具有能抵抗这一作用力的冗余度；最后，结构要出色地保持或完成既定功能，这就意味着结构保证这些功能的能力强，各种余量充足。

结构损伤是指在结构的长期服役过程中，工程结构的初始设计性能不可避免地发生各种偏离和下降，直接导致结构状态向不利的方向发展，进而影响结构健康。一般而言，结构损伤可以被简化为结构刚度、质量的损失，也可以归因于阻尼的改变，质量通常被假设为不变。尽管结构损伤的成因非常复杂，但可将其大致分为三类：结构自身性能退化、结构局部刚度损伤及结构使用条件损伤。结构自身性能退化一般是由材料劣化、收缩徐变等原因引起的，常常导致结构特性变化和结构抗力退化，从而危及结构健康。同样，对于结构局部刚度损伤，常规意义上也有着复杂的产生机理，有对应于偶然性撞击、爆炸作用留下的突发性局部受力面积缺损导致的刚度损伤，也有由结构局部性能偏离和下降导致的局部缓变刚度损伤，还有刚度损伤带来的阻尼损伤，以及结构性能劣化带来的阻尼损伤。而结构使用条件损伤是指结构不再满足使用条件的要求，如屋面结构必须有一定的支撑条件，屋面板必须有相当平顺的铺装层等，当这些条件发生与设计不符的偏离和下降时，就可能危及结构的健康。

结构状态评估一般包含异常状态识别与健康状态评价，即需要回答结构中是否存在结构自身性能退化、结构局部刚度损伤及结构使用条件损伤，并且指出结构当前健康状态。通常，异常状态识别是对结构刚度异常的识别，一般不直接进行结构刚度损失的探测，而是通过测量静力物理量和动力物理量，依据可测量与结构刚度的物理力学关系，间接地得出与结构状态相关的信息。而健康状态评价则是基于结构健康状态内在与外在的监测指标，构造统一的评价标准对结构安全状态或安全等级进行定量评价，得出最终健康状态的结论。

1.2　物联网的基本概念

1.2.1　认识物联网

早在 1995 年，比尔·盖茨就曾在《未来之路》一书中提到物联网一词，但受限于当时无线通信网络及智能传感系统设备的发展水平，该词并未引起人们的重视。1999 年，美国 Auto-ID 在射频识别、互联网及物品编码的基础上，提出物联网的概念，引发了人们对于物联网的关注。直到 2005 年，在突尼斯信息社会世界峰会上，国际电信联盟才正式明确了"物联网"的概念，从此拉开了物联网快速发展的序幕。物联网意指物物相联，万物互联，其英文表述为 internet of things，简称 IoT，即万物相联的互联网，它是互联网的延伸和扩展，通过各种智能传感设施与互联网相融合，实现人、机、物之间随时随地的互联互通。物联网的定义为：通过射频识别（RFID）、红外感应器、全球定位系统、激光扫描器等信息传感设备，按约定的协议，把任何物品与互联网相连接，进行信息交换和通信，以实现智能化识别、定位、跟踪、监控和管理的一种网络。在此基础上，人类能够实现更自动化、专业化、精细化的工作和生活。

物联网是建立在互联网上的一种泛在网络，物联网的核心依旧是互联网，只是将互联网的外延进行了扩展。互联网可以看作人的一种延伸，而物联网则是万物的一种延伸。物联网的本质主要体现在 3 个方面：一是互联网特征，即对于需要联网的"物"，一定要具备能够互联互通的网络；二是识别与通信特征，即物联网的"物"一定要具备自动识别与物物通信（M2M）的功能；三是智能化特征，即网络系统应具有自动化、自我反馈与智能控制的特点。

一般认为物联网具有 3 个关键特征：各类终端实现"全面感知"；电信网络、因特网等融合实现"可靠传输"；云计算等技术对海量数据"智能处理"。各特征具体如下所述。

1. 全面感知

利用无线射频识别、传感器、定位器和二维码等随时随地对物体进行信息采集和获取，感知包括传感器的信息采集、协同处理、智能组网，甚至信息服务，以达到控制、指挥的目的。

2. 可靠传输

通过各种电信网络和因特网的融合，对接收到的感知信息进行实时远程传送，实现信息的交互和共享，并进行各种有效的处理。在这一过程中，通常需要用到现有的电信运行网络，包括无线网络和有线网络。由于传感器网络是一个局部的无线网，因而无线移动通信网、5G 网络是物联网的有力支撑。

3. 智能处理

利用云计算、模糊识别等各种智能计算技术，对实时接收到的跨地域、跨行业、跨部门

的海量数据和信息进行分析处理，提升对物理世界、经济社会的各种活动和变化的洞察力，实现智能化的决策和控制。

为了更清晰地描述物联网的关键环节，按照信息科学的视角，围绕信息的流动过程抽象出物联网信息功能模型，如图1-2所示。

下面具体介绍物联网的主要信息功能：

①信息获取功能，包括信息感知和信息识别。信息感知指对事物的状态及其变化方式的敏感捕捉和认知；信息识别指能把所感受到的事物的运动状态及其变化方式表示出来。

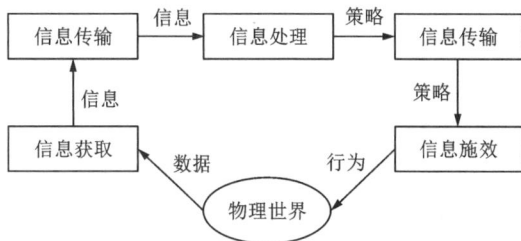

图1-2 物联网信息功能模型

②信息传输功能，包括信息的发送、传输和接收等环节，最终完成把事物的状态及其变化方式从空间(或时间)上的一点传送到另一点的任务，就是一般意义上的通信过程。

③信息处理功能，指对信息的加工过程，其目的是获取知识，实现对事物的认知以及利用已有的信息产生新的信息，即制定决策的过程。

④信息施效功能，指信息最终发挥效用的过程，具有很多不同的表现形式，其中最重要的就是通过调节对象事物的状态及其变化方式，使对象处于预期的运动状态。

1.2.2 物联网的发展历程

全球多个国家和地区高度重视物联网的发展，发布了一系列政策来驱动物联网技术的持续创新。欧洲联盟、美国近10年推出了多个战略规划以推动物联网发展，如2017年美国商务部推出《推动物联网发展》绿皮书，提出进一步发挥政府作用，将物联网发展作为国家战略。在政策牵引和市场发展的双轮驱动下，全球物联网加速发展。截至2018年底，全球联网设备数量多达220亿台，美国山间医疗保健公司(Intermountain Health Care，IHC)与国际数据公司(International Data Company，IDC)等多个机构预测。2020年，物联网设备总联网数量已超260亿台。物联网应用场景持续扩展，市场内生动力促使物联网高速发展。制造商、互联网企业、运营商纷纷大范围布局发展物联网，促使物联网与人工智能、边缘计算等技术融合发展。以智能工业、车联网、智慧物流等为代表的产业化应用逐渐形成规模。智能电网、智慧城市M2M、智能化平台等行业应用成为全球物联网的应用重点。在中国，2019年工业和信息化部发布《"5G+工业互联网"512工程推进方案》，明确将工业互联网作为未来5G落地的重要应用场景之一。在产业政策逐渐落地的支持下，中国工业互联网市场规模逐年扩大，增速维持在10%以上的较高水平。在智慧物流领域，我国已有600余万辆车辆、3000余座内河设施和近3000座海上设施使用北斗卫星导航系统，未来，随着物流行业进一步拓展设施联网设备的部署，智慧物流将得到快速的发展。随着海量数据存储、数据分析、数据感知、网络传统制造技术水平的不断提升，我国的物联网也将被广泛地应用于工业、农业、交通、社会治理等领域。

虽然物联网近年来的发展已经渐成规模，世界各国都投入了巨大的人力、物力、财力来进行相关的研究和开发，但是在技术、管理、成本、政策、安全等方面仍然存在许多需要攻克的难题。

1. 技术标准的统一与协调

目前，传统互联网的标准并不适用于物联网。物联网感知层的数据多源异构，不同的设备有不同的接口、不同的技术标准，使用的网络类型不同、行业的应用方向不同，导致存在不同的网络协议和体系架构，因此，建立统一的物联网体系架构和统一的技术标准是物联网面临的难题。

2. 管理平台问题

物联网自身就是一个复杂的网络体系，加之应用领域遍及各行各业，因而不可避免地存在很大的交叉性。如果这个网络体系没有一个专门的综合平台对信息进行分类管理，就会出现大量的信息冗余、重复工作、重复建设，造成资源浪费。每个行业的应用各自独立，成本高、效率低，体现不出物联网的优势，势必会影响物联网的推广。因此，现急需一个能整合各行业资源的统一管理平台，使物联网能形成一个完整的产业链模式。

3. 成本问题

就目前来看，各国对物联网都积极支持，但能够真正投入并大规模使用的物联网项目少之又少。譬如，实现 RFID 技术最基本的电子标签及读卡器，其成本价格一直无法达到企业的预期，性价比不高；传感网络是一种多跳自组织网络，极易遭到环境因素或人为因素的破坏，若要保证网络通畅，并能实时、安全地传送可靠信息，网络的维护成本很高。在成本没有降低到普遍可以接受的范围之前，物联网的发展只能是空谈。

4. 安全性问题

传统的互联网发展成熟、应用广泛，尚存在安全漏洞。物联网作为新兴产物，相对于互联网，其体系结构更复杂、没有统一标准，各方面的安全问题也更加突出。例如，作为其关键技术之一的传感器网络存在非常大的安全问题。暴露在自然环境下的传感器，特别是一些放置在恶劣环境中的传感器，对长期维持网络的完整性提出了新的要求。这不仅受环境因素的影响，也受人为因素的影响。RFID 作为物联网的另一关键实现技术，是一种事先将电子标签植入物品中以达到实时监控的技术，这对于部分标签物的所有者来说势必会造成个人隐私的泄露，即个人信息的安全性存在问题，这不仅影响个人信息安全，也会影响企业之间、国家之间的信息安全。如何在使用物联网的过程中做到信息化和安全化的平衡至关重要。

1.2.3 物联网的主要功能和特点　　>>>

对物联网的基本概念和发展历程进行梳理，其主要功能包含 3 个方面：

①物联网是指具有全面感知能力的物体及人的互联集合。2 个或 2 个以上物体如果能交换信息即可称为物联。要使物体具有感知能力，则需要在物品上安装不同类型的识别装置，如电子标签、条码、传感器、红外感应器等。同时，这一概念也排除了网络系统中的主从关系，能够自组织。

②物联网必须遵循约定的通信协议，并通过相应的软件、硬件实现。互联的物品要互相交换信息，就需要实现不同系统中的实体通信。为了成功地通信，它们必须遵守相关的通信协议，同时需要相应的软件、硬件来实现这些规则，并可以通过现有的各种接入网与互联网进行信息交换。

③物联网可以实现对各种物品(包括人)进行智能化识别、定位、跟踪、监控和管理等功

能。这也是组建物联网的目的。

综上所述，物联网是指通过接口与各种无线接入网相连，进而接入互联网，从而给物体赋予智能，可以实现人与物体的沟通和对话，也可以实现物体与物体的沟通和对话。

物联网中最为关键的3个特征：对物体具有全面感知能力、对数据具有可靠传输能力和智能处理能力，如图1-3所示。

全面感知
能够利用RFID、传感器、条码等随时随地采集物体的动态信息

可靠传输
通过网络将感知的各种信息进行实时传送

智能处理
利用计算机技术，及时地对海量的数据进行信息控制，真正达到人与物的沟通、物与物的沟通

图1-3 物联网的特征

1. 全面感知

全面感知，即利用RFID、传感器、条码及其他感知设备，随时随地采集各种对象的动态信息，全面感知世界。在生活中，常采用话筒、摄像头、门禁卡识读器、指纹识别器、温度计等信息采集设备来收集语音、图像、射频信号、身份、温度等各种感知信息，相关的信息采集设备如图1-4所示。

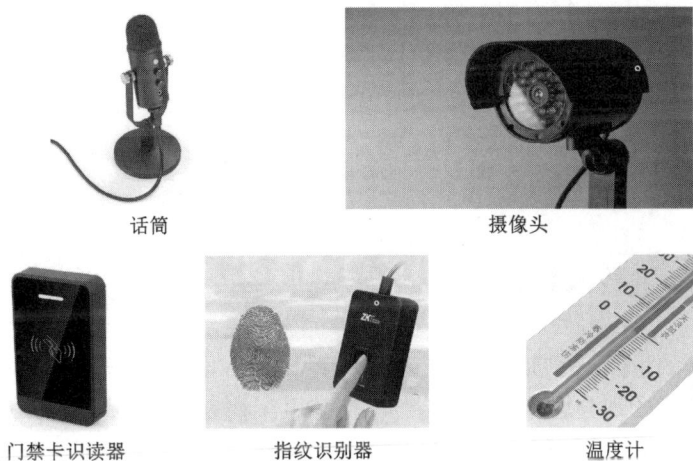

话筒　　　　　摄像头

门禁卡识读器　　　指纹识别器　　　温度计

图1-4 信息采集设备

2. 可靠传输

可靠传输，利用以太网、无线网、移动网等各种电信网络与互联网的融合，将物体的信息及时、准确地传递出去。采用数据网络、移动网络、传输设备、ZigBee、Wi-Fi、蓝牙等传输方式，在实现信息双向传递的同时，保证信息传输安全，具备防干扰及防病毒能力，其防攻击能力强，具有高度可靠的防火墙功能。

3．智能处理

智能处理，即利用云计算、模糊识别等各种智能计算技术，对海量的信息数据进行分析和处理，对物体实施智能化的控制。智能处理实际上依赖于各种类型的服务器。

📎 1.3 物联网的关键技术

1.3.1 物联网关键技术的体系架构

通常认为物联网的体系架构有 3 个层次：下层是用来感知（识别、定位）的感知层，中间层是数据传输的网络层，上层是应用层，如图 1-5 所示。

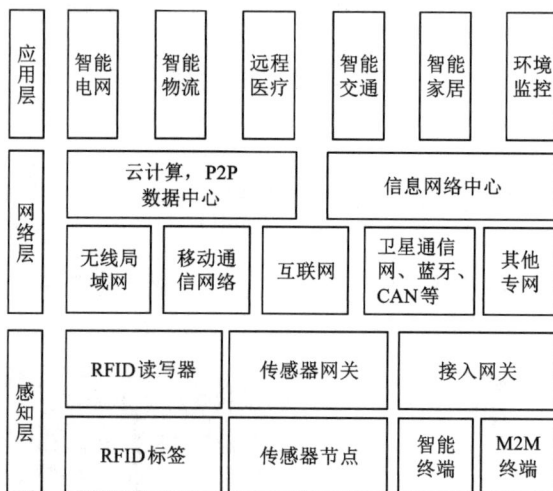

应用层	智能电网	智能物流	远程医疗	智能交通	智能家居	环境监控
网络层	云计算，P2P 数据中心			信息网络中心		
	无线局域网	移动通信网络	互联网	卫星通信网、蓝牙、CAN等	其他专网	
感知层	RFID读写器	传感器网关		接入网关		
	RFID标签	传感器节点		智能终端	M2M终端	

图 1-5 物联网的体系架构

1.3.2 物联网关键技术的组成

按照自下而上的思路，目前主流的物联网体系架构可以被划分为 3 层：感知层、网络层和应用层。根据不同的划分思路，也有将物联网体系架构划分为 4 层（感知层、网络层、管理层、应用层）、5 层（信息感知层、物联接入层、网络传输层、智能处理层和应用接口层）。无论按照哪一种体系架构划分，感知层都是必不可少的。本书将对当前主流的 3 层体系架构（图 1-5）进行介绍。

1．感知层

感知层位于物联网 3 层体系架构的最底层，是物联网系统的数据基础与核心。感知层的作用是通过传感器对物质属性、行为态势、环境状态等各类信息进行大规模的、分布式的获取与状态辨识，然后采用协同处理的方式，针对具体的感知任务对感知到的多种信息进行在线计算与控制并进行反馈，是一个万物交互的过程。感知层被看作实现物联网全面感知的核心层，主要完成信息的采集、传输、加工及转换等工作。感知层主要由传感网及各种传感器构成，传感网主要包括以 NB-IoT 和 LoRa 等为代表的低功耗广域网（LPWAN），测量元件包括 RFID 标签、二维码等。

2. 网络层

网络层作为整个体系架构的中枢，起承上启下的作用，解决的是感知层在一定范围、一定时间内所获得的数据的传输问题，通常以解决长距离传输问题为主。这些数据可以通过企业内部网、通信网、互联网、各类专用或通用网、小型局域网等网络进行传输交换。网络层关键长距离通信技术主要包括有线、无线通信技术及网络技术等以 5G 为代表的通信技术，网络层使用的技术与传统互联网之间本质上没有太大差别，各方面技术相对来说已经很成熟，因此，本书不占用太多篇幅介绍网络层相关技术。

3. 应用层

应用层位于 3 层体系架构的最顶层，主要解决信息处理、人机交互等相关问题，通过对数据的分析处理，为用户提供丰富、特定的服务。本层的主要功能包括 2 个方面：数据及应用。首先，应用层需要完成数据的管理和数据的处理；其次，要发挥这些数据的价值且必须将其与应用相结合。例如，电力行业中的智能电网远程抄表：部署于用户家中的读表器可以被看作感知层中的传感器，这些传感器在收集到用户的用电信息后，通过网络将其发送并汇总到相应应用系统的处理器中。该处理器及其对应的相关工作就是建立在应用层之上的，它将完成对用户用电信息的分析及处理，并自动采取相关措施。

1.4 智能传感与物联网在智能建造中的应用

1.4.1 我国建筑业转型升级的主要瓶颈

习近平总书记在 2019 年新年贺词中首次提到了"中国建造"，并且随着"一带一路"倡议的不断深入实施，中国建造已开始走向世界。改革开放 40 多年来，高速的城镇化进程以及各类大型基础设施的建设，使得我国建筑业实现了跨越式发展，取得了巨大成就，实力明显增强。在美国《工程新闻记录》（*Engineering News-Record*，ENR）杂志公布的 2019 年度全球最大250 家国际承包商中，74 家中国企业上榜，中国交建、中国电建和中国建筑进入前十名；在国际权威品牌评估机构 Brand Finance 发布的 2020 年工程建筑品牌报告中，11 家中国企业进入 TOP50，中国建筑位列榜首；而在《财富》杂志公布的 2020 年世界 500 强企业名单中，中国建筑名列第 18 位，排在世界工程建筑类企业第 1 位，更是成为全球唯一一家营业收入超千亿美元的基建公司。在建筑业规模上，我国建筑资产规模及建筑业增加值分别于 2015 年和2016 年超过美国，位列全球第一，根据国家统计局 2024 年 GDP 初步核算数据，我国建筑业增加值的绝对额为 89949 亿元，约占全国 GDP 的 6.67%，实现了稳定增长，支柱产业地位愈发稳固，且在多个领域处于世界前列。

在超高建筑领域，世界高层建筑与都市人居学会（Councilon Tall Building and Urban Habitat，CTBUH）发布的年度报告显示，近五年竣工的全球十大摩天楼中，有一半来自中国，在目前全球排名前十的最高建筑中，中国占比超过 1/2；在桥梁工程领域，世界桥梁界中流传着"21 世纪看中国"的说法——中国不仅拥有全球数量最多的桥梁，更在跨海大桥、高铁桥、斜拉桥、悬索桥等领域创下多项世界之最；在高速铁路领域，截至 2024 年底，我国高速铁路运营里程达 4.80 万 km，超过全球高铁总里程的 2/3，稳居世界第一，高铁已成为展示中国经济发展水平的一张亮丽名片。其中诞生了许多代表中国建造的超级工程，如代表"量度"的三峡水利工程、代表"高度"的上海中心大厦、代表"深度"的洋山港深水码头、代表"难度"的青藏铁路和"华龙一号"核电工程等，北京大兴国际机场和港珠澳大桥更是被英国《卫报》选为新的世界七大奇迹。

虽然我国已成为建造大国，但与世界建造强国相比还存在一定的差距，并且随着全球经济发展方式的转变，粗放式增长、劳动力密集、质量安全问题频发、资源消耗量大等一系列传统建造方式存在的局限性正逐步暴露，阻碍工程建造领域的高质量发展，已成为全球建筑业面临的共同困境，转变传统的工程建造方式已成为大势所趋。建筑行业的主要矛盾和转型需求表现在以下几个方面。

1. 粗放式增长与高质量发展的矛盾

粗放式增长在建筑业中是一个全球性问题，尤其在中国。科技的进步和我国的基本国情等决定了需要推动建筑业进行转型升级，走新型建筑工业化道路，而不能再走大量建设、消耗和排放的传统粗放式发展道路。然而，我国建筑业现状与高质量增长的发展理念匹配度较低以及数字化、信息化和绿色化程度较低，主要体现在以下几个方面。

首先，建筑业的劳动生产率较低。在中国，虽然近年来我国建筑业按总产值计算的劳动生产率在稳步提升，但整体仍处于全球较低水平，并且在数字化进程中，与国民经济其他行业相比，建筑业仍然是劳动生产率增长速度较低的行业之一（图 1-6），这主要是因为我国建筑业目前采用的建造方法仍以人工作业为主，没有满足高质量增长中减少人工、提高效率的原则的要求。

劳动生产率增长趋势(2011—2016年)

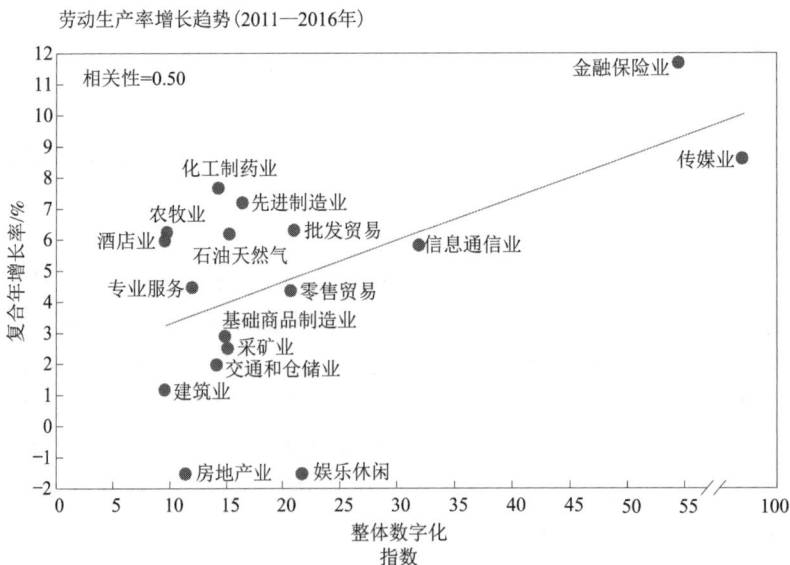

图 1-6 我国各行业劳动生产率与数字化程度的相关性

其次，建筑业的数字化程度和盈利能力较低。2015 年麦肯锡的一项分析发现，从资产、使用和劳动力等方面来看，建筑业是全球经济中数字化程度较低的行业之一，而我国建筑业的数字化程度更排在国内所有行业的最后(图 1-7)。同时，在过去 10 年中，全球建筑业的平均市盈率为 5.8 倍，而标准普尔 500 指数为 12.4 倍，其盈利能力仅为 5%左右。我国建筑业近 10 年的产值利润率一直在 3.5%左右徘徊，低于国际 5%的平均水平，更远低于我国工业常年 6%左右的产值利润率，且近年来持续下跌，属于产值利润率最低的第二产业。

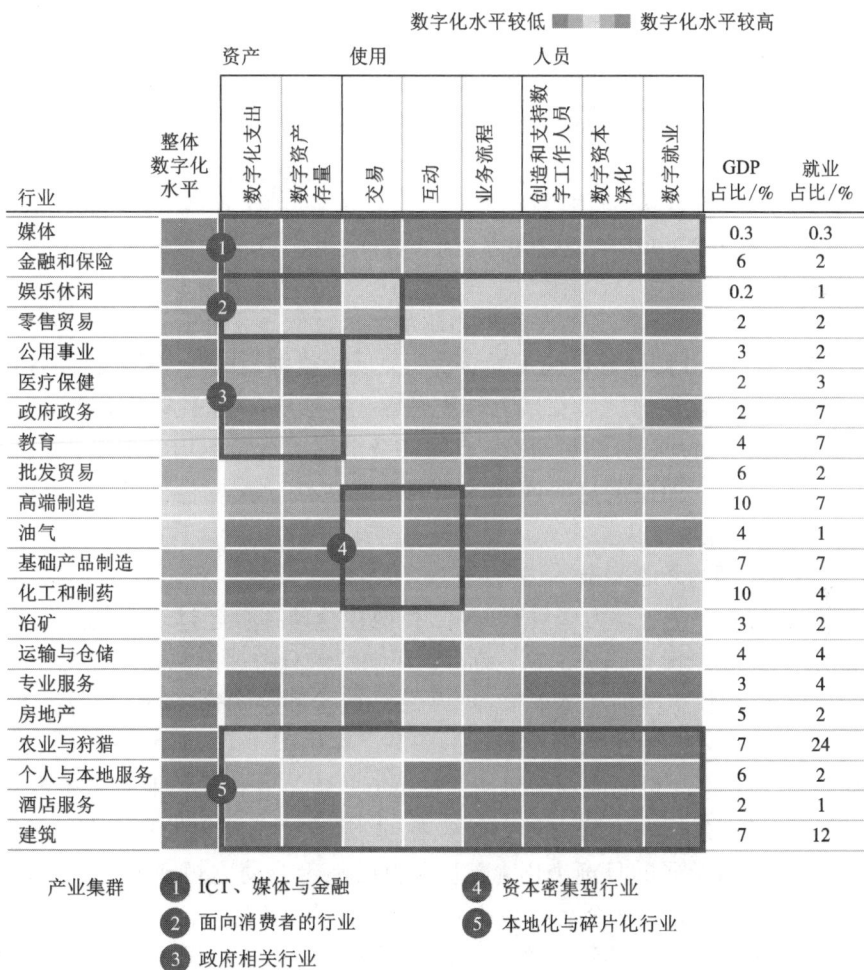

图 1-7 中国各行业数字化程度排名

再次，我国建筑业的增长方式亟待转变。建筑业总产值是反映建筑业生产成果的综合指标，建筑业增加值则体现了所有建筑企业在建设过程中投入劳动所实现的价值。2010 年以来，虽然建筑业增加值占国内生产总值的比例始终保持在 6.6%以上，但对比建筑业总产值增速和建筑业增加值增速(图 1-8)可以发现，在 2010—2023 年的十余年间，我国建筑业总产值增速除 2015 年和 2023 年外均大于建筑业增加值增速，这表明建筑生产建造过程中的投入所带来的价值增长较为缓慢。从长期来看，固定资产投资增速将进入下滑期，建筑业不能一如既往地依赖国家投资来带动企业的粗放式增长。因此，我国建筑业的增长方式必须有所改变。

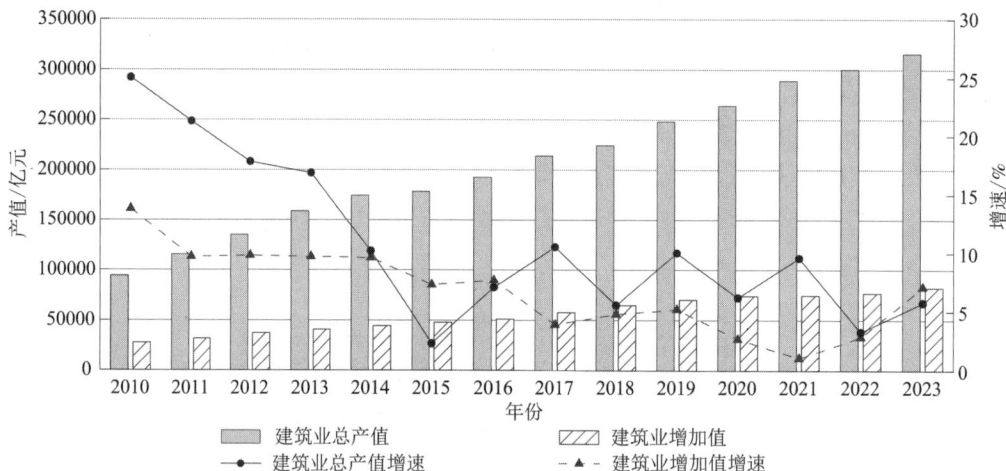

图1-8 2010—2023年建筑业总产值和建筑业增加值及其增速

最后，我国建筑业产品和服务水平依旧不乐观。根据世界经济论坛2018年发布的《2018年度全球竞争力报告》，我国基础设施工程质量明显低于美国。同时，随着网络媒体的发展，越来越多的房屋质量问题被消费者在网上披露和曝光，这些问题主要集中在房屋漏水和渗水、外墙面脱落以及墙面开裂等质量通病，有的甚至出现了地基不均匀沉降、施工偷工减料等涉及房屋安全的问题。而造成这些问题的原因主要包括设计与施工脱节、机械化程度不高、管理不规范和不完善等。

2. 劳动力供需之间的矛盾突出

一直以来，建筑业都是劳动力密集型行业，目前在全球拥有超过1.8亿的从业人员，并且随着近年来全球人口老龄化趋势加剧，劳动力短缺现象日益严重，正逐渐成为一个全球性的普遍现象。同时，现代工程项目越来越需要更多的经验和技术来实行，使得大部分建筑企业都面临着熟练劳动力和技术工人严重短缺的问题。在中国，建筑业拥有超过5000万人的庞大从业人员群，吸纳了大量的农村劳动力，农民工在建筑业一线作业人员中占95%以上，已成为支撑我国建筑业发展的主流力量。近年来，虽然农民工总数量和所占比例持续上升，但随着我国劳动力供需矛盾的日渐突出，建筑业也面临着劳动力短缺的问题。有关数据表明，虽然我国建筑业从业人员在全社会就业人员中占比为7%左右，但其增长率已连续多年出现大幅下滑，2019年至2022年一直保持负增长（图1-9）。根据国家统计局近年来发布的《农民工监测调查报告》，2023年建筑业一线作业人员平均年龄超过45岁，老龄化趋势明显，这将会大大加剧建筑业未来劳动力供给与需求的紧张程度。具体来说，建筑业农民工年龄偏大会导致建筑企业的施工效率降低、建筑企业机械化和工业化的速度减缓、工人生活成本上升以及施工安全隐患加大等问题。同时，建筑业对一些年龄结构较年轻、文化程度较高的农民工群体吸引力较低，这一现象使得建筑业缺乏新鲜血液注入，进而造成劳动力成本的大幅上升。此外，建筑业的高速发展离不开高端技术人才，而我国建筑业中高层次专业技术人才较为匮乏。这表明劳动力供给总量的减少、建筑业对新生代农民工吸引力的下降以及建筑业对高端技术人才的需求都使得建筑业的用工形势变得紧张，严重制约着我国建筑业的发展和转型升级。因此，改变传统的建造方式以解决目前行业劳动力存在的问题已迫在眉睫。

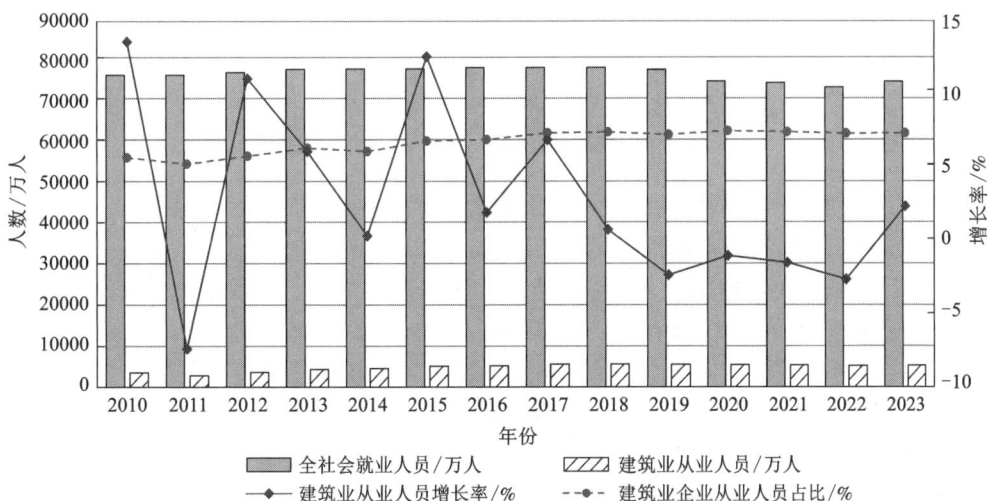

图1-9 2010—2023年全社会就业人员总数、建筑业从业人数增长情况

3. 高消耗、高污染与绿色发展理念的冲突

建筑业是全球最大的能源和原材料消耗产业，在建筑的全寿命周期中要消耗大量的资源和能源。据统计，建筑业消耗了全球约50%的钢铁产量，每年有30亿t原材料用于制造建筑产品，这对环境产生了极大的影响，已无法满足人们对绿色环保可持续发展的要求。中国是世界第一建筑业大国，也是全球最大的原材料消耗国，消耗了全世界近40%的水泥和钢材，并且存在大量的资源浪费和损耗。但随着我国经济发展进入新常态，国家越来越重视对生态环境的保护，提出了新发展理念，并将生态文明建设纳入了国家"五位一体"总体布局，这也对建筑业的发展提出了新的要求，绿色环保可持续的理念成为建筑业发展的新主题。而传统建筑业在建造过程中产生的建筑垃圾、建筑噪声等是城市环境污染的重要源头，是国家严格控制的污染源，国家对建筑能源消耗提出了更高要求。

建筑垃圾是建筑业污染环境的最直接产物。根据前瞻产业研究院发布的统计数据，近几年我国每年建筑垃圾的排放总量为15.5亿~24亿t，约占城市垃圾的40%，造成了严重的生态污染。建筑噪声也是工程建设过程中产生的污染之一，会严重影响周边居民的日常生活。根据生态环境部发布的《2020年中国环境噪声污染防治报告》，各级环保部门接到的关于环境噪声的投诉占总投诉量的38.1%，其中建筑施工噪声扰民问题以45.4%的比例居首位。同时，我国建筑业能源消耗量巨大，且随着我国建筑面积的不断增加和消费者对建筑要求的逐渐提高，建筑业的能源消耗还在不断增长。中国建筑节能协会能耗统计专业委员会发布的《中国建筑能耗研究报告（2019）》显示，2019年建筑业能耗为9.47亿t标准煤，占全国能源消费总量的21.11%，而建筑业碳排放量也达到了全国能源碳排放量的19.5%。另外，我国每年老旧工程拆除量巨大，许多远未达到使用年限的建筑、道路和桥梁等被提前拆除，浪费现象极为严重。有关数据表明，我国建筑的平均寿命仅为32 a，而欧美国家建筑的平均寿命均超过了70 a，甚至很多超过100 a。

以上数据表明，当前我国建筑业发展对环境和能源产生的压力较大，无法满足国家绿色环保可持续的发展要求；并且建筑业的能耗巨大，施工过程中会大量使用土地、砂石、钢材、水泥等资源，水、电、煤等能源消耗巨大。因此，迫切需要建筑业改变传统的建造方式，通过融合现代信息技术和生产方法，提高资源利用率，向绿色环保可持续的方向发展。

1.4.2 智能建造的发展趋势

智能建造是指将人工智能、物联网和建筑信息模型集成于建筑建造过程中，以此提高建筑项目的安全性、质量和可持续性，实现建筑项目全流程降本增效(图1-10)。近年来，由于建筑项目设计和施工要求愈加复杂，传统建筑业面临诸多挑战。而智能化的解决方案，能帮助传统施工过程实现效率和质量的全方位提升。可以说，采用智能建造解决方案，是一种必要的选择——提高效率、降低成本、促进建筑环境的生态和经济可持续发展。智能建造为建筑行业注入了新的技术发展动能，也将揭开建筑行业创新、高效、安全的发展新篇章。

智能建造技术带动传统建筑业走入更先进的以技术驱动的建造流程，或将彻底改变建筑物的设计、建造和维护方式。事实上，建筑信息模型技术在传统建筑领域早有应用，即通过创建虚拟3D模型，构建包含建筑物的所有基本信息的模型，进而优化规划和设计方案、加强各项目团队合作、促进更协调和高效的施工过程。物联网集成技术是通过在建筑工地安装物联网设备和传感器，进行实时数据收集，以增强预测性维护、减少停机时间、提高整体效率。这一技术还为智能建造的技术拓展配备了节能、废弃物管理和施工安全等系统。人工智能和机器学习的出现，也进一步改变了传统建筑业格局，其主要技术包括自动执行项目任务、对潜在风险进行预测等。无论是自动物料运输车，还是砌砖机器人，建造机器人都已在智能建造领域获得越来越广泛的使用，降低了传统建造行业由劳动密集型任务造成的风险。同样，在智能建造领域得到广泛应用的，还有无人机技术。它能对建筑工程进度进行实时航拍并采集图像，监控、识别施工潜在安全风险。数字孪生技术将智能建造推向了新高度。通过创建物理建筑的数字副本，项目团队可基于实时监控、场景测试等，为建筑运营提供科学决策与数字解决方案。相关技术的快速发展，源于人们对建筑可持续性的不断探索，特别是在应对全球气候变化挑战的背景下，智能建造采用绿色技术和可持续性材料，诸如绿色建筑、节能设计、新型建筑材料等，都已应用于建筑实践的最前沿。总之，智能建造的发展与相关技术的动态融合，为更安全、更高效和可持续的建筑实践铺平了道路。

智能建造技术的创新发展改变了传统的建造方法，带来了一系列好处，例如增强安全性、提高建造效率、提升可持续性等。

①在安全性方面，智能建造通过各类传感器和物联网设备，进行实时风险检测和大数据分析，最大限度地减少建筑工地的事故发生。例如，智能穿戴设备可以监控一线工人的身体状况，并在紧急情况下发送警报，以确保施工人员的人身安全与施工安全。

②在建造效率方面，智能建造借助建筑信息模型和人工智能软件等数字工具，有效缩短了项目周期。信息模型的数字可视化功能，可全面提升前期设计效率，避免设计偏差。在运维阶段，模型能将建造过程信息延续到运营阶段，为建筑全生命周期的信息化管理提供科学保障。数字孪生技术通过实时数据更新，将虚拟世界和物理世界的状态与操作统一到数字信息系统，进而提高虚拟世界的实时信息反馈效率。

③在可持续性方面，智能建造通过多种技术创新手段为环境保护做出了重要贡献。节能设备、绿色建筑材料和自动化废物管理系统等技术可大幅减少对环境的影响，通过降低能源

消耗、减少废弃物排放和提高资源利用效率等举措，有效保护自然资源和减少碳足迹。此外，建筑 3D 打印技术、预制构件等创新技术的应用，也有效减少了资源浪费，提高了材料利用率。

图 1-10 智能建造技术

经过长时间的发展和积淀，我国在智能建造领域取得了长足进步，形成了一系列成果。但是，面对国内建筑业转型升级的需求，对照全球发达国家智能建造的发展态势，我国智能建造的发展仍然面临诸多困境。在市场环境方面：建筑业企业已形成对国外相关产品的使用习惯，产生了数据依赖，相关产品替换难度较大；国产产品用户基数少，缺少市场意见反馈，进一步加大了与国外同类产品在功能和性能等方面的差距。在企业部署方面：国内厂商战略部署不清晰，未与上下游形成深度沟通，不利于产品布局的纵深发展；国内厂商起步晚，生态基础薄弱，资源分散严重，不少国产产品在细分市场仍处于整体价值链的中低端位置；国内厂商的自主创新能力与意识仍然较弱，国际领先的创新成果相对较少。在核心资源方面：智能建造标准体系有待健全，相关研发缺少基础数据标准，市场适应性和服务能力有待提高；核心技术薄弱，较多依赖在国外企业技术的基础上进行二次开发；缺乏完善的智能建造应用生态，无法形成面向项目全生命周期的智能化集成应用；缺少高端复合型人才，尚未建立相关人才的引进、培养与储备方案。

为了推动我国迈入智能建造世界强国行列，应坚持推进自主化发展，遵循"典型引路、梯度推进"原则，通过补短板、显特色、促升级、强优势，研发智能建造关键领域技术。

1. 工程软件加强"补短板"，解决软件"无魂"问题

在明确国内外工程软件差距的基础上，大力支持工程软件技术研发和产品化，集中攻关"卡脖子"痛点，提升三维图形引擎的自主可控水平；面向房屋建筑、基础设施等工程建造项目的实际需求，加强国产工程软件创新应用，逐步实现工程软件的国产替代；加快构建工程软件标准体系，完善测评机制，形成以自主可控 BIM 软件为核心的全产业链一体化软件生态。

2. 工程物联网积极"显特色"，力争跻身全球领先

将工程物联网纳入工业互联网建设范围，面向不同的应用场景，确立工程物联网技术应用标准和规范化技术指导。突破全要素感知柔性自适应组网、多模态异构数据智能融合等技术；充分利用我国工程建造市场的规模优势，开展基于工程物联网的智慧工地示范，强化工程物联网的应用价值。

3. 工程机械大力"促升级"，提升"智能化、绿色化、人性化"水平

建立健全智能化工程机械标准体系，增强市场适应性；打破核心零部件技术和原材料的壁垒，提高产品的可靠性；摒弃单一的纯销售模式，重视后市场服务，创新多样化综合服务模式。

4. 工程大数据及时"强优势"，为持续创新奠定数据基础

完善工程大数据基础理论，创新数据采集、存储和挖掘等关键共性技术，满足实际工程应用需求；建立工程大数据政策法规、管理评估、企业制度等管理体系，实现数据的有效管理与利用；建立完整的工程大数据产业体系，增强大数据应用和服务能力，带动关联产业发展和催生建造服务新业态。

1.4.3　智能传感在智能建造中的应用 >>>

土木工程结构在长达数十年甚至上百年的服役期内，不可避免地遭受环境侵蚀、材料老化、动力载荷以及突发灾害等复杂因素的耦合作用，使得结构损伤萌生、发展和累积，导致服役性能不断劣化(图1-11)。传统土木工程运营维护主要通过巡检人员目视检查，结合相关标准、规范，给出相应的损伤识别结果和状态评估等级。

(a) 环境侵蚀

(b) 材料老化

(c) 动力载荷

(d) 突发灾害

图 1-11　土木工程结构的典型病害

智能传感技术通过实时监测环境载荷和结构响应，进行结构系统识别、模型修正和参数更新，实现结构状态评估。在此基础上，对结构健康诊断进行定义，其内涵包括在获得结构健康监测数据的基础上，结合结构服役历史和现状，评估当前的结构损伤状态(包括确定损伤是否发生、损伤定位、损伤程度等)，通过模型修正预测未来的载荷环境和结构性能，并采

用基于失效概率的可靠度分析方法评价结构剩余疲劳寿命；同时，提出了数据范式的结构健康监测整体框架。受人工巡检准确性和稳定性较差、传感器空间分辨率不足导致监测信息不完备、基于模态分析的识别方法对结构早期的微小损伤不敏感、环境因素的耦合效应（如温度作用）以及测量噪声等诸多因素制约，亟需发展土木工程结构智能运维的系统理论与方法，挖掘并揭示结构损伤发展和性能退化的关联特征与演变规律。

模拟生物"看"的计算机视觉技术因提供了大量丰富的感知数据和高精度损伤识别方法，可解决传统感知技术因数据空间不完备和动力特性指标不敏感而带来的结构损伤精准识别难题。该技术已在土木工程领域得到了广泛研究和应用，通过在机器人和无人机上搭载摄像机、激光扫描仪和红外热成像仪等设备，采集结构图像、视频和几何数据，设计机器学习算法和深度学习网络，在高维空间中提取数据中蕴含的结构和损伤特征，识别结构全场振动、重构结构三维模型（图1-12）。国内外研究者已经开展了一系列基于计算机视觉的土木工程结构智能运维技术研究，例如，基于经典图像处理技术，根据结构损伤或变形与背景像素灰度值或统计特征的差异、人工设计选择条件等，对图像底层像素进行直接运算从而筛选出目标区域。但是，此方法通常需要进行预处理并且预设特征提取算子，识别结果取决于形态学运算的结构元尺寸和阈值参数的选择，特别依赖于先验知识和经验，无法适用于不同的应用场景。

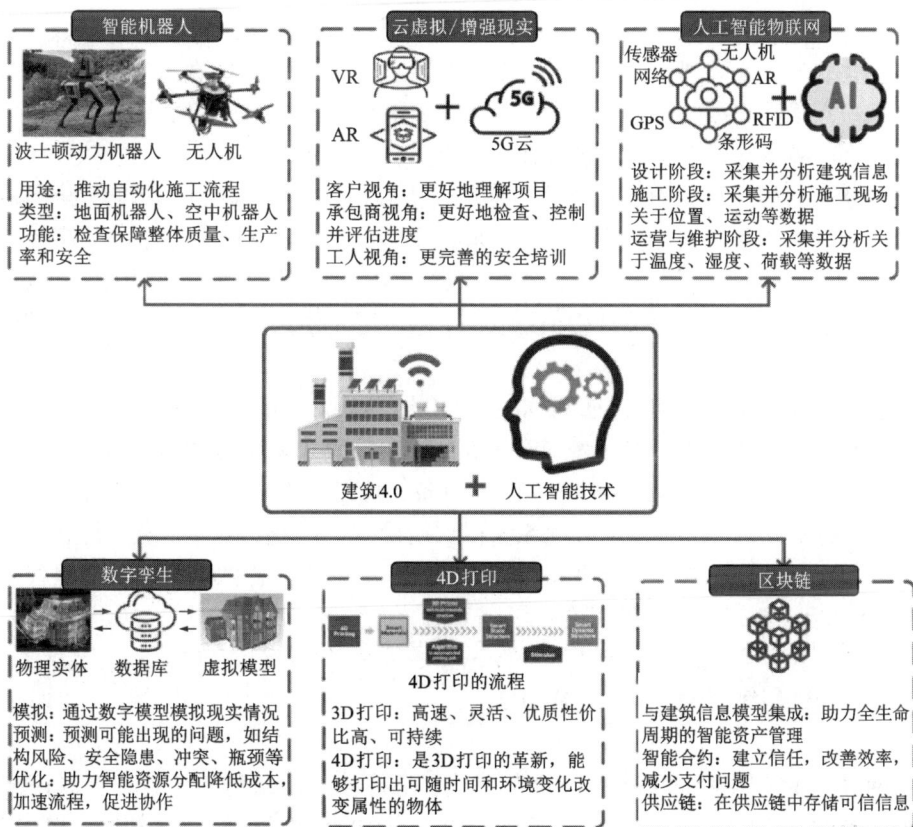

图1-12 智能建造中的各项前沿技术

自深度学习提出后，计算机视觉结合深度学习方法，自动提取图像高层次抽象特征，挖掘蕴含于其中的分类模式，进而摆脱人工特征工程的束缚，该方法已经被广泛应用于土木工程结构损伤识别或其他监测数据的特征学习任务。已有学者系统地总结了计算机视觉、机器学习、深度学习方法在结构健康监测和损伤识别领域的最新研究，根据计算机视觉深度网络模型的本质特点，其方法主要包括图像分类、目标检测和语义分割等。

图像分类方法主要通过搭建深度网络模型对结构表面损伤或变形图像的子单元进行二分类(是否包含损伤变形)或多分类(考虑其他干扰因素)，并且可以通过朴素贝叶斯数据融合以提高裂纹识别算法的鲁棒性。而目标检测方法则是通过对结构损伤或变形所在的局部区域进行矩形框定位，输出分类标签。与图像分类方法相比，目标检测方法可以直接定位图像中的损伤或变形位置，但仍需要阈值分割和边缘检测等后处理运算，才能实现像素级精细化识别。为了直接实现从整幅图像到目标像素的端到端识别，有学者提出了基于全卷积神经网络语义分割的损伤识别方法，并通过深度特征融合和 Zernike 矩实现损伤轮廓刻画和精细测量，最终集成于无人机或爬墙机器人系统进行结构检测。

除了识别结构损伤与变形，对于大尺度土木工程结构运维，还需要三维重构。传统三维重建方法对点云的质量要求较高，而高质量的点云数据往往很难获得，并且多为特定结构设计，很难扩展到其他结构。同时，由于很少利用结构语义信息，重建结果的准确性难以保证，无法满足工业应用需求。

数字孪生和信息-物理系统作为土木工程结构"虚实结合"运维管养的关键技术，通过对结构物理实体进行动态虚拟建模，构建与物理实体具有相同属性的数字实体，并且基于结构健康监测系统获取环境、作用、结构响应、结构变化等感知数据形成反馈，实时更新物理实体的真实状态，最终基于智能算法进行知识推理与自主决策。

在结构状态智能评估方面，通过深入挖掘全桥倾角、挠度、索力、应变等结构整体与局部响应的长短期结构健康监测数据，建立了考虑全桥响应时-空概率分布相关深度学习建模与状态评估方法，对不同结构静力响应类内和类间相关性的作用模式和力学行为进行分析，成功识别拉索腐蚀、主梁开裂等结构损伤状态，解决了车辆载荷与服役状态难解耦的状态评估难题。

虽然土木工程结构智能运维已经取得了一定的发展，然而距离建立物理定律与数据范式有机融合的智慧运维科学理论和技术还有很大的距离。其未来工作方向包括研究结构健康状态全域感知的新原理、新技术、器件、系统与设备，研究结构全息智能识别与预测的理论与方法，解决信息不完备情况下反演方程无法得到精确解的问题，发展低碳、新老融合升级的新材料与新技术，构建智慧、安全的未来土木工程基础设施，最终建立土木工程智慧运维智能体(统一大模型)及相应的科学理论。

1.4.4　物联网在智能建造中的应用

物联网最早由美国 Auto-ID 于 1999 年提出，是将各种信息传感设备与互联网相结合而形成的万物互联互通网络。而智能建造过程中的五大要素(即施工人员、机械设备、物料、工法、环境)所产生的多源异构数据，由不同类型的传感器采集，以实现建造过程全要素的状态感知、质量感知和位置感知，再通过网络模块进行统一转换与传输。工程物联网作为物联网技术在工程建造领域的拓展,通过各类传感器感知工程要素状态信息,依托统一定义的数据接口和中间件构建数据通道。工程物联网将改善施工现场管理模式,支持实现对"人的不安全行为、物的不安全状态、环境的不安全因素"的全面监管。在工程物联网的支持下,施工现场将具备如下特征:

①万物互联,以移动互联网、智能物联网等多重组合为基础,实现"人、机、料、法、环、品"六大要素间的互联互通。

②信息高效整合,以信息及时感知和传输为基础,将工程要素信息集成,构建智能工地。

③参与方全面协同,工程各参与方通过统一平台实现信息共享,提升跨部门、跨项目、跨区域的多层级共享能力。

当前,我国工程物联网的技术水平与国外相比仍有较大差距。美国、日本、德国的传感器品类已经超过20000种,占据了全球超过70%的传感器市场,且随着微机电系统(MEMS)工艺的发展呈现出更加明显的增长态势。我国90%的中高端传感器依赖进口。除传感器外,现场柔性组网、工程数字孪生模型迭代等技术均亟待发展。另外,我国工程物联网的应用主要关注建筑工人身份管理、施工机械运行状态监测、高危重大分部分项工程过程管控、现场环境指标监测等方面,然而本调研结果显示,工程物联网的应用对超过88%的施工活动仅能产生中等程度的价值。在有限的资源下提高工程物联网的使用价值将是未来需要解决的重要问题。

随着智能化时代的到来,智慧建筑、智慧社区、智慧城市、智慧地球不断推进,物联网正在建筑业兴起,工程物联网(engineering internet of things,EIoT)应运而生。工程物联网作为物联网技术在工程建筑领域的物联化体现,遵照智慧城市、智慧建筑的顶层构筑方案,以人类的美好生活愿景为目标,通过感知设备(如可穿戴设备、RFID电子标签阅读器、传感器、全球定位系统等)、通信技术(如短距离无线通信技术、卫星通信技术、光纤通信技术等)的精准感知和实时传递,实现建筑物内外的设备、构件、环境、空间以及人员之间的信息交互,并构建物联网能力平台,支持项目管理者对项目信息进行实时分析与处理,促进项目智慧化识别、定位、跟踪、监控与管理。

物联网技术在建设项目中的应用具有以下特征:一是感知层中,利用摄像头、RFID、传感器和二维码等实时获取建筑物相关信息;二是传输层中,互联网与通信网络有利于信息实时传递与共享;三是应用层中,云计算与模糊识别等智能技术能够实现对大量信息的准确分析与处理,进而做出决策与控制。

1. 基于工程物联网的人员管理

施工人员的安全和健康在建筑业中至关重要。在建筑施工现场,施工人员安全管理的核心就是实时有效地保证施工作业人员的安全,而现行的施工人员安全管理系统存在诸多问题。因此,将物联网应用于建筑领域,以实时、高效地监测施工现场每一位施工人员,排除潜在安全隐患,减少施工人员安全事故的发生,进一步提高施工现场的安全性。

通过佩戴可穿戴设备,既可帮助管理人员获取施工人员的位置和人数,提示危险区域,及时发现施工人员跌倒现象;还可以帮助掌握施工人员的疲劳程度,测试施工现场的扬尘等级,从而确定合理的施工人员工作时长,保证施工人员的健康。另外,借助物联网设备和网络,进行人员定位跟踪,可以在移动设备上获取人员的信息,自动化跟踪大量的人员数据,帮助管理人员实时了解人员工作状态。此外,还可以借助面部识别、射频识别标签监测任何未经许可的人员进入禁区，确保建筑工地和资产的安全。

2. 基于工程物联网的物料管理

在建筑工程施工成本中，建筑材料成本所占比例最大，故建筑施工项目物料管理的成效和效率在施工项目资源管理中占有重要地位，是降低工程造价、减少工程浪费、节能减排的重要途径。因此，将物联网技术应用于物料管理中，从而实现对物料管理的实时化、可视化、透明化、智能化监管，使材料使用者适时、适量、适质、适地地使用合同范围内的所有质量合格的材料：首先，对重要的建筑材料在生产过程中植入 RFID 芯片或贴上电子标签；然后，在材料运输、进场、出入库、盘点、领料等施工过程中，采用 RFID 电子标签阅读器进行信息的快速读取，通过物联网进行跟踪和监控，方便物流、仓库管理。

3. 基于工程物联网的设备管理

对机械设备的有效管理和使用，不仅可以达到事半功倍的效果，提高工作效率，而且能为现场施工人员创造安全的工作环境。因此，可利用物联网技术对其运行状态进行实时监测，实现人和物之间的信息连接，建立两者之间的交流通道，提高管理的智能化水平。

物联网技术通过识别安装在设备中的 RFID 标签和读取传感器信息，获取设备相关信息，然后借助无线传输方式传送到信息处理中心。基于此，利用先进的数据融合技术，对采集到的数据信息进行分析和处理，以实现对工程机械设备的高效管理和监测。由于工程机械设备的工作环境一般比较恶劣，设备经过一定时间的使用后要进行维修和保养，严重时需要对其进行更换或者报废处理。因此，通过使用物联网技术对设备的运行情况和使用寿命进行统计，可以及时提醒工作人员设备剩余的使用年限，方便对工程机械设备进行相应的维修、保养或更换。物联网技术的应用极大地提高了工程机械设备使用时限报警的智能化程度，确保了工程项目建设的安全性，同时也避免了由设备管理不善导致的工程进度缓慢的问题。工程机械设备主要由多个零部件组成，受其工作环境的影响，零部件的使用寿命较短。然而，零部件一旦发生损坏，将给整个工程机械设备的运行带来巨大的损失，并影响工程项目建设的速度和效率。因此，通过在工程机械设备中安装多种类型的传感器，监测设备中关键零部件的参数，并对运行参数进行判断，确保其能够安全稳定运行。利用传感器技术和数据分析技术，能够在机械设备发生故障之前检测出其可能存在的隐患，便于及时排除故障，将损失降到最低。

4. 基于工程物联网的环境管理

工程建设在环境保护中扮演着十分重要的角色，无论是新建、扩建或改建的工程项目，都会给当地乃至全球环境带来一定的影响，如噪声污染、灰尘污染以及全球气候和生态系统的改变等。因此，利用物联网技术对建筑工程项目进行环境监测，能有效地降低对环境的污染。通过分布在建筑中的光照、温度、湿度、噪声等各类环境监测传感器，可以对代表环境污染和环境质量的各种环境要素(环境污染物)进行监控和测定，使管理人员可以实时掌握建筑施工过程中的环境质量状况，从而采取相应措施，改善环境质量。

智慧启思

传感器与物联网——韧性宜居智慧城市的神经系统

认知拓展

实践创新

思考题

1. 智慧建造出现的背景有哪些？它们存在什么关系？

2. 简述建筑业发展从工业化到信息化、再到智慧化的内在逻辑。

3. 用自己的话阐释发展智慧建造的积极作用或重大意义。

4. 智能传感和物联网之间的联系。

5. 在智能建造中物联网和智能传感承担了什么样的角色？

参考答案

智能传感技术

本章思维导图

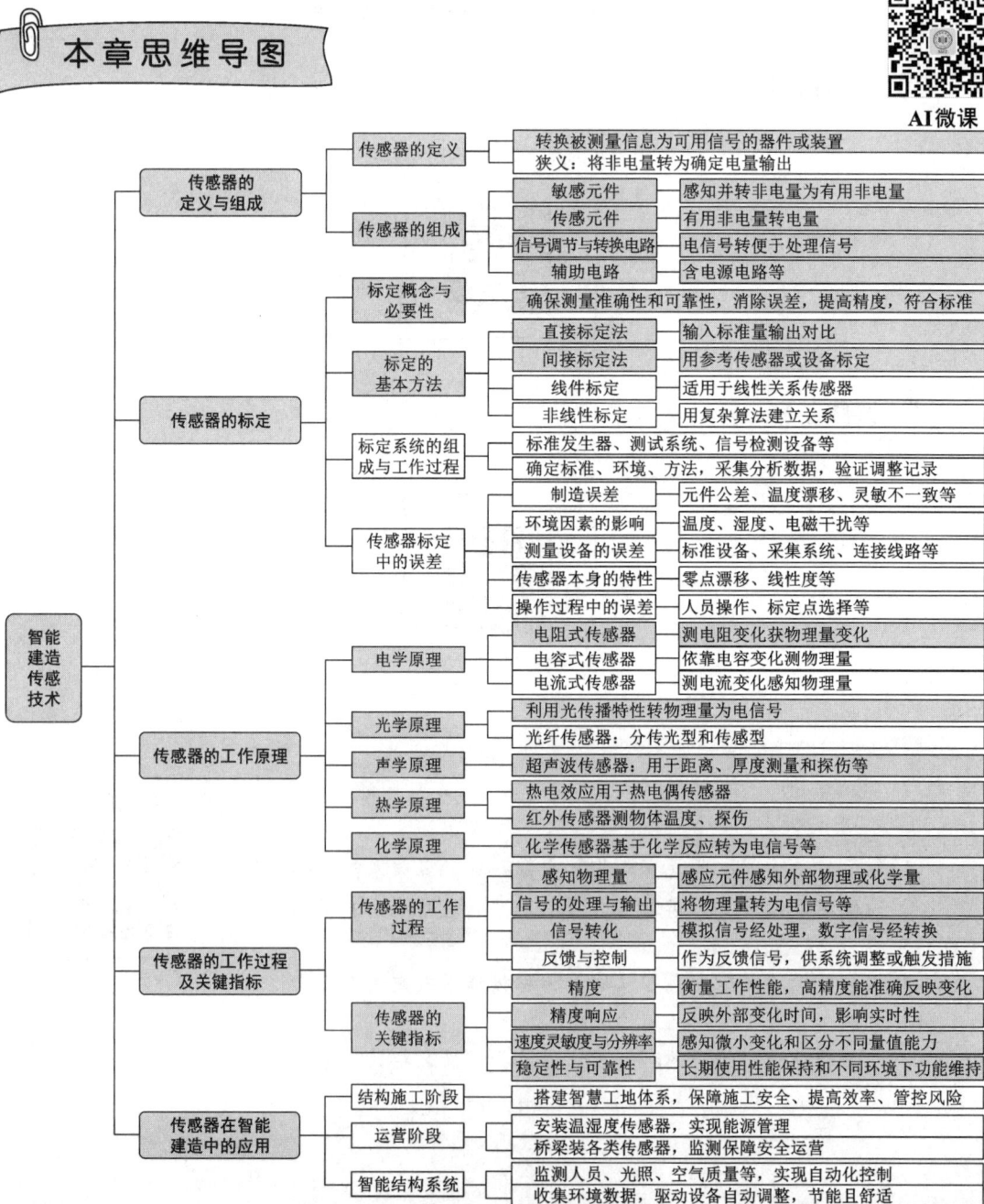

AI微课

- **智能建造传感技术**
  - **传感器的定义与组成**
    - **传感器的定义**
      - 转换被测量信息为可用信号的器件或装置
      - 狭义：将非电量转为确定电量输出
    - **传感器的组成**
      - 敏感元件 — 感知并转非电量为有用非电量
      - 传感元件 — 有用非电量转电量
      - 信号调节与转换电路 — 电信号转便于处理信号
      - 辅助电路 — 含电源电路等
  - **传感器的标定**
    - **标定概念与必要性**
      - 确保测量准确性和可靠性，消除误差，提高精度，符合标准
    - **标定的基本方法**
      - 直接标定法 — 输入标准量输出对比
      - 间接标定法 — 用参考传感器或设备标定
      - 线件标定 — 适用于线性关系传感器
      - 非线性标定 — 用复杂算法建立关系
    - **标定系统的组成与工作过程**
      - 标准发生器、测试系统、信号检测设备等
      - 确定标准、环境、方法，采集分析数据，验证调整记录
    - **传感器标定中的误差**
      - 制造误差 — 元件公差、温度漂移、灵敏不一致等
      - 环境因素的影响 — 温度、湿度、电磁干扰等
      - 测量设备的误差 — 标准设备、采集系统、连接线路等
      - 传感器本身的特性 — 零点漂移、线性度等
      - 操作过程中的误差 — 人员操作、标定点选择等
  - **传感器的工作原理**
    - **电学原理**
      - 电阻式传感器 — 测电阻变化获取物理量变化
      - 电容式传感器 — 依靠电容变化测物理量
      - 电流式传感器 — 测电流变化感知物理量
    - **光学原理**
      - 利用光传播特性转物理量为电信号
      - 光纤传感器：分传光型和传感型
    - **声学原理**
      - 超声波传感器：用于距离、厚度测量和探伤等
    - **热学原理**
      - 热电效应用于热电偶传感器
      - 红外传感器测物体温度、探伤
    - **化学原理**
      - 化学传感器基于化学反应转为电信号等
  - **传感器的工作过程及关键指标**
    - **传感器的工作过程**
      - 感知物理量 — 感应元件感知外部物理或化学量
      - 信号的处理与输出 — 将物理量转为电信号等
      - 信号转化 — 模拟信号经处理，数字信号经转换
      - 反馈与控制 — 作为反馈信号，供系统调整或触发措施
    - **传感器的关键指标**
      - 精度 — 衡量工作性能，高精度能准确反映变化
      - 精度响应 — 反映外部变化时间，影响实时性
      - 速度灵敏度与分辨率 — 感知微小变化和区分不同量值能力
      - 稳定性与可靠性 — 长期使用性能保持和不同环境下功能维持
  - **传感器在智能建造中的应用**
    - **结构施工阶段**
      - 搭建智慧工地体系，保障施工安全、提高效率、管控风险
    - **运营阶段**
      - 安装温湿度传感器，实现能源管理
      - 桥梁装各类传感器，监测保障安全运营
    - **智能结构系统**
      - 监测人员、光照、空气质量等，实现自动化控制
      - 收集环境数据，驱动设备自动调整，节能且舒适

2.1 传感技术概述

传感技术(sensing technology)是指通过传感器从自然或人工环境中获取信息,并对其进行识别、处理和转换的综合性技术。它融合了物理、化学、生物、工程等多学科知识,涵盖了传感器的设计、制造、测试、应用及优化等全生命周期过程。

20 世纪 50 年代以来,传感技术经历了 3 个重要的发展阶段,即逐步从最初的结构型传感器进化到更为先进的固体传感器,并最终迈向了如今最前沿的智能传感器时代。智能传感器(smart sensors)本质上是一种具有信息处理功能的传感器,由传感器、微处理器、通信接口等功能模块组成,主要包括信号感知、数据处理和信息传输 3 个阶段,因而能够实现对被测量物体的自动检测、自动校准、自动补偿、数据处理和通信等功能。相比传统传感器仅具备数据采集功能,智能传感器不仅拥有传统传感器的信号转换功能,还集成了微处理器、嵌入式人工智能算法和无线通信模块,因而能够实现数据的本地处理、自诊断和自适应优化。事实上,智能传感器作为新一代具备感知与自我认知能力的技术典范,已成为未来智能系统的核心组件。它不仅在技术上实现了质的飞跃,更将作为关键驱动力促进物联网、智慧城市构建、智能制造升级以及智能建造革新等多个前沿领域的蓬勃发展。

在当今高新材料与人工智能技术迅猛发展的时代背景下,智能传感技术的发展方向也呈现多元化和深度化的特点,主要可以归纳为以下几个方面:①智能传感器将由单一监测对象和单一功能向多功能、多物理量检测融合的方向发展。②纳米技术、生物兼容性材料等新材料和前沿技术将被广泛应用于智能传感器的制造,以提高传感器的性能并拓展其应用范围。③智能传感器将由单独的元器件向网络化和系统化方向发展。未来的智能传感器将能够与其他设备、系统甚至云端进行无缝连接,从而实现数据的实时共享和远程监控。④随着可穿戴设备、物联网等应用场景的不断发展,智能传感器将愈发朝着定制化、个性化、低功耗方向发展,以满足不同领域和用户的多样化需求。⑤未来的智能传感器将具备更高的智能化和自主化水平。例如,通过集成机器学习、人工智能等先进技术,智能传感器将能够自主学习、优化算法并实现更智能的预测和控制。

2.2 传感器的原理

2.2.1 传感器的定义

1.传感器基本概念及组成

在工程技术领域里,可以将传感器定义为:把特定的被测量信息按一定规律转换成某种可用信号输出的器件或装置。表征物质特性或其运动形式的参数很多,总体上可分为电量和非电量两大类。电量一般是指物理学中的电学量,如电压、电流、电阻等;非电量是指除电量之外的一些参数，如力、位移、加速度、温度等。

传感器定义中提到的"可用信号"是指便于处理、传输的信号，就目前的科技发展水平而言，这种便于处理、传输的"可用信号"就是电信号。因此，有时也将传感器狭义地定义为"把外界非电量信息转换成与之有确定对应关系的电量输出的器件或装置"。传感器的概念实则是一个发展的概念，它将随着科学技术的不断进步而发展。

传感器起到的是"转换"作用，因此传感器也叫作变换器、换能器或探测器。在非电量电测技术中，传感器一词是和工业测量联系在一起的，即实现非电量转换成电量的器件称为传感器。当传感器输出的电信号为标准输出信号时，也称为变送器。

传感器通常由敏感元件、传感元件、信号调节与转换电路和辅助电路组成。其中，敏感元件感知被测非电量，并按一定规律转换成与被测非电量具有确定关系的有用非电量。传感元件将敏感元件输出的有用非电量直接转换成电量。信号调节与转换电路将传感元件输出的电信号转换为便于处理的有用电信号。

2. 传感器工作过程及关键指标

在传感器实际工作过程中，首先需感知物理量，即通过某种感应元件感知外部的物理量或化学量，如外部载荷变化、温度、湿度、位移、气体浓度等。其次，对信号进行转换，感应元件感知到的物理量通常以一种物理形式存在，比如应变可以通过电阻变化、谐振频率改变等方式来感知。传感器内部的转换元件将这些物理量转换为电信号、光信号或声波信号等，方便后续测量和处理。再次，对信号进行处理与输出，传感器的输出信号可以是模拟信号或数字信号。模拟信号通常通过放大器、滤波器等电路进行处理，以确保信号的准确性和稳定性。数字信号则通过模数转换器将模拟信号转换为数字信号，供数字设备(如计算机)进一步处理和分析。最后，反馈与控制，在智能建造系统中，传感器的输出信号通常是控制系统反馈的一部分。通过监测传感器信号，系统能够进行必要的调整或触发报警、修正措施，确保智能建造系统的安全与高效运行。

传感器的关键指标主要包括以下几个方面：

精度：传感器的精度是衡量其工作性能的重要标准。精度高的传感器能够在较小的范围内准确反映外部环境的变化。

响应速度：传感器的响应速度是指传感器对外部变化做出反应的时间。响应速度越快，传感器就能越及时地检测到环境变化，适用于对实时性要求较高的场景。

灵敏度与分辨率：传感器的灵敏度指传感器对外部微小变化的感知能力，分辨率则指传感器能够区分不同量值变化的能力；这2个指标对于传感器的精细测量能力和准确性至关重要。

稳定性与可靠性：稳定性指传感器在长期使用过程中保持其性能的能力，可靠性指在不同环境条件下，传感器维持功能和输出信号的能力。这2个指标对传感器的耐久性至关重要。

3. 传感器在智能建造中的应用

在现代智能建造过程中，传感器的应用逐渐成为提升施工质量、提高建筑性能和管理效率的关键技术。例如，在结构施工阶段，通过传感系统搭建智慧工地体系，保障施工过程安全，提高施工效率，管控施工风险。在运营阶段，在建筑物中安装温湿度传感器，可以实时监控建筑内外的温湿度变化，从而实现能源管理；在大型桥梁结构体系中，安装各类传感器，及时获取桥梁结构体系外部作用、结构响应信息，实时把握桥梁结构性能状态，保障桥梁结构安全运营；在智能结构系统中，传感器可以监测人员的运动、环境光照、空气质量等信息，从而实现智能照明、空调调节等自动化控制；可通过传感器收集的环境数据驱动空调、灯光、窗帘等设备进行自动调整，从而实现节能和舒适性提升。传感器是智能建造系统的感知环节，是系统获取外部环境信息的"眼睛"。控制系统通过接收到的传感器数据来分析并做出相应的操作。

2.2.2　传感器的种类

在智能建造领域，传感器在工程施工、环境质量监测、结构健康监测等方面发挥着重要作用。传感器的应用已经从单一的监测设备，转变为集成化、智能化的管理工具，成为智能建造领域的关键技术之一。智能建造中的传感器大致可分为环境监测传感器、外部作用与载荷监测传感器和结构响应监测传感器。

1. 环境监测传感器

环境监测传感器用于监测结构物内外及施工环境中的温度、湿度、空气质量、噪声等因素，保证工作、生活环境、结构运营状态的健康与安全。

（1）温度传感器

温度监测是智能建造工程中至关重要的环节，特别是在混凝土浇筑、结构材料的热膨胀和施工环境的控制等方面。温度传感器可应用于诸多场景，如混凝土温控系统，在混凝土浇筑过程中，温度变化会影响混凝土的凝固过程，可能产生裂缝或导致强度不足。通过安装温度传感器，可以实时监控混凝土的内部温度，确保施工过程符合设计要求，其对大体积混凝土施工质量与施工安全至关重要；此外，建筑中的供暖、通风和空调系统依赖于温度传感器来调节温度，保持室内环境的舒适度和满足节能要求；还可通过安装温度传感器，实时监控建筑各个区域的温度情况，智能调节采暖和空调系统，达到节能减排的效果。在结构运维阶段，温度的升降会导致结构材料的热胀冷缩，进而导致长跨结构的大变形，因此控制此类变形需对温度开展精准监测；此外，结构自振频率等固有特性也会随温度的变化而发生变化，对于结构状态评估，温度参数也具有重要意义。常见的温度传感器有热电偶、热敏电阻温度传感器、光纤温度传感器等。

（2）湿度传感器

湿度传感器在智能建造中扮演着重要角色，特别是在环境控制和材料监测方面应用较广，湿度调控有利于结构的长期维护，可提高结构耐久性，此外，还可提高结构内环境的舒适度。湿度传感器在智能建造领域中可应用于诸多场景，如在施工过程中，湿度传感器用于监控施工现场环境的湿度，确保湿气不会影响材料的干固过程；在结构内环境监测中，该类传感器可监测结构内部的空气湿度，并通过智能控制系统调整结构系统中的空调和加湿设备，确保结构内部空气质量；在结构性能监测中，湿度传感器可用于监测地下建筑物或地下管道的湿度，以预测结构的腐蚀或损坏，也可用于监测混凝土中钢筋所处环境湿度，防止钢筋腐蚀劣化，避免发生灾难性损伤。常见的湿度传感器有电阻式湿度传感器、电容式湿度传感器，分别基于电容变化、电阻变化来感知湿度变化。

（3）气体传感器

气体传感器是结构物内外环境监测中重要的一环，能够实时监测有害气体或污染物浓度，保护居住者和工人的健康。气体传感器可应用于诸多场景，如建筑内气体监控，在室内环境中，通过气体传感器实时监测一氧化碳、二氧化碳、氨气、甲醛等有害气体的浓度，确保空气质量符合健康标准；可监测施工现场气体浓度情况，在地下施工或化学物质存储区域，气体传感器可用于监测可能存在的气体泄漏，确保工人的安全；此外，还可开展环境污染监测与防控，在城市建设中，气体传感器可用于监测建筑工地及周边区域的空气质量，预防环境污染。常见的气体传感器有电化学气体传感器，用于监测氧气、一氧化碳、二氧化碳等气体，适用于室内和工业环境的气体监测。另外，常用的气体传感器还有红外气体传感器，利用红外光吸收原理进行气体浓度的测量。

（4）pH 传感器

在建筑施工中，尤其是涉及水泥、混凝土等材料的过程中，pH 传感器可用于检测混凝土水化过程中的酸碱变化，从而确保材料的稳定性和耐久性。pH 传感器可应用于诸多场景，如混凝土水化过程监测，在混凝土的生产过程中，pH 传感器可实时监测混凝土溶液的酸碱值，确保混凝土的配比和水化反应正常；另外，还可应用于污水处理监测，在建筑工地附近的污水处理系统中，pH 传感器可帮助控制污水的酸碱度，确保处理效果。常见的 pH 传感器为电极式 pH 传感器，通过检测溶液中的氢离子浓度来判断 pH。

2. 外部作用与载荷监测传感器

在智能建造领域中，外部作用与载荷监测是关键环节。外部作用包括风速、风压、地面运动、温度变化、交通车辆载荷等，这些因素会对结构产生影响，导致结构变形、应力变化等。通过安装在结构上的外部作用与载荷监测传感器，可实时感知结构所承受的动态和静态载荷，如实时采集风速、风向、车辆载荷等。通过监测系统对这些数据进行实时传输和分析，能够帮助评估结构在不同载荷作用下的健康状态，实现对结构健康状态的实时评价和灾害预警。

较为常用的外部作用与载荷监测传感器为压力传感器，可监测施工或运营过程中的结构压力变化，防止超负荷而导致结构损坏，在结构（如桥梁、隧道等工程）的强度测试、稳定性监测中具有重要意义。在智能建造领域，压力传感器应用较为广泛，如在大跨桥梁结构健康监测系统中，通过压力传感器可实时监测桥梁结构中可能的压力变化，如主梁上车辆载荷的变化，从而判断结构是否超负荷或发生较大变形，保障结构安全运营；此外，在大体积混凝土浇筑过程中，通过安装压力传感器可以实时监控混凝土的水化压力，避免混凝土压力过大导致混凝土浇筑质量降低，从而确保工程质量。常见的压力传感器有压电式压力传感器、应变式压力传感器等。

3. 结构响应监测传感器

结构响应监测传感器用于监测结构在施工、运营等过程中结构响应随外部作用改变发生波动的情况，常见的结构响应监测传感器包括位移传感器、振动传感器、应变传感器等，它们是智能建造中应用最为广泛的一类传感器。

（1）位移传感器

位移传感器在结构健康监测和施工过程中具有广泛应用，能够实时监测建筑物的形变、沉降等动态变化。位移传感器可应用于诸多场景，如结构物沉降监测，建筑物在建成后可能会因地基沉降而发生微小形变，位移传感器可以通过检测沉降位移来确保建筑物的稳定性；桥梁变形与挠度监测中，可将位移传感器安装在桥梁主梁两端监测桥梁主梁纵向变形，或安装在梁体跨中某些位置，监测桥梁竖向挠度变形等，以提前发现结构大变形或损伤风险。常见的位移传感器有 LVDT 位移传感器、光纤位移传感器等。

（2）振动传感器

振动传感器通常用于建筑物、桥梁等结构物的健康监测，监测振动的幅度和频率变化，获取结构的基本信息，判断结构是否存在异常振动、疲劳程度或损伤状态。振动传感器可应用于诸多场景，如结构抗震监测，在地震或强风等环境下，结构振动幅度和频率会发生变化，振动传感器能实时监测并提供数据支持，帮助评估结构安全性。常见的振动传感器包括压电式振动传感器，其能够高效地感应建筑或设备的微小振动，适用于结构监测和设备状态监测；还有 MEMS 振动传感器，基于微机电系统（MEMS）技术，通过微小的振动和加速度变化来检测结构的动态响应；此外，光纤振动传感器也是在智能建造领域较为常用的一类振动传感器。

（3）应变传感器

应变传感器是一种用于测量物体受力后产生的应变变化的设备。在智能建造领域，最常用的应变传感器是电阻式应变传感器，通常由金属薄膜或半导体材料制成，当物体受力发生形变时，应变片的电阻会随之变化，通过测量电路可将电阻变化转换为电信号，从而实现应变的量化测量。在智能建造领域，应变传感器的应用十分广泛。如在结构健康监测中，应变传感器被安装在关键部位，如桥梁、高层建筑等，用于实时监测结构的应变状态，及时发现潜在的安全隐患。应变传感器可捕捉结构局部损伤，对于损伤定位、疲劳损伤评估至关重要。此外，在施工过程中，应变传感器可用于监测混凝土结构的应变变化，确保施工质量。除了电阻式应变传感器，应变传感器还包括振弦式应变计、光纤应变传感器等。这些应变传感器在智能建造中发挥着重要作用，通过实时监测和数据分析，提高了结构的安全性和可靠性。

2.2.3　传感器的工作原理（多学科交叉）　>>>

1.电学原理

许多传感器依赖于电学原理工作，特别是电阻、电容、电流等电学性质。利用这些电学特性，传感器能够精确地将外部的物理变化转换为电信号。

（1）电阻式传感器

电阻式传感器通过测量电阻的变化来检测物理量的变化。这类传感器的工作原理通常基于电阻与物理量（如温度、压力、力等）之间的关系。

如电阻式温度传感器，热敏电阻的工作原理是电阻随温度变化而改变。负温度系数热敏电阻的电阻随温度升高而减小，而正温度系数热敏电阻则相反。通过测量电阻的变化，可以推算出温度。

此外，电阻式传感器还包括电阻式应变计。电阻式应变计主要由敏感栅、基底、引线、盖层和黏结剂等五部分组成。在金属丝式应变计的典型结构中，敏感栅是最重要的组成部分，它通常由直径为 0.01～0.05 mm 的金属丝绕成栅状。金属丝式应变计之所以要制成栅状的敏感元件，是为了在较小的尺寸范围内得到较大的应变输出。为保持敏感栅的形状、尺寸和位置，用黏结剂将其固结在纸质或胶质的基底上。由于基底还起着将试件应变准确传递给敏感栅的作用，因此，基底必须很薄，一般为 0.02～0.04 mm。盖层对敏感栅起保护作用，通常也采用纸质或胶质材料。引线将敏感栅的输出引至测量电路，一般采用低阻镀锡铜线，并用钎焊与敏感栅端连接。在制造应变计时，黏结剂起着把盖层和敏感栅固结于基底的作用；在使用应变计时，它将应变计基底粘贴在被测试件表面，因此，黏结剂也起着传递应变的作用。

在测试时，应变计牢固地粘贴在被测试件的表面，随着试件受力变形，应变计的敏感栅也发生同样的变形，根据应变电阻效应，敏感栅的电阻将随之发生变化，并与试件应变成正比，由此就可反映外界作用力的大小。因此，应变电阻效应就是电阻应变计工作的物理基础。

（2）电容式传感器

电容式传感器依靠电容的变化来测量外部物理量。电容是由 2 个导体之间的电荷储存能力决定的，它与导体间的距离、表面积以及介电常数有关。这些因素的任何变化都会导致电容的改变。如电容式液位传感器：在液位传感器中，电容的变化与液体的高度成正比；随着液位上升或下降，液体的介电常数会改变，从而影响电容，进而可用于测量液位。电容式湿度传感器的应用也较为广泛，当空气湿度变化时，空气中的水蒸气含量变化，导致电容式湿度传感器的电容器中介质的介电常数发生变化，进而影响电容。

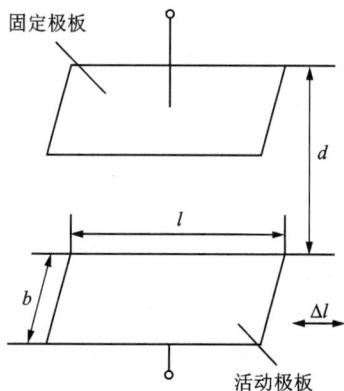

图 2-1 电容式传感器

电容式传感器由固定极板和活动极板组成，如图 2-1 所示。设极板间距为 d，极板的有效长度为 l，极板宽度为 b，则极板面积为 lb，这样，一个电容器的电容 C_0 为

$$C_0 = \frac{\varepsilon_0 \varepsilon_r lb}{d} \tag{2-1}$$

式中：ε_0 为真空的介电常数；ε_r 为极板间介质的介电常数。

当电容式传感器的活动极板发生位移 Δl 时，电容器的极板的有效面积将减小为 $(l - \Delta l)b$，这时，电容器的电容变 C 为

$$C = C_0 - \Delta C = \frac{\varepsilon_0 \varepsilon_r (l - \Delta l) b}{d} \tag{2-2}$$

化简得

$$\frac{\Delta C}{C_0} = 1 - \frac{l - \Delta l}{l} = \frac{\Delta l}{l} \tag{2-3}$$

则输出灵敏度 S 为

$$S = \frac{\Delta C}{\Delta l} = \frac{C_0}{l} = \frac{\varepsilon_0 \varepsilon_r b}{d} \tag{2-4}$$

由此可发现，对于电容式传感器，它的输出灵敏度是由极板的尺寸 b、极板间距离 d、极板间介质的介电常数 ε_r 决定的，而与构成传感器的具体物质无关。

（3）电流式传感器

电流式传感器是通过测量电流的变化来感知外部物理量的。应用较为广泛的电流式传感器为霍尔效应传感器。

霍尔效应是指电流流过导体时，垂直于电流方向的磁场会引起电荷偏移，进而在导体两

端产生电压。该电压与外部磁场的强度成正比,因此,霍尔效应传感器可以用于检测磁场、流量或位置变化。图 2-2 所示的霍尔效应传感器是依据霍尔效应制成的,将一载流导体放在磁场中,如磁场方向(z 方向)与电流方向(x 方向)正交,则在与磁场和电流两者都垂直的方向上(y 方向),将会出现横向电势,即霍尔电势,其大小为

$$U_\mathrm{H} = K_\mathrm{H} \cdot I \cdot B = \frac{R_\mathrm{H}}{d} \cdot I \cdot B \qquad (2-5)$$

式中:K_H 为霍尔灵敏度;I 为电流;B 为磁感应强度;R_H 为霍尔系数;d 为霍尔元件的厚度。

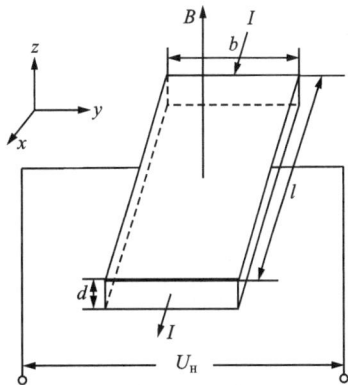

图 2-2 霍尔效应传感器示意图

由此可见,对于霍尔效应传感器,假设被测量为外加磁场,则转换元件(霍尔传感器)需在辅助能源(激励电流)的作用下,将磁场的变化转换为电量(霍尔电势 U_H)的输出。它是一种带激励源型传感器,仍属于能量转换型传感器。

2. 光学原理

光学传感器利用光的传播特性,如反射、折射、衍射、透射等,将物理量转换为电信号。光学原理不仅被广泛应用于传感领域,还与光学学科如激光技术、光纤通信等有着紧密的联系,特别是光纤通信技术也可将传感器获取的监测数据以光信号的方式传输,即光学原理既可用于传感研发也可用于传感信息通信,这也大大提高了光学传感器的使用便利性与适用性。

在光学原理中,反射原理和透射原理是光学传感器中常见的工作原理。在这些传感器中,当光束照射到物体表面时,部分光被反射,部分光透过物体。光电传感器通过发射红外线或激光束,检测物体表面的反射光来确定物体的位置、速度、形状等,常见的应用包括条形码扫描、自动门控制等。激光测距传感器利用激光束照射目标物体,利用反射回来的激光光束的传播时间来计算物体的距离。激光束具有较高的方向性和精度,激光测距传感器具有高精度、高分辨率的优点,被广泛应用于建筑物结构健康监测、建筑机器人自动驾驶等领域。

光纤传感器是智能建造领域中应用较广泛的一类光学原理传感器。其基于光在光纤中的传播特性,通过检测光的变化(如强度、频率、相位等)来感知环境的变化。光纤传感器一般由 3 部分组成,除光纤之外,还必须有光源和光探测器这 2 个重要部件。光纤传感器一般分为传光型和传感型两类。前者多数使用多模光纤,以传输更多的光通量;而后者是利用被测对象调制或改变光纤的特性,所以主要用单模光纤。

传光型光纤传感器中的光纤仅作为传输光的介质,只起传输光波的作用,对外界信息的"感觉"功能是依靠其他敏感元件来完成的,因此,需要在光纤端面或中间加装其他敏感元件才能构成传感器。这样,传感器中的光纤是中断的、不连续的,中断部分要接上其他敏感元件。调制器是敏感元件,置于入射光纤和接收光纤之间。在被测对象的作用下,敏感元件的光路被遮断或敏感元件的光穿透率发生变化,这样,光探测器所接收的光量便成为被测对象调制后的信号,经放大、解调后,就可得到被测对象。传光型光纤传感器主要利用已有的敏感材料作为敏感元件,这样可利用现有的优质敏感元件来提高光纤传感器的灵敏度。由于光纤只起传光的作用,所以采用通信光纤甚至普通的多模光纤就能满足要求。绝大多数光纤传感器是传光型光纤传感器。

传感型光纤传感器的传感元件是对外界信息具有敏感特性和检测功能的光纤,它将"传"

和"感"合为一体，利用被测对象调制或改变光纤的传输特性。在传感型光纤传感器中，光纤不仅起光信号传输的作用，还利用光纤在外界因素（弯曲等）作用下，其光学特性（光强、相位、偏振态等）的变化来实现检测功能。因此，传感型光纤传感器中的光纤是连续的。

根据对光调制手段的不同，光纤传感器可分为强度调制、相位调制、频率调制、偏振调制、波长调制等不同工作原理的传感器。光纤传感器有以下几方面的优势，具有优良的传光性能，传光损耗很小；频带宽，可进行超高速测量，灵敏度和线性度好；体积小、质量小，能在恶劣环境下进行非接触式、非破坏性以及远距离测量。

在智能建造领域，光纤应变传感器、光纤温度传感器等应用较广。其中，光纤应变传感器的主要原理是通过测量光信号的偏移或反射特性变化来检测应变或位移。光纤温度传感器通过光纤的折射率变化或反射信号变化来实现温度测量。当光纤受到温度影响时，光纤的特性会发生变化，传感器通过测量这些变化来推算温度。

3. 声学原理

声波在介质中传播时，速度、频率、振幅和波形等参数会随外部环境的变化而发生变化，而声学传感器通过对这些信号的分析来监测物理量的变化。在智能建造领域，应用较多的该类传感器是超声波传感器。

超声波传感器是利用超声波的特性研制而成的传感器，是声学原理传感的一种重要应用。超声波具有频率高、波长短、绕射现象小，特别是方向性好、能够成为射线而定向传播等特点。超声波对液体、固体的穿透力很强，此外，超声波碰到杂质或分界面会产生显著反射，形成反射回波。超声波传感器通过发射超声波并接收其反射回来的信号来测量物体与传感器之间的距离。超声波传感器的工作原理是基于声波传播时间的测量，可应用于超声波测距和物体厚度测量。超声波测距传感器被广泛应用于物位（液位）监测、智能建造机器人防撞等相关领域，该类传感器具有工作可靠、安装方便、防水、灵敏度高等优点。物理厚度测量可应用于结构物尺寸测量。

此外，超声波无损探伤是超声波传感器的另一重要应用。超声波探伤是无损探伤技术中的一种主要检测手段。超声波探伤主要用于金属或混凝土内部的质量检测，如检测金属内是否有气泡、焊接部位是否有未焊透部位、混凝土内部是否有孔洞与蜂窝麻面等缺陷。它的工作原理为：将超声波发射到被测材料中，超声波在传播时碰到裂纹、气泡或其他缺陷，就会发生超声波的反射、折射和绕射等，再用超声波传感器接收相关信号，则可判断材料的内部质量情况。

超声波无损探伤需要能提供发射脉冲信号的电子仪器，从而激励探头，用于接收、放大和显示信号。探头的核心为压电晶片，用于发射和接收超声波。探伤的基本原理是将标准试块（有人工缺陷）与实际被检测的工件进行对比。超声波探伤方法主要有纵波探伤和横波探伤两种方式。纵波探伤通常使用直探头，通过探伤反射回波可判断工件中是否存在缺陷，并给出缺陷大小及位置。在超声波传感器探伤方面，对声波信号的处理尤为重要，需寻求对损伤敏感的声波信号特征（如频率、速率等）来表征损伤，进而开展损伤的定量与定位评估。

4. 热学原理

热学原理被广泛应用于温度传感器中，特别是在热电效应、热辐射传输等方面。热学原理传感器可精准测量温度、热流、辐射等物理量。其中，热电效应是一种由温差引起电势差的现象，被广泛用于热电偶传感器中。热电偶传感器由两种不同的导体或半导体材料构成，当其接点有温度变化时，产生的电压与温度差成正比。通过测量这个电压，可以推算出温度的变化。热电偶传感器被广泛应用于智能建造施工与智慧运营中。

此外，红外传感器利用物体辐射出的红外辐射来测量其温度，属于辐射传输热学原理。每个物体都在发出特定波长范围的红外辐射，温度越高，辐射强度越大。红外热像仪就是利用这一原理，可以在不接触物体的情况下，通过检测红外辐射来获取物体的温度分布图像。通过红外传感器，可直观、快速地测得结构内部温度变化。近些年，红外传感器也已应用于结构内部探伤，如混凝土内部出现孔洞，则其红外辐射信号会与周围完好混凝土的信号有所差别，进而可通过该原理快速找到混凝土内部缺陷。

5. 化学原理

化学传感器基于化学反应原理工作。这类传感器通过检测化学物质与传感器材料的相互作用，转换为电信号或其他可测量的信号进行工作。化学传感器通过物质的化学反应或吸附作用来测量物质浓度。常见的化学传感器有气体传感器、电化学传感器、光谱传感器等。其中，电化学传感器是通过气体与电极表面发生氧化还原反应，产生电流或电压，从而反映气体的浓度。电化学传感器具有较高的选择性和灵敏度。

2.3 传感器的标定

传感器的标定是确保传感器测量准确性和可靠性的关键步骤。通过标定，能够在传感器的输出信号与已知的标准值或参考量之间建立起数学关系，从而消除传感器由制造误差、环境因素等导致的偏差。

2.3.1 标定概念与必要性

新研制或生产的传感器需要对其技术性能进行全面的检定，以确定其基本的静、动态特性，包括灵敏度、重复性、非线性、迟滞、精度及固有频率等。

例如，一个电阻式应变传感器，在变形后将输出电荷信号，即应变信号经传感器转换为电荷信号。但是，多大应变能使传感器产生电信号变化呢？该问题仅依据传感器本身无法确定，还需要依靠外部专用标准设备来确定传感器的输入-输出转换关系，即输入与输出的定量表达式，该过程称为标定。换句话说，利用标准器具对传感器进行标度的过程称为标定。

标定在传感器的使用过程中至关重要，传感器标定能消除系统误差。传感器通常存在制造公差、使用环境变化（如温度、湿度等）、老化等因素引起的误差，通过标定可以修正这些偏差。标定也能提高测量精度，标定能够提升传感器的准确性和可靠性，确保其输出信号更接近真实的物理量。标定还可确保传感器符合标准要求，很多智能建造领域对传感器的精度有严格要求，标定是确保符合这些标准的必要步骤。

2.3.2 标定的基本方法

标定的基本方法是，利用标准设备产生已知的非电量，并作为输入量输入待标定的传感器中，然后将得到的传感器的输出量与输入的标准量进行比较，从而得到一系列的标定数据或曲线。有时，输入的标准量是由标准传感器检测得到的，这时的标定实质上是待标定传感器与标准传感器之间的比较。输入量发生器产生的输入信号同时作用于标准传感器和待标定传感器上，根据标准传感器的输出信号可确定输入信号的大小，再测出待标定传感器的输出信号，就可得到其标定曲线。

直接标定法是最常用的标定方法，适用于简单且线性的传感器。直接标定法通过将已知标准量输入传感器中，测量其输出并与标准量进行比较，从而确定传感器的偏差和误差。该方法的主要步骤为：首先输入已知标准量，再将标准量输入传感器；然后测量传感器输出，记录传感器在标准量作用下的输出信号；最后比较误差，将传感器的输出与标准量进行对比，计算偏差和误差。

当传感器无法直接与标准量进行对比，或者标定过程较为复杂时，可以采用间接标定法。间接标定法通常通过其他已知参考传感器或辅助设备来进行。例如，使用标准电压源或通过计算方法得出传感器的输出和标准量之间的关系。间接标定法的步骤是通过参考设备获得输入与输出的关系，再通过数学模型推导传感器的校准系数。

当传感器的响应呈现线性关系时，可以通过简单的线性回归分析来建立传感器的校准模型。线性标定适用于大多数常见传感器，如温度传感器、压力传感器、流量传感器等。

例如，在温度传感器标定时，如果其输出电压(或电阻)与温度成线性关系，则可以通过在多个已知温度下测量的输出，得到传感器输出与温度之间的线性关系。通常，标定结果可以用如下公式表示：

$$Y = aX + b \tag{2-6}$$

式中：Y 为传感器输出；X 为标准量(如温度)；a 和 b 为标定系数。

当传感器的输出与输入量之间的关系为非线性时，需要使用非线性回归方法进行标定。例如，可以使用多项式拟合、分段线性模型或更复杂的算法(如神经网络)来建立传感器输出与标准量之间的关系。

对于非线性或响应复杂的传感器，单一标定点可能无法保证标定结果的准确性。多点标定通过在多个已知标准量的输入下，测量传感器输出并建立一个较为复杂的数学模型，能够更全面、精确地描述传感器的响应特性。此外，自动标定是利用计算机自动控制设备进行标定的过程。这种方法具有高效、精确的优势，被广泛应用于自动化生产线和工业传感器的标定。

2.3.3　标定系统的组成与工作过程

传感器的标定系统一般包括被测非电量的标准发生器、被测非电量的标准测试系统、待标定传感器所配接的信号检测设备。为保证标定的精度和可靠性，标定应按计量部门规定的规程和管理办法进行，只能用上一级精度的标准装置来标定下一级精度的传感器。工程测试中所用的传感器，应在与其使用条件相似的环境里进行标定，以获得较可靠的标定精度。为提高标定精度，可将传感器与其配用的电缆、滤波器、放大器等测试系统一起标定。

在传感器的标定过程中，第一步是确定标定标准。标定的前提是选择一个已知且可靠的标准量，即用于与传感器输出信号进行比较的参考值。这个标准量通常是高度精确且稳定的物理量。例如，压力传感器标定可使用标准压力源或已知压力的气体、液体设备，位移传感器标定可使用标准位移装置或已知的位移距离。

第二步是确定环境条件。标定过程中的环境条件对标定结果有重要影响，尤其是温度、湿度、振动、电磁干扰等因素。因此，在标定之前，必须确保标定环境的稳定性和可控性。例如，温度传感器的标定需要在一个温控稳定的环境里进行，以避免外界温度波动带来的误差。

第三步则是选择标定方法。选择使用直接标定法、间接标定法、线性标定与非线性标定法、多点标定法、自动标定法等。

第四步是数据采集与分析。其中，数据采集是标定过程中的关键步骤，通常使用高精度的数据采集系统来实时记录传感器的输出信号。此时，要确保数据采集系统的精度足够高，以避免采集误差影响标定结果。要求实时监测传感器的输出，并与标准量进行比较。同时，确保在标定过程中数据采集的稳定性，避免外界环境变化（如温度波动、电磁干扰等）对数据造成干扰。在数据采集后，需要对测得的数据进行处理与分析。常用的数据分析方法包括线性回归分析、多项式拟合和误差分析等。其中，线性回归分析适用于线性关系的标定，通过最小二乘法计算线性关系的系数。而对于非线性标定，通常采用多项式拟合或其他回归方法来处理数据。最后对标定结果进行误差分析，计算标准误差、相关系数等统计指标，评估标定模型的精度。通过数据分析，建立传感器输出与标准量之间的数学关系。对于线性传感器，通常生成一条标定曲线；对于非线性传感器，可能需要生成一组多项式或其他数学模型。标定曲线的形式可以是简单的线性方程，也可以是复杂的非线性方程，具体形式取决于传感器的响应特性。

第五步为标定的验证与调整。首先要校验标定结果，标定后需要对传感器的精度进行验证，确保其输出符合要求的精度标准。如在不同的输入值下重新测量传感器的输出，验证标定模型的准确性。也可与其他高精度传感器的测量结果进行比较，检查差异。如果在验证过程中发现传感器输出与标准量之间的偏差较大，可能需要调整标定系数或更换标定方法。这时，可以选择重新标定，或者调整传感器的零点和增益等参数。最后记录标定文档，标定过程结束后，必须将所有标定数据、分析方法、标定曲线、调整过程等记录下来，形成完整的标定文档。这些文档将用于未来的检验、追溯和认证。

第六步是标定的后续管理与维护。相关人员应定期复核与重新标定，由于传感器在长期使用过程中可能会发生漂移或老化，标定结果可能逐渐失效。因此，定期复核与重新标定是必要的。标定周期取决于传感器的使用环境、工作负荷以及传感器的特性。除此之外，还需对标定的误差进行监控，以便在实际应用中持续监控传感器输出的准确性。

2.3.4 传感器的静态、动态标定及其设备

传感器的静态标定主要用于检验、测试传感器的静态特性指标，如静态灵敏度、非线性、滞后、重复性等。不同功能的传感器需要不同的标定设备，即使是同一种传感器，由于精度等级要求不同，标定设备也可能不同。例如，力标定设备有测力砝码、拉（压）式测力计等，压力标定设备有活塞式压力计、水银压力计、麦氏真空计等，位移标定设备有深度尺、千分尺、块规等，温度标定设备有铂电阻温度计、热电偶、基准光电高温比色仪等。

传感器的动态标定主要用于检验、测试传感器的动态特性，如动态灵敏度、频率响应和固有频率等。对传感器进行动态标定，需要对它输入一个标准激励信号，常用的是周期函数

中的正弦波以及瞬变函数中的阶跃波。传感器动态标定设备主要是指动态激振设备，低频下常使用激振器，如电磁振动台、低频回转台、机械振动台、液压振动台等，一般采用振动台产生简谐振动作为传感器的输入量。对某些高频传感器的动态标定，采用正弦激励法标定时，很难产生高频激励信号，一般采用瞬变函数激励信号，这时就要用激波管来产生激波。

2.3.5 传感器标定中的误差

1. 制造误差

首先是传感器元件的制造误差。在传感器的制造过程中，元件的精度和组装过程中的公差往往会导致传感器的性能与理想情况存在偏差。每个传感器都可能具有微小的制造误差，这类误差会导致测量的偏差。例如，电阻式应变传感器内部电阻的微小变化或封装材料的不同，可能造成实际传感器的输出偏离标准值。可通过选用高精度的元器件和采取严格的质量控制措施来降低制造误差。同时，标定过程中的校准系数可以用来修正这些误差。

其次是温度漂移。温度变化是影响许多传感器输出的一个关键因素，特别是电气传感器，如温度传感器、压力传感器等。即便是在标准温度下进行标定，传感器也可能因其内部元件的温度特性变化而产生漂移。为降低该误差，可使用温控室、恒温槽等设备来控制标定时的温度环境，确保其稳定性；还可以对传感器进行温度补偿，或在标定数据中加入温度的修正项。

最后是传感器灵敏度不一致。在同一类型的传感器中，由于制造过程的差异，不同传感器之间可能存在灵敏度的微小差异。例如，某些传感器的响应可能略微迟缓或过于敏感，导致同一信号输入下不同传感器的输出不完全相同。为降低该误差，可逐一标定每个传感器并记录其特性，确保不同传感器在使用时能够精确匹配标准。

2. 环境因素的影响

温度是影响大多数传感器性能的重要环境因素。许多传感器的输出信号可能会随着环境温度的变化而发生变化，导致测量结果的误差。例如，热电偶传感器在标定时，如果环境温度发生波动，可能会影响其输出。为降低该误差，可控制标定环境的温度，使用温度补偿技术来消除温度变化带来的影响。除了温度之外，还有湿度的影响。湿度对一些传感器具有显著影响。湿度变化可能导致传感器的测量值偏离真实值，尤其是那些对水蒸气或空气成分敏感的传感器。为降低该误差，可在控制环境中进行标定，使湿度保持稳定，或者使用湿度补偿技术。电磁干扰也是影响传感器精度的一个常见问题，传感器周围的电磁场可能会对其电子电路造成干扰，导致信号出现噪声，从而影响测量结果。对于该误差，可使用抗干扰设计、屏蔽技术和高质量的接地系统来减少电磁干扰；此外，可以采用数字信号处理技术来去除噪声。在有些情况下，还有振动和机械冲击的影响，机械振动和冲击可能影响传感器的读数，尤其是在高精度测量中。对于加速度传感器、位移传感器等，机械振动可能导致信号出现波动或产生误差。为降低该误差，可尽量减少环境中的振动源，使用减振平台或外壳来隔离传感器，使其免受振动的影响。

3. 测量设备的误差

首先是标定设备的准确性。标定过程中使用的标准量源(如标准温度源、标准压力源、电压源等)本身可能存在误差。如果标定设备的精度不足，或者设备本身没有得到充分的校准, 那么标定结果就会受到影响。为降低该误差, 应确保所使用的标准量源具有高精度, 并且定期对标定设备进行校准, 保证其性能符合要求。数据采集系统也可能存在误差。在标定过程中, 数据采集系统的精度、采样频率、噪声水平等都会影响最终的标定结果。如果数据采集系统存在误差, 或者信号的噪声水平较高, 可能导致传感器输出的测量结果不准确。为降低该误差, 可使用高精度的采集设备, 并采取适当的滤波技术以减少噪声; 同时, 确保采样频率足够高, 避免采样不足导致误差。除此之外, 连接线路的影响也不能忽略。连接线路的电阻、电容、传输线等特性可能会影响传感器输出的精度。特别是当使用长线路连接时, 电缆的电感和电阻可能导致信号衰减或延迟。为降低该误差, 可使用低阻抗、低电容的高质量电缆, 并确保连接线路接地良好, 以减少信号传输误差。

4. 传感器本身的特性

传感器本身也存在许多可能产生误差的特性。①零点漂移。许多传感器在未受到外界物理量的影响时, 其输出并不完全为零。例如, 压力传感器、温度传感器等可能在没有输入信号时输出一定的偏差, 这种偏差称为零点漂移。为降低该误差, 可在标定时对零点进行补偿, 并定期检查传感器是否存在零点漂移。如果发现漂移, 须重新调整传感器的零点。②线性度误差。线性度误差指的是传感器的输出与输入量之间的关系偏离理想的线性关系。大多数传感器在小范围内可能表现出较好的线性度, 但在较大的测量范围内, 其线性度误差会逐渐增大, 导致标定时误差增大。为降低该误差, 可通过多点标定或非线性补偿来校正传感器的输出, 或采用更复杂的数学模型来描述其输出与输入之间的关系。③灵敏度误差。传感器的灵敏度是指其输出信号对输入信号变化的响应程度。灵敏度误差通常由传感器的材料性质或设计不当引起, 可能导致在标定过程中测得的输出与实际输入不一致。为降低该误差, 可通过精确的标定, 确定实际的灵敏度, 并在标定曲线或模型中进行修正。④响应时间。许多传感器在响应过程中可能存在滞后, 尤其是那些测量动态物理量(如加速度)的传感器。传感器的响应时间过长, 可能导致标定过程中获取的数据不准确, 影响最终结果。为降低该误差, 可在标定时考虑传感器的响应时间, 使用适当的测量技术或加速传感器的响应过程。

5. 操作过程中的误差

首先是人员操作不当。在标定过程中, 操作人员的技术水平和经验可能影响标定的准确性。例如, 在输入标准量时未达到预定精度, 或者在数据记录时出现误差, 都会导致最终标定结果的不准确。为降低该误差, 标定工作需要由经验丰富的操作人员进行, 并且操作人员要严格按照标准操作程序执行。应定期进行操作培训, 提高操作人员的技术水平。其次是标定点选择不当。在标定过程中, 选择的标定点可能不够有代表性, 尤其是在非线性传感器标定时, 选择的标定点过少可能导致最终的标定曲线误差较大。为降低该误差, 应选择适当且分布均匀的标定点, 尤其是在非线性标定中, 多点标定能够更好地保证准确性。

2.3.6 传感器标定存在的主要问题与挑战

在传感器标定的过程中, 标定的精度、时效性、设备选择和复杂性都会对最终标定结果产生重要影响。目前, 传感器标定在这 4 个方面依旧面临不少挑战。

尽管标定能够消除或减少传感器误差, 但标定结果仍然可能受到标定过程中的系统误差、测量误差等影响，从而导致最终结果的精度受到限制。要获取精确的标定结果，则要求有高质量的参考标准，标定过程中需要使用高精度的标准设备来校准传感器。如果参考标准本身存在误差，标定结果也会受到影响。还需要高精度的测试方法。在标定过程中，应保证每一次的测量都能够准确、可重复，且误差在可接受范围内，这是确保标定精度的重要环节；如果测试方法不得当，标定精度会大打折扣。此外，对于某些需要动态测量的传感器，需要开展动态标定，即在不同的工作条件下保持传感器标定的精度，尤其是随着时间的推移，精度可能发生衰减，如何进行实时调整或重新标定，也是传感器标定过程中的一个关键问题与挑战。

传感器标定的时效性问题也需重点关注，标定并不是一次性操作。传感器在长时间使用后，可能会发生性能衰减或漂移，比如一些气体传感器，长期使用会导致传感器催化剂变质、传感器钝化，因此需要定期重新标定。解决标定的时效性问题需要考虑长期稳定性，因此，标定的时效性要求定期检查和重新标定。传感器所处环境条件（如温度、湿度、气压等）的变化会影响传感器的性能。如果在实际应用中环境发生变化，传感器的响应也可能不同，因此需要及时进行调整或重新标定。还需考虑传感器工作负载和频繁使用的情况。高负荷或频繁使用的传感器更容易受到物理损伤或发生性能变化，需要更频繁地进行标定。为了保证标定时效性，某些系统被设计成能够自动监测传感器性能，并在必要时提醒或自动进行重新标定。可建立定期标定机制，解决传感器标定时效性问题，确保传感器监测数据的稳定性。

传感器标定设备的选择对于标定过程至关重要。标准量的精度和稳定性直接影响标定结果的可靠性，如果设备选择出现偏差，则标定结果误差较大。标定设备的选择不仅要满足高精度要求，还需考虑设备精度与匹配度，确保其与待标定传感器的性能和工作范围匹配，通常标定设备需要具有比待标定传感器更高的精度，以确保标定结果的可靠性；若标定设备的精度等参数低于待标定传感器，则标定结果的精度不会高于标定设备精度。此外，还需考虑标定设备成本。高精度的标定设备通常较为昂贵，因此在选择时需要平衡成本和精度需求，确保标定结果既符合实际应用要求，又不会造成投资浪费。还需考虑标定过程操作方便性。标定设备需要易于操作和维护，尤其是在大规模应用中。复杂、笨重或需要特殊技术的设备可能会限制标定的普及并降低其效率。标定设备需要经过一定的认证和标准化流程，确保其能够提供准确且可靠的参考数据。例如，标定设备可能需要符合国际计量标准或经过第三方验证，以及需要保障标定结果的可重复性。

传感器标定的复杂性与传感器类型、应用领域以及标定要求密切相关。不同类型的传感器具有不同的工作原理和标定要求，一些高精度或高灵敏度的传感器可能需要非常复杂的标定过程，因此面临的挑战各不相同。比如传感器多参数标定问题，一些传感器可能不仅涉及单一物理量的测量（如同时测试多方向变形、同时测试温度与压力等），还可能同时测量多个物理量或具有多个传感器元件。这种多参数标定的复杂性在于需要同时考虑多个变量的影响，并保证每个参数的精度。传感器标定的复杂性还需考虑非线性和动态特性，很多传感器具有非线性的响应特性，标定过程需要精确测量并建模传感器的非线性关系。该类非线性关系可能随时间变化，因此该标定工作也需定期开展。此外，对于动态系统（如加速度传感器、速度传感器等），如何在不同工作状态下进行准确标定，以及如何处理信号的动态变化，也是一个技术挑战。在实际应用中，传感器常常工作在极端的环境里（如高温、高湿、强磁场等），这些特殊环境条件对传感器的标定提出了额外的挑战，需要使用特定的环境模拟设备来进行标定。随着技术的进步，越来越多的标定工作依赖自动化和智能化手段。如何开发高效、准确的自动标定系统，简化标定流程，同时保证高精度，是当前的一个重要课题。

2.4　传感器的选型与布设

>>>

2.4.1　传感器的性能参数

>>>

传感器是监控、测量与控制系统中最基本的器件，应根据不同应用情况选择合适的传感器，尤其是应变计、加速度计、温度计和声频发射等传感器常常被用来监测结构的健康状况。为了保障基础设施结构的安全，传感器需要确定分辨率、灵敏度、稳定性、量程、精度、重复性和采样频率等多种性能参数，这些参数同时也是传感器的选型依据。

1. 分辨率

分辨率是指传感器在规定测量范围内能够检测出的被测量的最小变化量。与分辨力不同的是，分辨率是以百分数的形式表示传感器的分辨能力，是相对数；分辨力是一个带有单位的绝对数值。例如，某温度传感器的分辨力为 0.1 ℃，满量程为 500 ℃，则其分辨率为 0.1/500＝0.02%。

2. 灵敏度

一般来说，在任何应用环境里，传感器应具有足够的灵敏度，这样才可以在输入激励/信号作用时输出正确的信息。灵敏度表征了输入与输出之间的关系，具体来说，它代表了传感器在稳态工作情况下输出量变化 Δy 与输入量变化 Δx 的比值。通常情况下，在传感器的线性范围内，灵敏度越高，与被测量变化对应的输出信号的值就越大，越有利于信号处理。然而，需要注意的是，传感器的灵敏度越高，与被测量无关的外界噪声也越容易混入且被系统放大，从而影响测量精度。因此，实际工程中常常要求传感器本身具有较高的信噪比，即尽量减少从外界引入的干扰信号。

传感器的灵敏度是有方向性的。当被测量是单维向量且对其方向性要求较高时，应选择其他方向灵敏度小的传感器；反之，如果被测量是多维向量，则要求传感器的交叉灵敏度越小越好。

3. 稳定性

稳定性是指传感器在使用一段时间后其性能保持不变的能力。影响传感器长期稳定性的因素除传感器本身结构外，主要是传感器的使用环境。因此，要让传感器具有良好的稳定性，其必须具有较强的环境适应能力。在选择传感器之前，应对其使用环境进行调查，并根据具体的使用环境选择合适的传感器或采取适当的措施来减小环境的影响。由于结构健康监测系统使用的传感器常常需要工作几年甚至几十年，因此应尽量选择稳定性较高的传感器以保证测量结果的长期可靠性。

4. 量程

量程是指传感器的测量范围，由传感器所能测量的上下 2 个极限值决定。传感器量程是传感器重要的性能参数之一，也是影响物理量能否被成功测量的关键指标。在选择传感器时，应该避免被测物理量可能的最大值超出传感器的量程，通常以被测物理量在整个量程的80%~90%较好。事实上，在合理选择传感器时，灵敏度、量程和稳定性这3个性能参数应该综合考虑。

5. 精度

精度作为传感器的一个重要的性能指标，直接关系到整个测量系统的测量精度。传感器的精度越高，其价格越昂贵，因此，传感器的精度只需要满足整个测量系统的精度要求即可，不必选得过高，可以在满足同一测量目标的诸多传感器中选择相对便宜和简单的传感器。如果测量目的是定性分析，选用重复精度高的传感器即可，不宜选用绝对量值精度高的传感器；如果是定量分析且必须获得精确的测量值，则须选用精度等级能满足要求的传感器。对某些特殊使用场合，若无法选择合适的传感器，则须自行设计制造传感器，而自制传感器的性能也应满足实际使用要求。

6. 重复性

重复性是指在同一条件下，对同一被测量、沿着同一方向进行多次重复测量时，测量结果之间的差异程度，也称重复误差或再现误差。重复误差越小，说明传感器的稳定性越好。

7. 采样频率

采样频率是指传感器在单位时间内可以采样的结果的多少，反映了传感器的快速响应能力。在被测物理量快速变化的场合，采样频率是必须充分考虑的技术指标之一。由于采样频率的不同，传感器的精度指标也相应有所变化。然而，厂商给出的传感器最高精度往往是在最低采样频率下甚至是在静态条件下获得的测量结果。因此，在传感器选型时必须兼顾精度与采样频率2个指标。

事实上，除了上述重点介绍的7个性能参数，还有其他一些性能参数也客观反映了传感器的工作性能，在此不一一列举。总的来说，传感器的性能参数可分为静态参数和动态参数，见表2-1。静态参数是指检测系统的输入为不随时间变化的恒定信号时的性能参数，主要包括线性度、灵敏度、重复性、漂移等；动态参数是指传感器在系统输入变化时的性能参数。在传感器选择的实践过程中，除了需要符合上述性能参数之外，还应该注意体积、耐久性、接触方式、供电方式、环境要求、价格等多种因素。

表 2-1　传感器的性能参数分类

类型	性能参数	类型	性能参数
静态参数	线性度、稳定性	动态参数	动态范围
	灵敏度		阈值
	精确度		相移
	重复性		使用频率范围
	漂移、量程		重复性
	测量范围		可靠性

2.4.2　传感器的布设原则

传感器的布设在很大程度上决定着整个结构健康监测系统的有效性和可靠性。因此，在传感器布设之前，需要充分调研各类传感器的技术资料和布设原则，了解市场上已有传感器的测量原理、功能性能、环境适应性、安装维护等实际情况。在此基础上，再根据结构健康监测系统的各项要求、实际工程的环境条件来选择合适的传感器。上一节介绍的传感器的性能参数可以为传感器的布设原则提供一定的参考。

首先，根据测量对象与测量环境确定传感器的类型。即使是测量同一个物理量，也有多种传感器可供选用。基于哪一种原理的传感器更为合适，需根据被测量的特点和传感器的使用条件考虑以下具体问题：量程的大小；被测位置对传感器体积的要求；测量方式为接触式还是非接触式；信号的引出方法，有线还是无线测量；传感器的来源，国产还是进口；价格能否承受；是否自行研制。在考虑上述问题之后，才能真正确定选用何种类型的传感器，然后再考虑传感器的具体性能指标。

其次，考虑识别误差最小准则、模型缩减法以及模态应变能准则等传感器布设原则。识别误差最小准则的基本思想是将那些对目标振型独立性贡献最小的自由度逐步消除，从而使目标振型空间分辨率得到最大程度的保证。目前，该准则在土木工程结构健康监测系统中应用较多。模型缩减法是将系统自由度分为主要自由度和次要自由度，然后将次要自由度删除。缩减后的模型只保留主要自由度，并将传感器配置在上面，最后通过传感器测得的响应更好地反映系统的低频模态。模态应变能准则的基本思想是将传感器配置于具有较大模态应变能的自由度上。该准则的最大优点是有利于参数识别，但缺点是对有限元模型的划分具有一定的依赖性。

最后，考虑频率响应特性。传感器的频率响应特性决定了被测物理量的频率范围，因此必须在允许的频率范围内保持不失真的测量条件。传感器的响应一般具有一定的延迟，延迟时间越短越好。传感器的频率响应越高，可测的信号频率范围就越宽。然而，受到结构特性的影响，机械系统的惯性较大，因此频率低的传感器可测得的信号的频率较低。在动态测量中，应根据信号的特点(稳态、瞬态、随机等)和响应特性布设传感器，以免产生过大的误差。

在上述布设原则中，基于识别误差最小准则的方法使用得最多。模型缩减类方法只能保证低阶模态的精度，但是低阶模态不一定就是目标模态。基于模态应变能准则的方法是非循环方法，计算比较简单。模态应变能准则近些年被较多应用于土木工程领域中的传感器优化布置。

现代传感器在原理与结构上千差万别，如何根据具体的测量目的、测量对象以及测量环境合理地选用传感器并进行优化布设成为结构健康监测中首先要解决的问题之一。通过对工程结构布设传感器，可以及时、有效地获取结构的时变信息，从而对结构状态进行性能评估及灾害预警。针对传感器布设这一问题，需要人们对传感器类型、数量及位置这些方面进行综合考量。如果传感器的数量得不到控制，那么无论是从经济方面还是数据量方面考虑均是不合理的。一种好的传感器布设方案，应该用尽量少的传感器来获取尽可能多的结构监测信息，而且获取的监测数据应能与模型分析结果建立对应关系；此外，监测数据还应具有良好的可视性和鲁棒性。

一般来说，一个良好的布设方案应该从传感器数量优化、传感器位置优化、传感器算法优化3个方面着手。

(1)传感器数量优化

从监测角度来看，传感器数量越多，测得的结构状态信息越丰富，结构性能评估结果也会越准确。然而，从成本的角度来看，监测系统的规模通常由建设方决定，因此系统的设计只能在预先设定的总造价基础上进行。也就是说，传感器的数量通常由系统的造价决定。

（2）传感器位置优化

传感器位置优化一般包括2个步骤：一是确定传感器布设方案的评价准则；二是确定最优传感器布设方案的求解方法。评价准则是对传感器系统检测性能评价的某种度量标准，即优化问题里的目标函数，而求解方法则是在待选位置中通过某种方法搜寻最优测点，即优化问题里的计算方法。

（3）传感器算法优化

常见的传感器优化算法主要包含两类：一类是传统优化算法，包括奇异值分解法、有效独立法、灵敏度系数法、模态动能法、Guyan模型缩减法等，另一类是随机类优化算法，包含遗传算法、人工鱼群算法、粒子群算法、模拟退火算法等。

接下来简单介绍以上算法。有效独立法是以每个传感器测点对模态向量线性独立的贡献为目标来优化信息矩阵，使得感兴趣的模态向量在最少测点的情况下尽可能保持线性独立，因此，人们可以根据有限的传感器来获取最大的模态信息。模态动能法是通过比较各测试自由度间的模态动能，选择模态动能较大的自由度来配置传感器，这样可以提高结构动态响应信号测试时的信噪比。Guyan模型缩减法是对模型的主要自由度和次要自由度进行划分，然后忽略次要自由度的质量对结构的影响。

遗传算法是借鉴生物界"自然选择，适者生存"这一自然法则的一种随机搜索算法。该算法把问题的参数编码为染色体，然后利用选择、交叉以及变异等遗传操作机制来重组种群中染色体所携带的信息，最终生成符合优化目标的染色体。遗传算法提供了求解复杂优化问题的通用框架，能够较好地解决函数优化、组合优化等问题，可以应用于结构健康监测系统中传感器的优化配置。粒子群算法是受鸟类捕食行为的启发而提出的用于求解优化问题的群体智能优化算法。在粒子群算法中，每个粒子有位置、速度和目标函数值3个指标，每个粒子代表问题的一个潜在解，与此同时，每个粒子对应一个目标函数的优化值。粒子通过不断调节自己的位置和速度来实现寻优。模拟退火算法是基于物理学中固体物质退火过程的通用优化算法。它将问题的求解模拟为熔化物体退火的加温过程、等温过程和冷却过程。在退火温度的作用下，模拟退火算法以一定的概率接受劣化解，从而对目标函数值进行优化。该方法具有较强的鲁棒性、全局收敛性和广泛的适应性，可以用于求解不同情境下的非线性问题，且能以较大概率求得全局优化解。

综上所述，一个好的传感器布设方案不仅需要确定好数量优化、位置优化、算法优化，还应做到以下几个方面：①在含噪环境中，能够利用尽可能少的传感器获取全面且精确的结构参数信息；②测得的模态应能够与模型分析的结果建立对应关系；③能够通过合理添加传感器对感兴趣的部分模态进行数据重点采集；④测得的时程记录对模态参数的变化最为敏感；⑤传感器布设应使得模态试验结果具有良好的可视性和鲁棒性。

就实际土木工程结构而言，传感器的优化布设主要包括以下3个步骤。第一步，获取模态数据和可选测点。基于结构的设计资料，建立有限元模型并进行模态分析，得到用于传感器优化布设的基准模态数据及可选测点的数量和位置。第二步，选择优化布设评价准则。根据监测数据分析和结构安全评估的目的，选择与结构健康监测目标相适宜的评价准则。第三步，进行布设方案求解分析。利用高性能求解方法从所有可能的传感器布设方案中寻找满足评价准则的最适宜方案。

智慧启思

国产智能传感器——中国智造的"神经末梢"

认知拓展

实践创新

思 考 题

参考答案

1.传感器的基本组成包括哪几个部分？各自的作用是什么？

2.智能建造中应变传感器的作用是什么？列举两种常见的应变传感器类型。

3.传感器标定的核心目的是什么？静态标定与动态标定的区别？

标识技术

本章思维导图

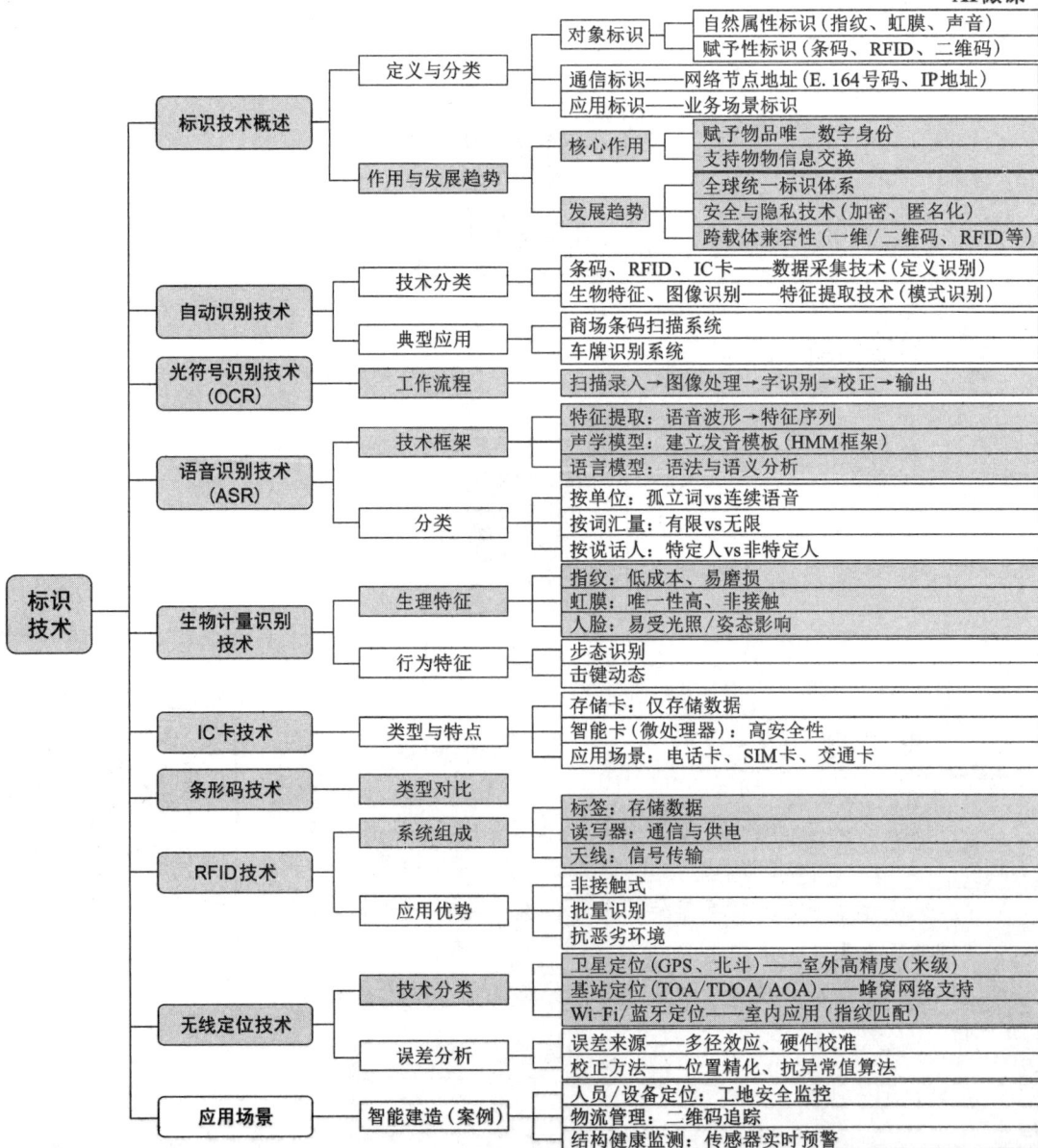

- **标识技术**
  - **标识技术概述**
    - **定义与分类**
      - 对象标识
        - 自然属性标识（指纹、虹膜、声音）
        - 赋予性标识（条码、RFID、二维码）
      - 通信标识——网络节点地址（E.164号码、IP地址）
      - 应用标识——业务场景标识
    - **作用与发展趋势**
      - 核心作用
        - 赋予物品唯一数字身份
        - 支持物物信息交换
      - 发展趋势
        - 全球统一标识体系
        - 安全与隐私技术（加密、匿名化）
        - 跨载体兼容性（一维/二维码、RFID等）
  - **自动识别技术**
    - **技术分类**
      - 条码、RFID、IC卡——数据采集技术（定义识别）
      - 生物特征、图像识别——特征提取技术（模式识别）
    - **典型应用**
      - 商场条码扫描系统
      - 车牌识别系统
  - **光符号识别技术（OCR）**
    - **工作流程**
      - 扫描录入→图像处理→字识别→校正→输出
  - **语音识别技术（ASR）**
    - **技术框架**
      - 特征提取：语音波形→特征序列
      - 声学模型：建立发音模板（HMM框架）
      - 语言模型：语法与语义分析
    - **分类**
      - 按单位：孤立词vs连续语音
      - 按词汇量：有限vs无限
      - 按说话人：特定人vs非特定人
  - **生物计量识别技术**
    - **生理特征**
      - 指纹：低成本、易磨损
      - 虹膜：唯一性高、非接触
      - 人脸：易受光照/姿态影响
    - **行为特征**
      - 步态识别
      - 击键动态
  - **IC卡技术**
    - **类型与特点**
      - 存储卡：仅存储数据
      - 智能卡（微处理器）：高安全性
      - 应用场景：电话卡、SIM卡、交通卡
  - **条形码技术**
    - **类型对比**
  - **RFID技术**
    - **系统组成**
      - 标签：存储数据
      - 读写器：通信与供电
      - 天线：信号传输
    - **应用优势**
      - 非接触式
      - 批量识别
      - 抗恶劣环境
  - **无线定位技术**
    - **技术分类**
      - 卫星定位（GPS、北斗）——室外高精度（米级）
      - 基站定位（TOA/TDOA/AOA）——蜂窝网络支持
      - Wi-Fi/蓝牙定位——室内应用（指纹匹配）
    - **误差分析**
      - 误差来源——多径效应、硬件校准
      - 校正方法——位置精化、抗异常值算法
  - **应用场景**
    - **智能建造（案例）**
      - 人员/设备定位：工地安全监控
      - 物流管理：二维码追踪
      - 结构健康监测：传感器实时预警

3.1 标识技术概述

3.1.1 标识技术的定义与分类

物联网标识技术是有别于传感器技术的感知技术,其主要目的是赋予物品一个自定义的数字身份。物联网标识技术通过向一维条码、二维码、射频识别码或近场通信码写入自定义信息后,再将码粘贴于物品表面,利用专用 APP 或工具进行扫码,从而了解物品的当前状态及相关信息。

基于识别目标、应用场景、技术特点等的不同,物联网标识可以分为对象标识、通信标识和应用标识三类。一套完整的物联网应用流程需由这三类标识共同配合完成。

1. 对象标识

对象标识主要用于识别物联网中被感知的物理或逻辑对象,例如人、动物、茶杯、文章等。

该类标识的应用场景通常为基于其进行相关对象信息的获取,或者对标识对象进行控制与管理,而不直接用于网络层通信或寻址。

根据标识形式的不同,对象标识可进一步分为自然属性标识和赋予性标识两类。

(1)自然属性标识

自然属性标识是指利用对象本身所具有的自然属性作为识别标识,包括生理特征(如指纹、虹膜等)和行为特征(如声音、笔迹等)。该类标识需利用生物识别技术,通过相应的识别设备进行读取。

(2)赋予性标识

赋予性标识是指为了识别方便而人为分配的标识,通常由一系列数字、字符、符号或其他形式的数据按照一定编码规则组成。这类标识的形式可以为:以一维条码作为载体的 EAN 码、UPC 码,以二维码作为载体的数字、文字、符号,以 RFID 标签作为载体的 EPC、uCode、OID 等。

网络可通过多种方式获取赋予性标识,如通过标签阅读器读取存储于标签中的物体标识,通过摄像头捕获车牌等标识信息。

2. 通信标识

通信标识主要用于识别物联网中具备通信能力的网络节点,例如手机、读写器、传感器等物联网终端节点以及业务平台、数据库等网络设备节点。这类标识的形式可以是 E. 164 号码、IP 地址等。通信标识可以作为相对或绝对地址用于通信或寻址,用于建立到通信节点的连接。

对于具备通信能力的对象,例如物联网终端,可既具有对象标识也具有通信标识,但两者的应用场景和目的不同。

3. 应用标识

应用标识用于唯一识别物联网应用层中各项业务或各领域的应用服务的组成元素(如电

子标签在信息服务器中所对应的数据信息等）。基于应用标识就可以直接进行相关对象信息的检索与获取。应用标识由于可带有一定语义特征，主要用于各种物联网应用方便地管理各种物联网资源或数据，不同应用可根据应用需求不同给同一个物联网资源或数据赋予不同的应用标识。而对象标识则主要用于标注各种物联网对象，与使用该对象的物联网应用无关。同一个物联网对象，可拥有多个对象标识、通信标识和应用标识。在各物联网应用领域，不同环节需要使用到不同类型的标识，这就需要掌握不同标识直接的映射关系。而这些标识之间的映射，则主要通过标识服务技术进行管理和维护。

智能建造中的各项前沿技术如图 3-1 所示。

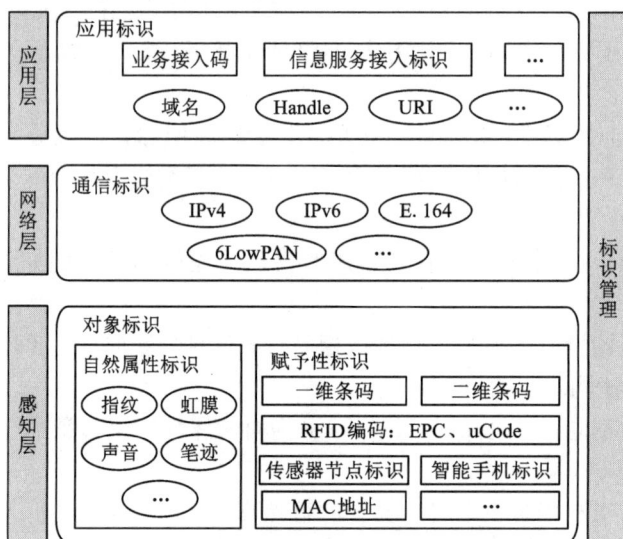

图 3-1　智能建造中的各项前沿技术

3.1.2　标识技术在物联网中的作用

物品编码是物联网建设的基础，而物品标识则是其核心。没有物品标识，物联网就无法对物品信息进行采集。标识是将代码标识于载体并识别的过程。未来物联网中的任何"物"都将至少存在一种标识方式（"唯一标识"或"虚拟标识"）。这样，就可以创建一系列可以被寻址和标识的"物"序列。只有当"物"可以被寻址和标识时，"物"之间才有可能交换信息和数据，并在需要的情况下确定其身份。因此，编码标识技术是物联网的基础。

3.1.3　标识技术的发展趋势

标识技术是物联网较为关键的技术领域之一。在标识技术的研究过程中，研究的重点不应该局限在对现实世界中的物品和设备的唯一标识的管理上，像人与位置的多重标识处理问题以及对同一物体不同的标识和各种权限凭证之间的交叉引用问题等，也都会成为未来的物联网标识技术重点研究的领域。未来的物联网标识技术的研究内容主要需考虑如下几个方面的问题。

首先，站在今天的角度，标识本身已经是多种多样的，用于承载标识的数据载体技术更是千变万化。所以，不论从现实的角度，还是从实用性的角度来看，未来的物联网都不应该把标识技术绑定在某一种或者某几种数据载体技术之上。相反，人们应该建立一整套可靠的标识生成与解析体系。在这套体系中，不论使用什么样的标识，不论使用什么样的数据载体［既可以是一维条码、二维条码、RFID，也可以是纽扣内存（memory button），或者是那些未来可能被发明出来的其他的数据载体技术等］，都应该保证它们可以顺利地编码、解码，而且应该保障这种编码和解码机制具有高度的一致性。

其次，未来物联网的许多应用都要考虑安全风险和隐私问题（图 3-2），所以标识的安全与保密技术，如标识的加密技术以及标识的化名技术（pseudonym schemes）等，也应该是人们重点研究的对象。

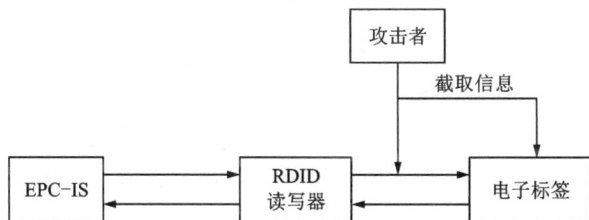

图 3-2　RFID 系统的安全威胁

再次，标识技术不仅被用于对现实世界中的物品进行唯一标识以明确其身份，而且标识技术的一个更为关键的作用是辅助物品的搜索与发现服务等技术领域的工作。通过使用标识技术，可以帮助未来物联网及其应用在各种各样数据库和信息集合中提取资料；帮助基于未来的物联网的全球/全局目录搜索与发现服务快速、准确地查找信息，检查数据可用性以及检索各种资源的准确地址等。

最后，在研究过程中，必须考虑标识技术的研究不仅是发展新的标识结构，同时还应该考虑标识体系的互操作性。要让人们研究的标识技术不仅可以支撑未来新发展起来的标识体系，而且还要支持现有的各种各样的标识结构，特别是那些已经在现有的互联网上广泛存在和使用的标识方案（如统一资源标识符等）；要让这些标识体系之间可以互相并存、互相融合、互相操作，从而帮助人们借助现有已经具有连接能力的各种物品以及它们的标识，推进未来物联网的发展与建设进程。

综上所述，近一段时间主要的研究重点应该放在以下内容：全球/全局统一的标识体系的研究，标识的管理技术，标识的编码和解码技术，标识的匿名技术，（可撤销的）匿名访问技术，多方认证技术，基于标识、身份认证和寻址结构的数据与信息管理技术，以及如何基于未来物联网及其应用中各种各样唯一标识体系解决全球/全局目录搜索与发现服务中存在的问题。

3.2　自动识别技术

自动识别（automatic identification，Auto-ID）技术是指通过非人工手段获取被识别对象所包含的标识信息或特征信息，并且不使用键盘即可实现数据实时输入计算机或其他微处理器控制设备的技术。下面我们从几个不同的角度对其特征进行定义。

1. 综合技术概念

自动识别技术是以传感器技术、计算机技术和通信技术为基础的一门综合性科学技术，是集数据编码、数据采集、数据标识、数据管理、数据传输于一体的信息数据自动识读、自动输入计算机的重要方法和手段，是一种高度自动化的信息或者数据采集与处理技术。

2. 应用设备概念

自动识别技术是应用一定的识别装置，通过被识别物品和识别装置之间的接近活动，自动地获取被识别物品的相关信息，并提供给后台的计算机处理系统来完成相关后续处理的一种技术。例如，商场的条码扫描系统用到的就是一种典型的自动识别技术，售货员通过条码阅读器扫描条码，获取商品的代码信息，然后将代码信息传送到后台来获取商品的名称、价格，在 POS 终端即可计算出该商品的价格，从而完成顾客所购买商品的结算。

3. 技术系统概念

自动识别技术是一种以传感器技术、信息处理技术为主的技术，最主要的目的是提供一种快速、准确地获得信息的有效手段，其处理结果可作为管理工作的决策信息或自动化装置等技术系统的控制信息。

4. 自动采集概念

在信息处理系统早期，相当部分的数据处理是通过人工录入的，不仅数据量十分庞大，操作者的劳动强度高，而且人为产生错误的概率也相应较高，造成录入的数据不准确，使得对这些数据的分析失去了实时的意义。为了解决这些问题，人们研究和发展了各种自动识别技术，将操作者从繁重、重复且准确性不高的手工输入劳动中解放出来，提高了系统输入信息的实时性和准确性，这就是自动识别技术的目的（主要解决的问题）。

5. 多种技术概念

自动识别技术包括条码识别技术、射频识别技术、磁卡识别技术、IC 卡识别技术、图像识别技术、光学字符识别技术、生物特征识别技术（指纹识别、人脸识别、虹膜识别、语音识别）等多种技术方法和手段。

自动识别技术根据识别对象的特征、识别原理和方式可以分为两大类，分别是数据采集技术（定义识别）和特征提取技术（模式识别）。这两大类自动识别技术的基本功能是一致的，都是完成物品的自动识别和数据的自动采集。

①定义识别是赋予被识别对象一个 ID 代码，并将此 ID 代码的载体（条码、射频标签、磁卡、IC 卡等）放在要被识别的对象上进行标识，通过对载体的自动识读获得该 ID 代码，然后通过计算机实现对对象的自动识别，如图 3-3 所示。

②模式识别（pattern recognition）是指对表征事物或现象的各种形式（数值、文字和逻辑关系）的信息进行处理和分析，以对事物或现象进行描述、辨认、分类和解释的过程，即通过采集被识别对象的特征数据，并与计算机存储的原特征数据进行比对，实现对对象的自动识别。模式识别是信息科学和人工智能的重要组成部分。

数据采集技术的基本特征是需要被识别物体具有特定的识别特征载体（如标签等，光学字符识别除外），而特征提取技术（特征识别）则根据被识别物体本身的属性特征和行为特征来完成数据的自动采集。

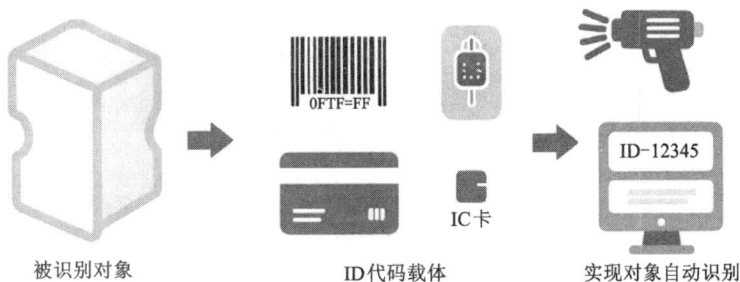

被识别对象　　　　　　ID代码载体　　　　实现对象自动识别

图 3-3　ID 系统识别

目前，自动识别技术的主要研究对象已经基本形成了一个包括定义识别和模式识别两大类识别的体系，其中，条码识别、射频识别、卡类识别、图像识别、光符识别、指纹识别、脸部识别、虹膜识别、语音识别等是自动识别技术研究的主要内容。此外，自动识别技术系统的输入信息还可分为特定格式信息和图像图形格式信息两大类。特定格式信息就是采用规定的表现形式来表达信息，如条码符号、IC 卡、磁卡、射频标签中的数据格式都属于此类。图像图形格式信息则是指二维图像与一维波形等信息，如文字、地图、照片、指纹等二维图像以及语音等一维波形均属于这一类。图 3-4 所示为自动识别体系框架。

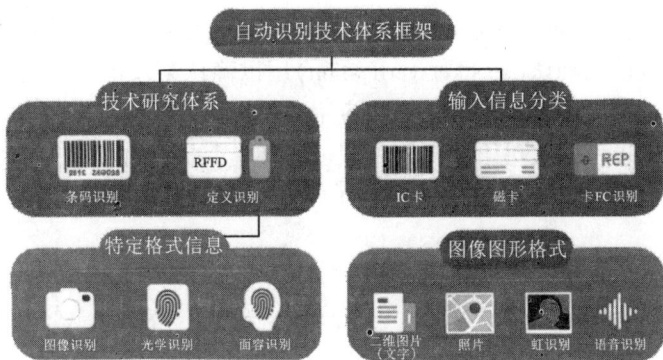

图 3-4　自动识别体系框架

3.2.1　光符号识别技术

光符号识别技术又称光学字符识别（optical character recognition，OCR）技术，是指电子设备（如扫描仪或数码相机）检查纸上打印的字符时，通过检测暗、亮的模式确定其形状，然后用字符识别方法将形状翻译成计算机文字的过程。即对文本资料进行扫描，然后对图像文件进行分析处理，获取文字及版面信息的过程。OCR 系统的工作流程如图 3-5 所示，包括资料整理、扫描录入、图像处理、版面分析、文字识别、校正（纵校和横校）、版面还原、数据保存等过程。

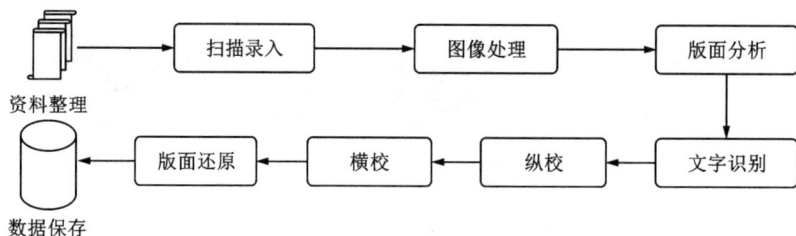

图 3-5　OCR 系统的工作流程

3.2.2　语音识别技术

语音识别技术，也称自动语音识别（automatic speech recognition，ASR）技术，就是让机器通过识别和理解过程，把语音信号转变为相应的文本或命令的技术，也就是让机器"听懂"人类的语音，其目标是将人类语音中的词汇内容转换为计算机可读的输入（例如按键、二进制编码或字符序列）。

与说话人辨认及说话人确认不同，尝试识别或确认发出语音的说话人，而非其中所包含的词汇内容，这是从狭义上理解的语音识别技术。从广义上讲，语音识别技术应该包括说话人辨认、说话人确认和语义理解等技术。

说话人辨认（speaker identification）用以判断某段语音是若干个人中的哪一个所说的，是"多选一"问题；而说话人确认（speaker verifcation）用以确认某段语音是否是指定的某个人所说的，是"一对一判别"问题。不同的任务和应用应使用不同的语音识别技术。

计算机语音识别过程与人对语音识别处理过程基本上是一致的。目前，主流的语音识别技术是基于统计模式识别的基本理论（图 3-6）。一个完整的语音识别系统可大致分为以下 3 部分。

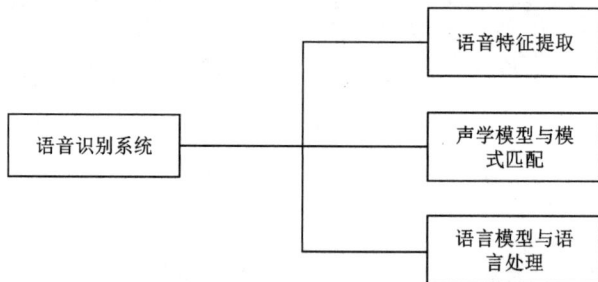

图 3-6　语音识别系统

①语音特征提取：其目的是从语音波形中提取出随时间变化的语音特征序列。

②声学模型与模式匹配（识别算法）：声学模型是识别系统的底层模型，是语音识别系统中最关键的一部分。声学模型通常由获取的语音特征通过训练产生，可为每个发音建立发音模板。在识别时，将输入的语音特征同声学模型（模式）进行匹配与比较，得到最佳的识别结果。声学模型的设计和语言发音特点密切相关，声学模型单元大小（字发音模型、半音节模型或音素模型）对语音训练数据量、系统识别率以及模型的灵活性都有较大影响。

③语言模型与语言处理：语言模型包括基于识别语音命令构成的语法网络和基于统计方法构成的语言模型。语义理解是指计算机对识别结果进行语法、语义分析，明白语言的意义，以便做出相应的反应。

1. 语音识别技术的分类

从技术方面来说，语音识别技术从不同的角度有不同的分类方法，如图 3-7 所示。

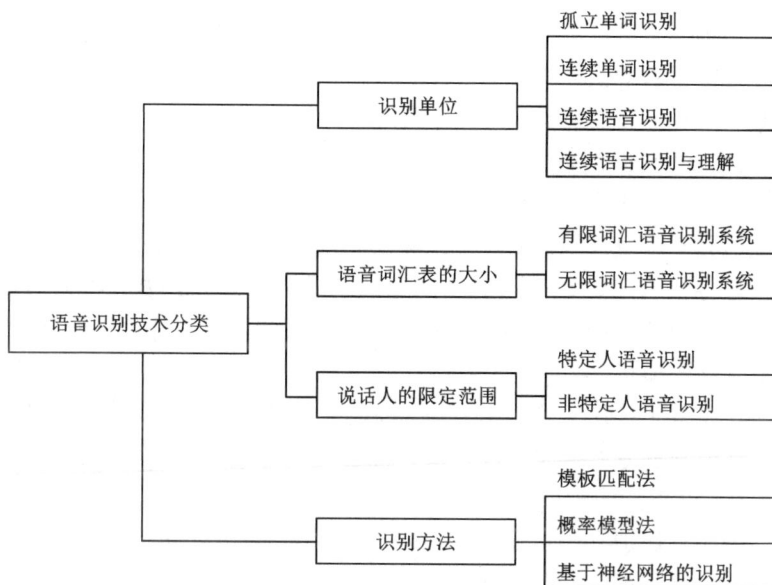

图 3-7　语音识别技术分类

（1）从所要识别的单位分

根据所要识别的单位，语音识别可以分为孤立单词识别、连续单词识别、连续语音识别和连续言语识别与理解。

①孤立单词识别（isolated word recognition）是指识别的单元为字、词或短语，由它们组成识别的词汇表，对它们中的每一个通过训练，建立标准模板或模型。

②连续单词识别（connected word recognition）是指以比较少的词汇为对象，能够完全识别出每个词。识别的词汇表和标准、样板或模型也是字、词或短语，但识别对象可以是它们中间几个的连续组合。

③连续语音识别（continuous speech recognition）是指以中大规模词汇为对象，用子词作为识别基本单元的连续语音识别系统。

④连续言语识别与理解（conversational speech recognition）的内容是说话人以自然方式说出的语音，即以多数词汇为对象，待识别语音是一些完整的句子，虽不能完全准确地识别每个单词，但能够理解其意思。

（2）按语音词汇表的大小分

每个语音系统必须有一个词汇表来规定识别系统所要识别的词条。词条越多，发音相同或相似的词也越多，这些词条听起来容易混淆，误识率也随之增加。根据系统所拥有的词汇量大小，可分为有限词汇语音识别系统和无限词汇语音识别系统。

①有限词汇语音识别系统按词汇表中字、词或短句的多少，又可以大致分为100个以下的小词汇、100~1000个的中词汇、1000个以上的大词汇3种。

②无限词汇语音识别系统又称全音节识别，即识别基元为汉语普通话中对应所有汉字的可读音节。全语音识别是实现无限词汇或中文文本输入的基础。

（3）按说话人的限定范围分

根据系统对用户的依赖程度，语音识别可以分为特定人语音识别和非特定人语音识别。

特定人语音识别系统可以是个人专用系统或特定群体系统，如特定性别、特定年龄、特定口音等。而非特定人语音识别系统适用于某一范围的说话人。

（4）按识别方法分

根据识别方法，语音识别可以分为模板匹配法、概率模型法和基于神经网络的识别方法。

①模板匹配法是基于模板的识别方法，事先通过学习获得语音的模式，并将它们生成一系列语音特征模板存储起来。在识别时，首先确定适当的距离函数，再通过诸如时间规整（DTW）等方法，将测试语音与模板的参数一一比对与匹配，最后根据计算出的距离，选择在一定准则下的最优匹配模板。

②概率模型法是基于统计学的识别方法，在这一框架下，语音本身的变化和特征被表述成各种统计值，不再刻意追求细化语音特征，而是更多地从整体平均的角度来建立最佳的语音识别系统。

③基于神经网络的识别方法与生物神经系统处理信息的方式相似，通过大量处理单元连接成的网络来表达语音基本单元的特性，利用大量不同的拓扑结构来实现识别系统和表述相应的语音或语义信息。这种系统可以通过训练积累经验，从而不断提升自身的性能。

目前，关于语音识别的研究的重点在于大词汇量的、非特定人的、连续的语音识别，并以隐马尔可夫模型为统一框架。

2. 语音识别技术的优缺点

语音识别技术的优点是系统的成本非常低廉：对使用者来说，无须与硬件直接接触，而且说话是一件很自然的事情，所以，语音识别可能是最自然的手段，使用者很容易接受；最适于通过电话来进行身份识别。语音识别技术的缺点是准确性较差，同一个人由于音量、语速、语气、音质的变化等原因，容易造成系统的误识：语音可能被伪造，至少现在可以用录在磁带上的语音来进行欺骗。同时，高保真的录音设备是非常昂贵的。另外，虽然每个人的语音特征均不相同，但当语音模板达到一定数量时，语音特征就不足以区分每个人，而且语音特征容易受背景噪声、被检查者身体状况的影响。

3. 语音识别技术的基本原理

语音识别技术又称声纹识别技术，是将人讲话发出的语音通信声波转换成一种能够表达通信消息的符号序列。这些符号可以是识别系统的词汇本身，也可以是识别系统词汇的组成单元，常称其为语音识别系统的基元或子词基元，如图3-8所示。

语音识别基元的主要任务是在不考虑说话人试图传达信息内容的情况下，将声学信号表示为若干个具有区分性的离散符号。可以充当语音识别基元的单位可以是词句、音节、音素或更小的单位，具体选择什么样的基元，经常受识别任务的具体要求和设计者的知识背景影响。

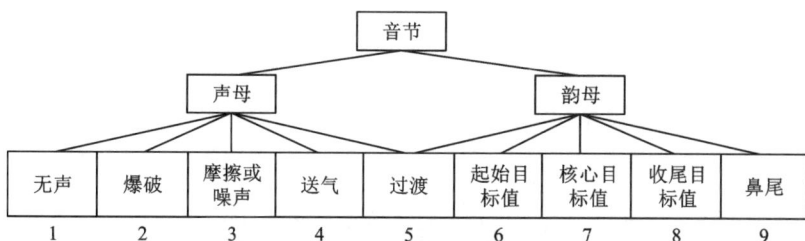

图 3-8　连续语音识别系统的基元

（1）文本有关的声纹识别系统

文本有关（text-dependent）的声纹识别系统要求用户按照规定的内容发音，从而使每个人的声纹模型被精确地建立起来；而识别时，也必须按规定的内容发音，才可以达到较好的识别效果。但系统需要用户配合，如果用户的发音与规定的内容不符，则无法正确识别该用户。

这种语音识别技术是依赖原声的。系统将一句话与访问者相联系，对每个访问者，系统会给出不同的句子提示。应对说话人不断变化的主要方法是动态变化，这包括用一系列的声音向量来描述说话方式，然后计算访问者和允许进入者说话方式的差距。

（2）文本无关的声纹识别系统

文本无关（text-independent）的声纹识别系统不规定说话人的发音内容，模型建立相对困难，但用户使用方便，可应用范围较广。这种语音识别技术是不依赖于原文的，访问者不必说同样的句子，因此，系统应用的唯一信息就是访问者的语音特征。

①训练（training）：预先分析出语音特征参数，制作语音模板，并存放在语音参数库中。

②识别（recognition）：待识别语音经过与训练时相同的分析，得到语音参数，将它与库中的参考模板一一比对，并采用判别的方法找出最接近语音特征的模板，得出识别结果。

③失真测度（distortion measures）：在进行比较时要有标准，这就是计量语音特征参数矢量之间的"失真测度"。

④主要识别框架：基于模式匹配的动态时间规整法（dynamic time warping，DTW）和基于统计模型的隐马尔可夫模型法（hidden markov model，HMM）。

3.2.3　生物识别技术

1. 生物识别技术概述

生物识别技术是指通过计算机利用人类自身生理或行为特征进行身份认证的一种技术，如指纹识别和虹膜识别等。据介绍，世界上任何 2 个人指纹相同的概率极为微小，2 个人的眼睛虹膜一模一样的情况也几乎没有，人的虹膜在 3 岁之后就不再发生变化，眼睛瞳孔周围的虹膜具有复杂的结构，能够成为独一无二的标识。与生活中的钥匙和密码相比，人的指纹或虹膜不易被修改、被盗或被人冒用，而且随时随地都可以使用。

生物识别技术是依靠人体的身体特征来进行身份验证的一种方法，由于人体特征具有不可复制的特性，这一技术的安全系数较传统意义上的身份验证机制有很大的提高。生物识别是用来识别个人身份的技术，它将数字测量所选择的某些人体特征与这个人的档案资料中的相同特征做比较，这些档案资料可以存储在一张卡片中或存储在数据库中，被使用的人体特征包括指纹、声音、掌纹、手腕上和视网膜上的血管排列、眼球虹膜图像、脸部特征、签字时和在键盘上打字时的动态等。图 3-9 所示为生物识别内容。

指纹扫描器和掌纹测量仪是目前应用最广泛的设备。不管使用什么样的技术，操作方法都通过测量生物特征来识别一个人的身份。

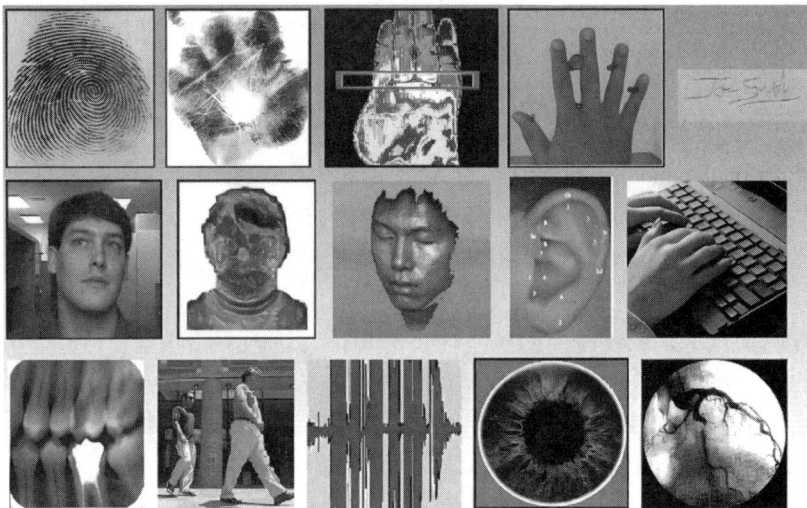

图 3-9　生物识别内容

生物特征识别技术适用于几乎所有需要进行安全防范的场合，遍及诸多领域，在金融证券、IT、安全、公安、教育、海关等行业的许多应用系统中都具有广阔的应用前景。随着电子商务的广泛应用，必须有更先进的技术来实现身份认证。

生物识别工作大多进行了这样 4 个步骤：原始数据获取、抽取特征、比较和匹配。生物识别系统捕捉到生物特征的样品，唯一的特征会被提取并被转换成数字符号，接着，这些符号被用作那个人的特征模板，人们与识别系统交互，与存放在数据库、智能卡或条码卡中的原有模板进行比较，根据是否匹配来确定其身份。生物识别技术在不断发展的电子世界和信息世界中的地位将会越来越重要。

生物特征识别技术是一门利用人的生理特征来识别人的身份的科学。与传统识别方法不同，生物特征识别方法依据的是我们身体所特有的生物特征。

生物识别有时候也叫生物特征识别，还有的时候叫生物认证，这几个词都是一种含义，都是指通过获取和分析人的身体或行为特征来实现人的身份自动鉴别，这就是生物识别的基本概念。

2. 生物识别技术的分类

生物特征分为物理特征和行为特征两类。物理特征包括指纹、掌形、眼睛（视网膜和虹膜）、人体气味、脸形、皮肤毛孔、手腕/手的血管纹理和 DNA 等；行为特征包括签名、语音、行走的步态、击打键盘的力度等。

（1）基于生理特征的识别技术

①指纹识别。指纹识别技术是通过取像设备读取指纹图像，然后用计算机识别软件分析

指纹的全局特征和局部特征，特征点为脊、谷、终点、分岔点和分歧点等，从指纹中抽取特征值，从而非常可靠地通过指纹来确认一个人的身份。指纹识别的优点表现在：研究历史较长，技术相对成熟；指纹图像提取设备小巧；在同类产品中，指纹识别的成本较低。其缺点表现在：指纹识别是物理接触式的，具有侵入性；指纹易磨损，手指太干或太湿都不易提取图像。图 3-10 展示了 9 种形态的指纹特征。

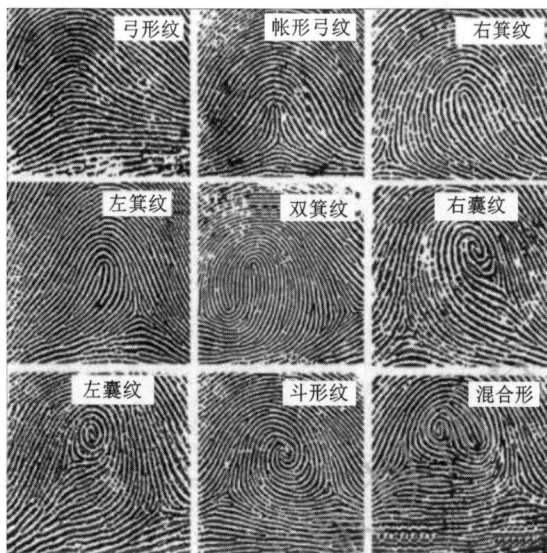

图 3-10　9 种形态的指纹特征

②虹膜识别。虹膜识别技术是利用虹膜终身不变性和差异性的特点来识别身份的。虹膜是一种在眼睛瞳孔内的织物状的各色环状物，每个虹膜都包含独一无二的基于晶状体、细丝、斑点、凹点、皱纹和条纹等特征的结构。人的眼睛结构如图 3-11 所示。虹膜在眼睛的内部，用外科手术很难改变其结构；由于瞳孔随光线的强弱变化，想用伪造的虹膜代替真的虹膜是不可能的。目前世界上还没有发现虹膜特征重复的案例，即使是同一个人的左右眼虹膜也有很大区别。除了白内障等原因外，即使接受了角膜移植手术，虹膜特征也不会改变。虹膜识别技术与相应的算法结合后，可以达到极高的准确度，即使全人类的虹膜信息都录入到一个数据库中，出现假认和假拒的可能性也相当小。和常用的指纹识别相比，虹膜识别技术操作更简便，检验的精确度也更高。统计表明，到目前为止，虹膜识别的错误率是各种生物特征识别中最低的，并且有很强的实用性，386 以上计算机配备 CCD 摄像机即可满足其对硬件的需求。虹膜识别的流程如图 3-12 所示。

③视网膜识别。人体的血管纹路也是具有独特性的，人的视网膜表面血管的图样可以利用光学方法透过人眼晶状体测定。用于生物识别的血管分布在神经视网膜周围，即视网膜 4 层细胞的最外层。如果视网膜不受损伤，从 3 岁起就会终生不变。同虹膜识别技术一样，视网膜扫描也是较可靠、较值得信赖的生物识别技术，但它运用起来的难度较大。视网膜识别技术要求激光照射眼球的背面，以获得视网膜特征的唯一性。

视网膜技术的优点：视网膜是一种极为稳定的人体生物特征，因为它是"隐藏"的，故而不易磨损、老化或受疾病影响；非接触性的；视网膜是不可见的，故而无法被伪造。视网膜技术的缺点：视网膜技术可能有损使用者的健康，还需要进一步研究；对于消费者，视网膜技术没有吸引力；很难进一步降低其成本。

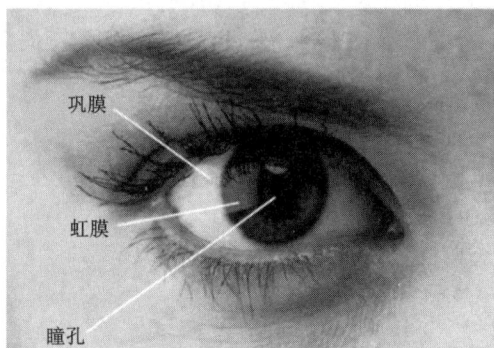

图 3-11　人的眼睛结构

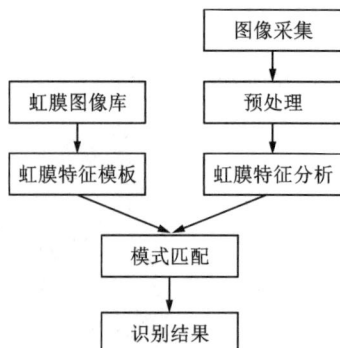

图 3-12　虹膜识别的流程

④面部识别。面部识别技术通过对面部特征和它们之间的关系(眼睛、鼻子和嘴的位置以及它们之间的相对位置)来进行识别。用于捕捉面部图像的两项技术为标准视频和热成像技术：标准视频技术通过视频摄像头摄取面部图像；热成像技术通过分析面部的毛细血管中的血液产生的热能生成面部图像。与标准视频技术不同，热成像技术并不需要较好的光源，即使在黑暗的环境里也可以使用。面部图像特征点分布如图 3-13 所示。

面部识别技术的优点：非接触性。面部识别技术的缺点：要有比较高级的摄像头才可有效、高速地捕捉面部图像；使用者面部的位置与周围的光环境都可能影响系统的精确性，而且面部识别也是最容易被欺骗的；另外，对于由人体面部如头发、饰物、变老以及其他变化引起的误差可能需要通过人工智能技术来得到补偿；其采集图像的设备费用会比其他技术的设备费用昂贵得多。这些因素限制了面部识别技术的广泛应用。

⑤掌纹识别。掌纹与指纹一样也具有稳定性和唯一性，利用掌纹的线特征、点特征、纹理特征、几何特征等完全可以确定一个人的身份，因此掌纹识别是基于生物特征的身份认证技术的重要内容(图 3-14)。目前，采用的掌纹图像主要分为脱机掌纹和在线掌纹 2 大类。脱机掌纹图像是指在手掌上涂上油墨，然后在一张白纸上按印，再通过扫描仪扫描而得到数字化的图像。在线掌纹图像则是用专用的掌纹采样设备直接获取，图像质量相对比较稳定。随着网络通信技术的发展，在线身份认证将变得更加重要。

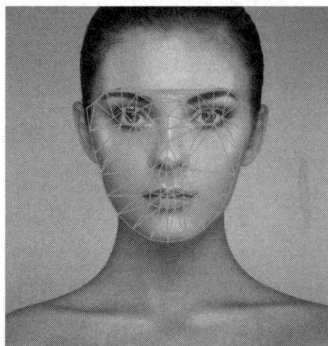

图 3-13　面部图像特征点分布图

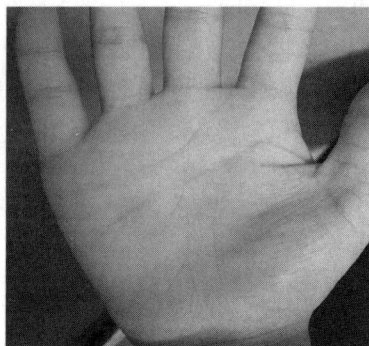

图 3-14　掌纹图

⑥手形识别。手形指的是手的外部轮廓所构成的几何图形。手形识别技术中，可利用的手形几何信息包括手指不同部位的宽度、手掌宽度和厚度、手指的长度等。大量生物学实验证明，人的手形在一段时期内具有稳定性，且 2 个不同的人手形是不同的，即手形作为人的生物特征具有唯一性。手形作为生物特征也具有稳定性，且手形也比较容易采集，故可以利用手形对人的身份进行识别和认证。

手形识别是速度最快的一种生物特征识别技术之一。它对设备的要求较低，图像处理简单，且可接受程度较高。由于手形特征不像指纹特征和掌纹特征那样有高度的唯一性，因此，手形特征只能用于满足中、低级安全要求的认证。

⑦红外温谱图。人的身体各个部位都在向外散发热量，而这种散发热量的模式是一种因人而异的生物特征。通过红外设备可以获得反映身体各个部位的发热强度的图像，这种图像称为温谱图（图 3-15）。拍摄温谱图的方法和拍摄普通照片的方法类似，因此，可以用人体的各个部位来进行鉴别，比如可对面部或手背静脉结构进行鉴别来区分不同的身份。

温谱图的数据采集方式决定了利用温谱图可以进行隐蔽的身份鉴定。除了用来进行身份鉴别外，温谱图的另一个应用是吸毒检测，因为人吸食某种毒品后，其温谱图会显示特定的结构。

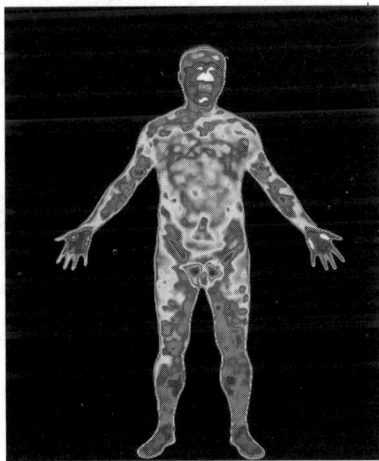

图 3-15　人体红外温谱图

温谱图具有可接受性，因为数据的获取是非接触式的，具有非侵入性。但是，人体的温谱值受外界环境影响很大，对于每个人来说不是完全固定的。目前，已经有利用温谱图进行身份鉴别的产品，但红外测温设备的价格昂贵，使得该技术不能得到广泛应用。

⑧人耳识别。人耳识别技术是 20 世纪 90 年代末开始兴起的一种生物特征识别技术。人耳具有独特的生理特征和观测角度的优势，这使人耳识别技术具有相当的理论研究价值和实际应用前景。在生理解剖学上，人的外耳分为耳廓和外耳道。人耳识别的对象实际上是外耳裸露在外的耳廓，也就是人们习惯上所说的"耳朵"。完整的人耳识别流程一般包括以下几个过程：人耳图像采集、图像预处理、人耳图像的边缘检测与分割、特征提取、人耳图像的识别。目前的人耳识别技术是在特定的人耳图像库上实现的，一般通过摄像机或数码相机采集一定数量的人耳图像，建立人耳图像库。动态的人耳图像检测与获取尚未实现。

与其他生物特征识别技术相比较，人耳识别具有以下几个特点：

a. 与面部识别相比，人耳识别方法不受面部表情、化妆和胡须变化的影响，同时保留了面部识别图像采集方便的优点，与人脸相比，人耳的颜色更加一致，图像尺寸更小，数据处理量也更小。

b. 与指纹识别相比，耳图像的获取是非接触式的，其信息获取方式容易被人接受。

c. 与虹膜识别相比，耳图像采集更为方便，并且虹膜采集装置的成本要高于耳图像采集装置。

⑨味纹识别。人的身体是一种味源，人类的气味虽然会受到饮食、情绪、环境、时间等因素的影响和干扰，其成分和含量会发生一定的变化，但由基因决定的那一部分气味——味纹却始终存在，而且终生不变，可以作为识别一个人的标记。

由于气味的性质相当稳定，如果将其密封在试管里制成气味档案，足足可以保存 3 h，即使是在露天空气中，也能保存 18 h。人的味纹可以从手掌中轻易获得，首先将手掌接触过的物品，用一块经过特殊处理的棉布包裹住，放进一个密封的容器，然后通入氮气，让气流慢慢地把气味分子转移到棉布上，这块棉布就成了保存人类味纹的档案。可以利用训练有素的警犬或电子鼻来识别不同的气味。

⑩基因（DNA）识别。DNA（脱氧核糖核酸）存在于一切有核的动（植）物中，生物的全部遗传信息都储存在 DNA 分子里。DNA 识别的依据是不同的人体细胞具有不同的 DNA 分子结构（图 3-16）。人体内的 DNA 具有唯一性和永久性。因此，除了对双胞胎个体的鉴别可能失去它应有的功能外，这种方法具有绝对的权威性和准确性。不像指纹必须从手指上提取，DNA 在身体的每一个细胞和组织中都一样。这种方法的准确性优于其他任何生物特征识别方法，它被广泛应用于识别罪犯。它的主要问题是使用者的伦理问题和实际的可接受性，DNA 识别必须在实验室中进行，不能达到实时及抗干扰的要求，耗时长是另一个问题，这就限制了 DNA 识别技术的使用；另外，某些特殊疾病可能改变人体 DNA 的结构，系统无法准确地对这类人群进行识别。

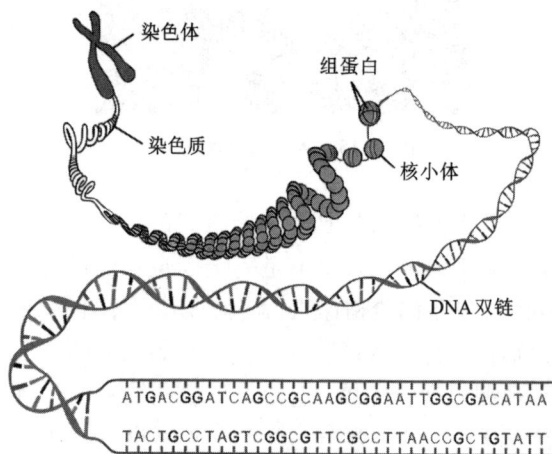

图 3-16　人体 DNA 构成图

生物识别技术是一种十分方便与安全的识别技术，它不需要你记住身份证号和密码，也不必随身携带各种卡片；生物识别技术识别结果是唯一的。由于生物识别技术以人的现场参与的不可替代性作为验证的前提和特点，且基本不受人为验证的干扰，故较之传统的钥匙、磁卡、门禁系统等安全验证模式具有不可比拟的安全性优势；更由于其软件、硬件设施的普及率上升、价格下降等因素，其在金融、司法、海关、军事以及人们日常生活的各个领域中扮演着越来越重要的角色。

（2）基于行为特征的生物识别技术

①步态识别。步态是指人们行走的方式，是一种复杂的行为特征。步态识别主要提取的特征是人体每个关节的运动特征(图 3-17)。尽管不是每个人的步态都相同，但是它也提供了充足的信息来识别人的身份。步态识别输入的是一段行走的视频图像序列，因此其数据采集与面部识别类似，具有非侵入性和可接受性。但是，由于序列图像的数据量较大，因此步态识别的计算复杂度比较高，处理起来也比较困难。尽管生物力学对步态进行了大量的研究工作，基于步态的身份鉴别的研究工作却才刚刚开始。到目前为止，还没有商业化的基于步态的身份鉴别系统。

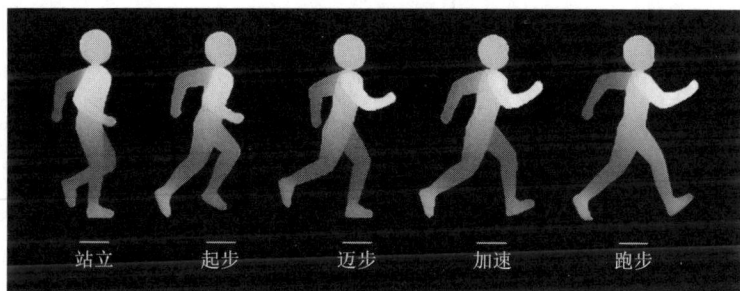

图 3-17　人体步态

②击键识别。击键识别是基于人击键时的特性，如击键的持续时间、击不同键之间的时间、出错的频率及力度大小等，达到进行身份识别的目的。20 世纪 80 年代初期，美国国家科学基金会和国家标准局研究证实，击键方式是一种可以被识别的动态特征。

③签名识别。签名作为身份认证的手段已经使用了几百年，而且我们都很熟悉，如在银行的格式表单中签名作为我们身份的标志。将签名数字化是这样一个过程：测量图像本身以及整个签名的动作。签名识别易被大众接受，是一种公认的身份识别技术。但事实表明，人的签名在不同的时期和不同的精神状态下是不一样的，这就降低了签名识别系统的可靠性。

（3）兼具生理特征和行为特征的声纹识别

声音识别本质上是一个模式识别问题。识别时需要被识别人讲一句或几句试验短句并对它们进行某些测量，然后计算量度矢量与存储的参考矢量之间的一个或多个距离函数。语音信号获取方便，并且可以通过电话进行识别。语音识别系统对人们在感冒时变得沙哑的声音比较敏感；另外，同一个人的磁带录音也能欺骗语音识别系统。

由以上介绍可知，用来鉴别身份的生物特征应该具有以下特点：

①广泛性。每个人都应该具有这种特征。

②唯一性。每个人拥有的特征应该各不相同。

③稳定性。所选择的特征应该不随时间变化而发生变化。

④可采集性。所选择的特征应该便于测量。

实际的应用还给基于生物特征的身份识别系统提出了更多的要求。例如，性能要求，所选择的生物特征能够达到多高的识别率；对于资源的要求，识别的效率如何；可接受性，使用者在多大程度上愿意接受所选择的生物特征系统；安全性能，系统是否能够防止被攻击；是否具有相关的、可信的研究背景作为技术支持；提取的特征容量、特征模板是否占用较小的存储空间；价格是否为用户所接受；是否具有较高的注册和识别速度；是否具有非侵入性等。

遗憾的是，到目前为止，还没有任何一种单项生物特征可以满足上述全部要求。基于各种不同生物特征的身份鉴别系统各有优缺点，分别适用于不同的范围。但对于不同的生物特征身份鉴别系统，应有统一的评价标准。

另外，每种生物特征都有自己的适用范围。比如，有些人的指纹无法提取特征；患白内障的人的虹膜会发生变化等。在对安全有严格要求的应用领域中，人们往往需要融合多种生物特征来实现高精度的系统识别。数据融合是一种通过集成多知识源的信息和不同专家的意见以产生决策的方法，将数据融合方法用于身份鉴别，结合多种生理和行为特征进行身份鉴别，提高鉴别系统的精度和可靠性，这无疑是身份鉴别领域发展的必然趋势。

3.2.4　IC(集成电路)卡技术

IC(integrated circuit，集成电路)卡是 1970 年由法国人 Roland Moreno 发明的，他第一次将可编程设置的 IC 芯片放于卡片中，使卡片具有更多功能。通常说的 IC 卡多数是指接触式 IC 卡(图 3-18)。由于接触式 IC 卡对通用设备的需求，最终使得 ISO 在 1987 年通过了收(付)费卡尺寸、I/O(input/output，输入/输出)格式、物理触点在卡上的定位等方面的标准。

图 3-18　IC 卡

1. 主要功能

接触式 IC 卡可包含一个微处理器，从而使其成为真正的智能卡，或者只是简单地成为一个存储卡(作为保密信息存储器件)。通过使用微处理器在卡上进行认证和对信息访问的控制，从而使得接触式 IC 卡达到更高等级的保密性要求。

接触式 IC 卡的两种主要形式是预付费卡(prepaid card)和信用卡/借贷卡(credit/debit card)。预付费卡通常有少量金额，使用时金额会减少。预付费卡的典型应用是电话卡和交通卡。信用卡通常记录交易金额，并将其转入用户账户中进行结算。信用卡一般应用于银行卡和零售收(付)费卡上。由于信用卡通常有较高的交易额，所以需要具备较高的保密性。在预付费卡的大多数应用中，都假定持卡人本身是收(付)费卡的拥有者，然而信用卡则几乎都要采用一种或多种组合的鉴别技术来对用户身份加以认证(如用个人身份证号等)。

与磁卡相比,接触式 IC 卡有以下特点:安全性高;存储容量大,便于应用,方便保管;防磁、防静电,抗干扰能力强,可靠性比磁卡高,使用寿命长,一般可重复读写 10 万次以上;价格稍高些;由于它的触点暴露在外面,有可能因人为原因或静电而损坏。

在日常生活中,接触式 IC 卡的应用也比较广泛。人们接触得比较多的有电话 IC 卡、购电(气)卡、手机 SIM(subscriber identity module,用户身份模块)卡、牡丹交通卡(一种磁卡和 IC 卡的复合卡)以及智能水表、智能气表等。

2.通信

接触式 IC 卡内信息是通过收(付)费卡表面的电接触点与读写装置接触而实现通信的,因而在实际操作时,收(付)费卡必须插入读卡器中才能传递信息。

接触式 IC 卡收(付)费卡与读写装置之间的信息传输速率通常为 9600 b/s。接触式 IC 卡的 ISO 标准通信指标(包括通信方式和规程)在 ISO 7816 中已有说明。

大多数接触式 IC 卡的电源是由读写装置通过收(付)费卡表面的触点提供的。在有些情况下,电池也可装入收(付)费卡中。依照 ISO 的规定,IC 卡应当在(5±0.5) V 及 1~5 MHz 的任何频率(时钟速率)下正常工作。

通常的安全防护措施是为增加保密措施而提出的,适用于所有类型的接触卡以及其他高存储容量技术,这些安全防护措施主要包括基本识别(无验证)、个人识别码(personal identification numbers, PIN)验证、公共按键数据输入系统(data entry system, DES)、生物识别技术(如指纹、视网膜扫描和声波纹等)。

接触式 IC 卡的保密性会受到以下因素的影响:在卡上执行验证程序的处理能力;在该项目中存储器的类型;信息传递中用的编译码方式以及对卡内部电气和存储模块的物理渗透的防护等。

可靠性的首要问题是物理接触造成的磨损及对读写装置的损坏。当接触式收(付)费卡能恰当地插入读卡器中时,数据传输的准确性是很高的。而在采用非接触式 IC 卡(如射频耦合卡)时,则经常会发生干扰的问题,但这对于接触式 IC 卡来说却不是大问题。

3.存储器

接触式 IC 卡的存储容量一般在 2000~8000 B(字节),或等效于 2 张标准文稿纸的容量(图 3-19)。由于现在已采用了容量较大、功耗要求较低的芯片,因而未来接触式 IC 卡的容量还会更大。

接触式 IC 卡能够在 0~40 ℃的温度下准确地工作。大多数 IC 卡可以存放或暴露在 35~80 ℃的温度中,而不会损坏或丢失数据。读卡器也可以经受同样的存储温度,但会有更严格的工作温度范围要求。

图 3-19　存储卡

接触式收(付)费卡工作的相对湿度(不冷凝)一般在 20%~90%,读卡器则可在 25%~85%的相对湿度下工作。

接触式收(付)费卡一般可承受下雨和水溅湿,而读卡器则不能在雨中工作。另外,接触式收(付)费卡放入读卡器时必须擦干。接触式收(付)费卡能够承受一定程度的脏污、烟雾和紫外线辐射的影响。

4. 系统的运作

接触式 IC 卡系统主要由 3 个部分组成：收(付)费卡、读卡器、中央控制单元(central processing unit, CPU)。

接触式 IC 卡有两种基本类型：存储器卡和微处理器卡。微处理器卡一般用于信用/借贷场合，通常会包括一个容量达 8000 B 的存储器和一个 8 bit 的微处理器，具有较高的保密性。

用于接触式 IC 卡的读写装置可分为 4 种类型：智能独立装置、非智能装置、手提型装置和综合型装置。智能独立装置含有微处理器、存储器、键盘和显示器，能够在不连接中央控制单元的情况下完成所有处理功能；非智能装置通常只是简单地为中央控制单元提供一个接口，一般用 RS232 连接；手提型装置是小电池供电设备，一般只有一个键盘和一个小显示屏；综合型装置是非智能装置，是较大、较复杂设备的一部分(如自动取款机)。CPU 的功能是协调系统通信，编辑动态信息，管理用户接口或信息显示。CPU 由一个或多个读卡器的局部设备构成，也可以是通过无线通信链路连接的远程系统。标准配置涉及对收(付)费卡、读卡器和 CPU 的利用。根据应用的不同，可以采用上述任何一种类型的读写装置。在一些远距离应用中，在读卡器和 CPU 之间也可以建立专用的通信链路。在这种情况下，处理过程可能记录在读卡器和收(付)费卡中，过后再及时将汇总信息送到 CPU。

3.2.5 条形码技术 >>>

1. 条形码的基本原理

条形码是由一系列规则排列的黑条或黑格、空白及字符组成的标记，用以表示一定的信息，条形码中的信息需要经过阅读器扫描并经译码之后传输到计算机中，信息以电子数据格式得以快速交换，可实现目标动态定位、跟踪和管理。

要将按照一定规则编译出来的条形码转换成有意义的信息，需要经历扫描和译码 2 个过程。物体的颜色是由其反射光的类型决定的，白色物体能反射各种波长的可见光，黑色物体则吸收各种波长的可见光，所以当条形码扫描器光源发出的光在条形码上反射后，反射光照射到条码扫描器内部的光电转换器上，光电转换器根据强弱不同的反射光信号，转换成相应的电信号。根据原理的差异，扫描器可以分为光笔、红光 CCD、激光、影像 4 种。电信号输出到条形码扫描器的放大电路增强信号之后，再送到整形电路将模拟信号转换成数字信号。白条、黑条的宽度不同，相应的电信号持续时间也不同，主要作用就是防止静区宽度不足。然后译码器通过测量脉冲数字电信号 0, 1 的数目来判别条和空的数目。通过测量 0, 1 信号持续时间来判断条和空的宽度。此时，所得到的数据仍然是杂乱无章的，要知道条形码所包含的信息，需根据对应的编码规则，将条形符号转换成相应的数字、字符信息，最后，由计算机系统进行数据处理与管理，物品的详细信息便被识别了。

2. 条形码的类型与标准

条形码种类繁多，主要可分为一维条形码及二维条形码。

一维条形码只是在一个方向表达信息，是将宽度不等的多个黑条和空白，按一定的编码规则排列成平行线图案，用以表达一组信息的图形标识符。一维条形码通常是对物体的标识，本身并不含有该产品的描述信息，扫描时需要后台数据库的支持。一维条形码本身信息量受限，数据量较小(约 300 个字符)，且只能包含字母和数字及一些特殊字符。

二维条形码是在二维空间的水平和垂直方向存储信息的条形码，简称二维码。它用某种特定的几何图形按一定规律在平面(横向和纵向)分布的黑白相间的图形记录数据符号信息，通过图像输入设备或光电扫描设备自动识读以实现信息自动处理，具有对不同行的信息自动识别功能及处理图形旋转变化等特点。二维条形码可以表示字母、数字、ASCII 字符与二进制数，最大数据含量可达 1850 个汉字(QR 码 40 版本)，且具有一定的校验功能，即使某一部分遭到一定程度的损坏，也可以通过存在于其他位置的纠错码将损失的信息还原。一维条形码与二维条形码的对比如图 3-20 所示。

符号类型	一维条形码	二维条形码
数据类型	文字和数字	文字、数字、二进制
数据容量	大约20个字符	大约2000个字符
数据密度	1	20~100
数据修复能力	无	有

图 3-20　一维条形码与二维条形码的对比

3. 条形码在智能建造中的应用案例

二维条形码 PDF417 作为一种新的信息存储和传递技术，现已广泛应用于国防、公共安全交通运输、医疗保健、工业、商业、金融、海关及政府管理等领域。美国亚利桑那州等十多个州的驾驶证、美国军人证、军人医疗证等几年前就已采用了 PDF417 条码技术。将证件上的个人信息及照片编在二维条形码中，不但可以实现身份证件的自动识读，而且可以有效地防止假冒证件事件的发生。菲律宾、埃及、巴林等许多国家已在身份证或驾驶证上采用二维条形码。据不完全统计，准确在身份证或驾驶证上采用二维条码 PDF417 的国家有 40 多个。中国对香港地区恢复行使主权后，香港居民新发放的特区护照上采用的就是 PDF417 二维条形码技术。除了证件上，在工业生产、国防、金融、医药卫生、商业、交通运输等领域，二维条形码同样得到了广泛的应用。由于二维条形码具有成本低、信息可随载体移动、不依赖于数据库和计算机网络、保密防伪性能强等优点，结合中国人口多、底子薄、计算机网络投资资金难度较大，对证件的可机读及防伪等问题，二维条形码可广泛应用在护照、身份证、驾驶证、暂住证、行车证、军人证、健康证、保险卡等任何需要唯一识别个人身份的证件上。海关报关单、税务报表、保险登记表等任何需重复录入或禁止伪造、删改的表格，都可以将表中填写的信息编在 PDF417 条形码中，以解决表格的自动录入和防止篡改表中内容等问题。机电产品的生产和组配线，如汽车总装线、电子产品总装线，皆可采用二维条形码并通过二维条形码实现数据的自动交换。

3.3 射频识别(RFID)技术

3.3.1 RFID 技术的基本原理

RFID 技术是一种非接触式的自动识别技术，它通过无线电波对物品上的标签进行信息读取和识别。RFID 系统由阅读器(reader)、标签(tag)和后台系统组成。阅读器发射无线电波，与标签上的芯片通信，并读取标签存储的信息。RFID 系统不需要物理接触，甚至不需要直线视距，因此相比条形码等传统识别技术具有更高的效率和灵活性。

RFID 的工作原理是基于无线电波的发射和接收。RFID 标签(tag)内部的天线接收到来自 RFID 阅读器(reader)的射频信号。根据标签的种类(主动或被动)，标签会采用不同的方式响应信号。对于被动 RFID 标签，没有电池，它是通过接收到的电磁波能量激活自身的芯片。主动 RFID 标签则使用内部电池供电，在接收到信号后立即回应。标签根据读取器发出的指令，发送存储在内部芯片中的数据。标签可以存储关于物品的标识信息、生产信息、运输记录等。对于主动 RFID 标签，它可以主动发送数据；对于被动 RFID 标签，它通常是通过反射阅读器发出的信号来传递数据。RFID 阅读器接收到标签返回的数据后，通过数据接口将信息传送给后台系统进行进一步处理和存储。在一些应用场景下，RFID 技术可与数据库、云平台、大数据分析等技术相结合，从而实现智能化管理。在某些系统中，RFID 阅读器可以根据后台系统的请求或某些预设规则，向标签或其他系统发送指令或反馈信息。

天线是 RFID 系统中非常关键的部分，其设计直接影响系统的通信距离、信号稳定性与抗干扰能力。根据天线的结构和用途，RFID 系统的天线可以分为不同类型，包括全向天线和定向天线。全向天线的射频信号覆盖 360°的方向，适用于需要广泛覆盖区域的应用。而定向天线的射频信号只在特定方向传播，能够实现更精确的距离控制和数据传输。天线的设计不仅需要考虑辐射模式、增益和频率，还需考虑天线与标签之间的匹配以及其对周围环境的适应性。

RFID 标签内的数据通常需要进行编码，以便阅读器能够准确识别和解析。常见的编码方法包括 ASCII 编码，用于表示字母、数字等字符数据，适合需要频繁修改数据内容的标签。二进制编码可将信息转换成二进制格式传输，适合高速、低误差的应用场景。曼彻斯特编码通过调制信号的过零点位置实现数据编码，减少误读和干扰，常用于中高频 RFID 系统中。

阅读器在接收到来自标签的数据时，首先对其进行解码。解码过程通常是将接收到的无线电波信号转换为数字信息，存储在计算机系统中进行进一步分析和处理。解码过程涉及信号的同步、错误校正和数据解析等技术。

由于 RFID 标签可以通过无线电波进行非接触识别，因此，数据的安全性成为一个重要的研究课题。常用的安全措施包括加密技术，对标签的数据进行加密处理，防止未经授权的读取和篡改。加密技术还包括身份认证，通过多重认证机制，确保标签与阅读器之间的安全通信。防伪技术：通过密码、电子签名等手段保护标签信息的真实性，防止伪造。

RFID 技术的识别距离直接影响其应用场景的选择。在低频(LF)和高频(HF)系统中，识别距离一般较短，适用于小范围的应用；而在超高频(UHF)系统中，识别距离可以大幅提升，适用于大规模物流管理和资产跟踪等应用。

RFID 系统在实际应用中面临着来自金属、液体、其他射频信号等干扰的挑战。为了提高系统的抗干扰能力，常用的优化方案包括：选择合适的频率，在高干扰环境中选择合适的工作频率，以避免信号干扰；优化天线设计，采用高增益、定向天线来提高信号的接收能力；使用信号处理技术，采用滤波、抑制干扰等技术，确保信号的稳定性和可靠性。

RFID 系统根据工作频率的不同，可以分为不同的频段。不同频段的 RFID 标签具有不同的特性和应用场景。其中，低频(LF)RFID 工作频率在 125 kHz 左右，通常适用于近距离应用，低频 RFID 标签具有较好的穿透性，能在金属和液体环境中稳定工作。高频(HF)RFID 工作频率为 13.56 MHz，常见于门禁系统、智能卡等领域。超高频(UHF)RFID 工作频率通常在 860~960 MHz，具有较长的识别距离(几米到几十米)和较高的传输速度。微波 (microwave)RFID 工作频率较高，通常在 2.4 GHz 以上，具有较高的数据传输速度和更远的识别距离。

RFID 系统的信号传输方式可以分为三类：反向散射、载波调制和自主发射。在反向散射中，被动标签通常采用反向散射的方式与阅读器通信，阅读器发射的射频信号通过标签的天线反射回阅读器，从而完成数据传输。载波调制通常在主动 RFID 系统中，标签通过调制载波信号来传递信息，能够保证在长距离下可靠传输。自主发射的主动标签内置电池，能够主动发射信号与阅读器通信，不依赖外部信号源。

RFID 技术优点之一为非接触式识别，RFID 不要求标签和阅读器之间有物理接触，能够在一定距离范围内进行数据交换，大大提高了工作效率。RFID 技术能够实现多标签同时识别，无须逐一扫描，大幅提高了识别效率，适合大规模物品的追踪管理。RFID 系统能够在恶劣的环境下稳定工作，不受灰尘、污渍、天气等因素影响，适用于复杂的应用场景。RFID 标签能够存储更多的数据，相较于条形码，其能够容纳更为详细的信息，如生产日期、保质期、历史轨迹等。RFID 技术可以实现实时数据传输和更新，极大地提升了物流、仓储等行业的动态管理能力。

3.3.2　系统的组成与工作原理　>>>

RFID 系统通常由 3 个主要部分构成：RFID 标签(tag)、RFID 阅读器(reader，含天线)和软件处理系统，如图 3-21 所示。在物体上安装 RFID 标签，标签内部存储物品信息。RFID 阅读器发射射频信号，激活标签并读取标签信息。阅读器将读取到的信息传输到软件处理系统进行存储和处理。软件处理系统可以根据需要对数据进行更新、查询和分析。在某些应用中，后台软件处理系统还可以向标签或阅读器发送指令，

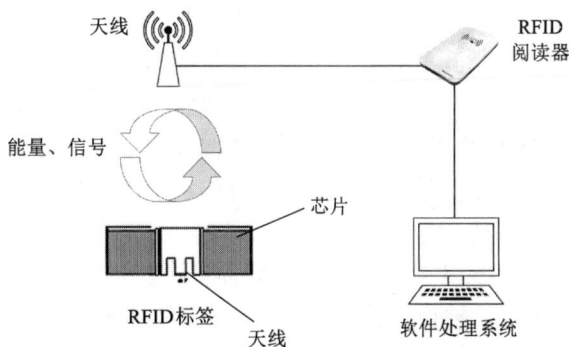

图 3-21　RFID 系统组成

进行特定操作。每个部分在 RFID 系统中扮演着不同的角色，共同完成物品的自动识别、追踪和管理功能。

RFID 标签是 RFID 系统中的重要组成部分，是物品的标识符。标签通常由耦合元件及芯片组成，每个标签具有唯一的电子编码，附着在物体上标识目标对象，也称应答器、卡片等。标签根据供电方式通常可以分为三类。①被动标签：被动标签不含电池，依靠阅读器发出的射频信号来供电并激活芯片，数据传输范围一般较小。它们通常用于库存管理、商品防盗等。②主动标签：主动标签内置电池，能够主动发射信号，因此它们的通信距离较远，适用于物流运输、资产管理等需要长距离识别的场景。③半主动标签：半主动标签也内置电池，但通常不主动发射信号，而是通过外部信号来激活芯片并传输数据。

RFID 阅读器是读取 RFID 标签信息的设备，阅读器含天线，通过天线与 RFID 标签进行无线通信，可以实现对不同的 RFID 标签及封装签识别码和内存数据的读出或写入操作。典型的 RFID 阅读器包含 RFID 模块（发送器和接收器）、控制单元以及阅读器天线。阅读器可设计为手持式或固定式。一旦 RFID 标签上的芯片被激活，则可进行需要的读出、写入数据操作，阅读器可把通过天线得到的标签芯片中的数据，经过译码送往主计算机处理。

RFID 阅读器是 RFID 系统中的信息读取装置，负责发送和接收射频信号。阅读器通过天线发射射频信号，激活被动标签，或与主动标签进行通信；随后接收信号，接收标签返回的数据并将其传输到后台系统。阅读器通常配备多种接口，以实现与数据库或其他管理系统的连接；还可以进行数据处理，在部分高级应用中，阅读器还可以具备初步的数据处理能力，如过滤噪声数据、进行初步的数据分析等。天线是标签与阅读器之间的通信通道，可通过天线来控制系统信号的获取与交换。

在 RFID 应用系统中，阅读器实现对标签数据的无接触收集后，收集的数据需送至后台（上位机）处理，这就形成了标签读写设备与应用系统程序之间的接口——API（application program interface，应用程序接口）。一般情况下，要求阅读器能够接收来自应用系统的命令，并且根据应用系统的命令或约定的协议做出相应的响应。

从电路实现角度来说，RFID 阅读器本身又可划分为射频模块（射频通道）和基带模块两大部分。射频模块实现的任务主要有两项：第一项是将阅读器欲发往 RFID 标签的命令调制到射频信号上，经由发射天线发送出去，发送出去的射频信号经过空间传送到标签上，标签对照射在其上的射频信号作出响应，形成返回阅读器天线的反射回波信号；第二项是对标签返回到阅读器的回波信号进行必要的加工处理，并从中解调（卸载）提取出标签回送的数据。基带模块实现的任务也包含两项。第一项是将阅读器智能单元发出的命令加工（编码）实现为便于调制到射频信号上的编码调制信号。第二项是对经过射频模块解调处理的标签回送数据信号进行必要的处理，并将处理后的结果送入阅读器智能单元。射频模块与基带模块的接口为调制（装载）/解调（卸载）。在系统中，射频模块通常包括调制/解调部分，也包括解调之后对回波小信号的必要加工处理等。射频模块的收发分离是采用单天线系统时，射频模块必须处理好的一个关键问题。

RFID 系统的软件处理系统是在上位监控计算机中运行的包括数据库在内的管理软件系统，用于各种物品属性管理、目标定位和跟踪，具有良好的人机操作界面。软件处理系统是 RFID 技术的核心部分之一，负责处理从阅读器收集到的数据，它通常包括数据库、应用程序、接口模块等部分。数据库可以用来存储 RFID 标签的信息，包括物品标识、历史数据、库存状况等。应用程序根据读取到的数据执行特定操作，如库存管理、货物追踪、资产调度等。RFID 系统的接口模块与其他管理系统对接，实现数据共享和集成。

如前所述，一套完整的 RFID 系统由阅读器、RFID 标签及软件处理系统 3 部分组成。其工作原理是阅读器发射一特定频率的无线电波能量给应答器，用以驱动应答器电路将内部的数据送出，此时阅读器便依序接收并解读数据，再送给应用程序做相应的处理。

RFID 技术的基本工作原理并不复杂。首先，阅读器通过天线发送某种频率的射频信号，标签产生引导电流，当引导电流到达天线工作区的时候，标签被激活；之后，标签通过内部天线发送自己的代码信包；天线接收到由标签发射的载体信号后，把信号发送给阅读器，阅读器对信号进行调整并译码，将调整和译码后的信号发送给主系统；然后，主系统通过逻辑操作判断信号的强弱，再根据不同的设置进行相应的操作。

阅读器根据使用的结构和技术不同，可以分为读或读/写装置，其是 RFID 系统信息控制和处理中心。阅读器通常由耦合模块、收发模块、控制模块和接口单元组成。阅读器和应答器之间一般采用半双工通信方式进行信息交换，同时阅读器通过耦合给无源应答器提供能量和时序。在实际应用中，可进一步通过 Ethernet 或 WLAN 等实现对物体识别信息的采集、处理及远程传送等管理功能。应答器是 RFID 系统的信息载体。目前，阅读器大多是由耦合元件(线圈、微带天线等)和微芯片组成的无源单元。

RFID 操作中的一个关键技术是通过天线进行耦合，实现数据的传输转换。以 RFID 卡片阅读器及标签之间的通信及能量感应方式来看，其耦合方式大致可以分为电感耦合(inductive coupling)和后向散射耦合(backscatter coupling)两种。低频段的 RFID 大多采用第一种方式，而较高频段的 RFID 大多采用第二种方式。

电感耦合方式也叫作近场工作方式，如图 3-22 所示。电感耦合方式的射频频率 f_c 为 13.56 MHz 或小于 135 kHz 的频段。标签与阅读器之间的工作距离一般在 1 m 以下，典型作用距离为 10~20 cm。电感耦合方式的标签几乎都是无源的，其能量是从阅读器所发送的电磁场中获取的。由于阅读器产生的磁场强度受到电磁兼容性能有关标准的限制，所以系统的工作距离较近。在图 3-22 中，V_s 是射频源，L_1、C_1 构成谐振回路，R_s 是射频源的内阻，R_1 是电感线圈 L_1 的损耗电阻。V_s 在 L_1 上产生高频电流 i，在谐振时电流 i 最大。高频电流 i 产生的磁场穿过线圈，并有部分磁力线穿过距阅读器电感线圈 L_1 和一定距离的标签电感线圈 L_2。由于所用工作频率范围内的波长比阅读器与标签之间的距离大得多，所以两线圈间的电磁场可以当作简单的交变磁场。

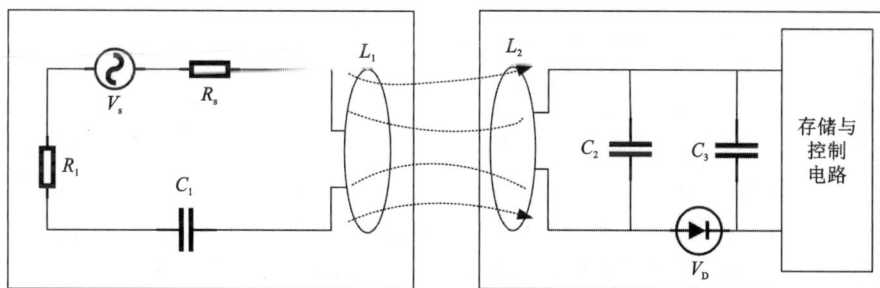

图 3-22　电感耦合方式的电路结构图

穿过电感线圈 L_2 的磁力线通过电磁感应，在 L_2 上产生电压 V_2，将其整流以后就可以产生标签工作所需要的直流电压。电容 C_2 的选择应使 L_2、C_2 构成对工作频率谐振的回路，以使电压 V_2 达到最大值。由于电感耦合系统的效率不高，所以这种工作方式主要适用于小电流电路，标签的功耗大小对读写距离有很大的影响。一般，阅读器向标签的数据传输可以采用多种数字调制方式，通常是较为容易实现的幅移键控（ASK）调制方式。标签向阅读器的数据传输采用负载调制的方法。负载调制实质上是一种振幅调制，也称调幅（AM）。

反向散射耦合方式也叫作远场工作方式，根据雷达原理模型，发射出去的电磁波碰到目标后反射，同时携带回目标信息，依据的是电磁波的空间传播规律。由于目标的反射性能随着频率的升高而增强，所以 RFID 反向散射耦合方式采用超高频（UHF）和特高频（SHF），标签和阅读器的距离大于 1 m，典型工作距离为 3~10 m。

3.3.3 标签的选择

RFID 标签根据工作方式、能量来源以及工作频率的不同，可以分为多种类型。选择适合的标签类型是系统设计的基础，下面是几种常见的标签类型及其应用场景。

被动 RFID 标签是最常见的一种类型，它不含电池，依靠 RFID 阅读器发出的射频信号提供能量。这类标签的优点是成本较低，且不需要电池，因此具有较长的使用寿命。被动标签通常应用于短距离识别，如商品防盗、库存管理等，具有成本低、使用寿命长、能量来自阅读器的射频信号等特点，常应用于零售、物流、供应链、图书馆管理等领域。

主动 RFID 标签内置电池，能够主动发射信号，提供更长的识别距离。由于主动标签自带电池，它可以在没有外部信号的情况下主动进行数据传输，因此它的读取距离通常较长。主动标签适用于对距离要求较高的场合，如车辆识别、资产追踪、大规模物流管理等，具有较长的识别距离、可主动发射信号、适用于长距离应用等特点，常应用于车辆识别、资产追踪、大型物流中心等领域。

半主动标签结合了被动标签和主动标签的特点。它内置电池，但通常不会主动发射信号。半主动标签只在接收到阅读器发出的信号后才会通过电池驱动芯片进行数据传输。它的工作方式类似于被动标签，但由于有电池的支持，半主动标签的工作距离相较于被动标签稍长，可提供更长的工作距离，常应用于资产管理、物流监控等领域。

智能标签是在传统 RFID 标签的基础上增加了更强的计算和存储功能，能够存储更多的电子数据并进行一些计算。它可以进行动态的数据更新，甚至可以进行某些条件的判断。智能标签通常用于复杂的应用场景中，如环境监测、智能供应链管理等，具有强大的数据存储和处理能力，可以实时更新和判断数据等特点，常应用于环境监测、智慧物流、智能供应链等领域。

RFID 标签的存储容量是选择标签时的重要因素之一。标签的存储容量决定了它能存储多少信息，进而影响它在应用中的灵活性和效率。标签存储的内容包括唯一的标识符、生产日期、批次号、保质期、运输记录、温湿度等各种信息。标签的存储容量可以从几个字符到数千字符不等。一般而言，被动标签的存储容量相对较小，适合存储简单的唯一标识符。而主动标签和智能标签通常具有更大的存储容量，可以存储更多的用户自定义数据。根据应用场景的需求，选择合适的存储容量至关重要。例如，在高价值物品的管理中，可能需要更大的存储空间来存储更为复杂的数据。小存储容量标签适用于存储唯一标识符,如商品条形码。大存储容量标签适用于需要存储附加信息(如批次号、生产日期、历史信息等)的应用。RFID 标签不仅可用于存储基本的标识信息,许多高端标签还可以存储实时监测数据,如温度、湿度、压力、位置等。

RFID 标签的耐用性和环境适应性是选择标签时需要重点考虑的因素,尤其在一些恶劣的工业环境中,标签需要具备良好的抗干扰能力和耐用性。不同的行业和应用环境对标签的要求不同。例如,标签可能需要在高温、湿度或化学腐蚀性环境下长期工作,或者标签可能需要抗振、抗撕裂等。为了适应这些环境,需要对标签的外壳材料、封装方式以及防护等级进行合理选择。耐高温标签适用于钢铁厂、冶金行业等高温环境。耐化学腐蚀标签适用于化工、医药等行业。防水防尘标签适用于恶劣的户外环境,如物流、农业等行业。标签的耐用性直接影响系统的稳定性和长期使用效果。例如,某些标签可能需要使用多年,而在其使用过程中可能受到磨损、刮擦或暴露于恶劣天气条件下。因此,标签的材料和结构设计需要具备良好的耐久性,避免在长期使用过程中出现性能下降的情况。耐用标签适用于户外、工业应用中,需要具备抗摩擦、抗冲击、抗紫外线等特点,且可长时间使用,适用于长期跟踪和监控的应用,如铁路货物、飞机部件等。

成本是选择标签时一个非常重要的因素,尤其在需要大规模部署的应用中,标签的成本会直接影响项目的总体预算。被动标签通常成本较低,而主动标签和半主动标签由于内置电池和具备更多功能,成本相对较高。低成本标签:适用于批量采购、低成本应用,如商品防盗、零售等。高成本标签:适用于高价值资产管理、实时环境监控等需求较高的应用。选择合适的 RFID 标签时需要综合考虑多个因素,包括所需存储的数据量和类型,以及工作环境的条件,如温度、湿度、化学腐蚀等,选择适合的标签类型和材质,并根据预算选择合适的标签类型进行成本控制。

3.3.4 技术在智能建造中的优势与应用

RFID 技术在智能建造中的应用,为建筑项目管理、施工进度监控管理、材料管理、人员安全管理等提供了全新的解决方案。通过在建筑工程中部署 RFID 系统,可以实现更高效的资源管理和更智能的施工过程控制。

RFID 技术在智能建造中的应用主要集中在以下几个方面。在建筑工程中,材料的采购、存储、配送以及设备的管理一直是项目管理中的难点。RFID 技术能够有效地提高材料和设备的管理效率,确保工程建设过程中的资源按时到位,并避免资源的浪费。在施工现场,通过将 RFID 标签贴在各类建筑材料上,实时追踪其位置和数量,避免出现材料丢失、错发的情况。同时,RFID 系统还可以记录材料的使用情况、剩余数量等信息,为后续采购和计划提供依据。通过将 RFID 标签附加到建筑设备上,可以实现设备的自动化管理,实时监控设备的使用状态、位置以及保养记录,提高设备的使用效率,减少设备丢失和维护成本。

施工进度的监控是建筑项目管理中的核心任务。RFID 技术可以实时监控施工进度,帮助项目经理快速了解工程的整体进展情况。通过 RFID 标签对建筑工人、工具以及施工材料进行跟踪,施工管理人员能够及时发现工程中的问题,进行及时调整。通过为每个工人配发

RFID 卡或标签，可以实时记录工人的考勤情况，掌握每个工人参与施工的具体时间和工作内容，从而提高施工效率。通过 RFID 技术，可以为每个施工任务指派特定的工人、工具和材料，实时监控任务的完成情况，及时调整任务优先级，确保施工进度不受影响。

建筑施工现场通常存在许多安全隐患，尤其是在大型工程中。RFID 技术能够帮助对施工现场进行更精细化的安全管理，通过实时定位、监控以及记录工人的位置信息，确保施工过程中的安全性。通过为工人佩戴 RFID 卡或标签，施工现场的监控系统可以实时获取工人的位置信息，防止工人误入危险区域或发生意外事故。在施工现场，通过设置 RFID 阅读器，实时记录工人和施工车辆的进出情况，确保工人按规定的工作流程进行施工，并及时发现潜在的安全隐患。

RFID 技术可以帮助建筑企业进行更高效的质量控制。在建筑材料、设备和施工过程的每个环节中，通过部署 RFID 系统，能够实现全面的信息记录与数据分析，从而为质量控制提供更加精准的依据。通过 RFID 标签记录建筑材料的生产日期、批次号、运输记录等信息，确保每一批材料的质量符合要求；同时，通过跟踪材料的使用情况，确保施工过程中的每一项工序都使用了合格的材料。将 RFID 系统与智能传感器、数据分析平台相结合，可以在建筑过程中进行实时的质量检测。比如，传感器可以实时监测建筑物的结构状况，通过 RFID 标签将检测数据上传至管理系统进行分析和处理，从而及时发现质量问题。

在智能建筑领域，RFID 技术与物联网（IoT）技术的结合，能够实现建筑设备、系统的自动化控制。RFID 标签可以嵌入建筑物的设备、设施中，通过物联网平台进行实时数据交换与处理，从而实现更高效的建筑管理。通过 RFID 技术，可以实现智能楼宇的管理，如自动调节照明、空调、温控等系统，提升建筑的能源效率和舒适度。通过 RFID 技术，可实时监控建筑内各类设施的状态，包括电梯、门禁系统、监控摄像头等，确保设施的正常运转。

RFID 技术能够减少人工操作，提高工作效率。通过自动识别与实时监控，能够对建筑项目的材料、设备、人员、施工进度等进行更加精准的管理，避免人工错误，减少工作中的漏洞和失误。RFID 技术可帮助建筑企业对资源进行精确管理，优化资源调配，避免材料浪费和设备闲置，提高资源利用率。在大型建筑项目中，合理的资源调配至关重要，RFID 技术能够有效实现这一目标。RFID 技术可通过实时的数据采集与传输，使得工程项目的每个环节都能实现透明化管理，即所有的进度、材料、人员信息等都可以实时记录和追踪，确保项目按计划进行，提高工程管理的透明度。随着物联网、人工智能等技术的不断发展，RFID 技术将在智能建造中发挥越来越重要的作用。未来，RFID 技术将在更广泛的领域中应用，如智能建筑、智慧城市等，成为智能建造的重要组成部分。

3.4 无线定位技术

>>>

随着物联网应用研究的不断深入，快速准确地为用户提供空间位置信息的需求变得日益迫切。利用 RFID 以及各类传感器节点的定位、感知功能，人们可以获取物理世界中各种各样的信息。通常情况下，这些信息都需要与传感器的位置信息结合起来进行综合分析，最终为用户提供个性化的信息服务。因此，能够快速、准确地提供位置信息的定位技术是物联网应用需要解决的关键问题之一。

3.4.1 无线定位技术概述

>>>

1.定位技术的定义与分类

定位是指在一个时空参照系中确定物理实体地理位置的过程。定位技术以探测移动物体的位置为主要目标，在军事或日常生活中利用这些位置信息为人们提供各式各样的服务，因此，定位服务的关键前提就是地理位置信息的获取。

定位服务是通过无线通信网络提供的，是众多服务应用的基石。用户可以利用定位服务随时随地地获取所需信息，如人们在开车时使用 GPS 定位自动导航，导航仪会自动计算出到达目的地的最优路线。

在无线定位技术中，需要先测量无线电波的传输时间、幅度和相位等参数，然后利用特定算法对参数进行计算，从而判断被测物体的位置。这些计算工作可以由终端完成，也可以由网络完成。根据测量和计算实体的不同，定位技术分为基于终端的定位技术、基于网络的定位技术和混合定位 3 大类。按照定位系统或网络的不同，定位技术可分为基于卫星导航系统的定位（图 3-23）、基于蜂窝基站的定位和基于无线局域网的定位。按照计算方法的不同，定位技术可分为基于三角和运算的定位、基于场景分析的定位和基于邻近关系的定位 3 种。基于三角和运算的定位利用几何三角的关系计算被测物体的位置，是最主要、应用最为广泛的一种定位技术，其也可细分为基于距离的测量和基于角度的测量。基于场景分析的定位可以对特定环境进行抽象和形式化，用一些量化的参数描述定位环境中的各个位置，并用一个特征数据库把采集到的信息集成在一起，该技术常常应用在无线局域网定位系统中。基于邻近关系的定位是根据待定位物体与一个或多个已知位置参考点的邻近关系进行定位，这种定位技术需要使用唯一的标识确定已知的各个位置，如移动蜂窝网络中的基于小区的定位。

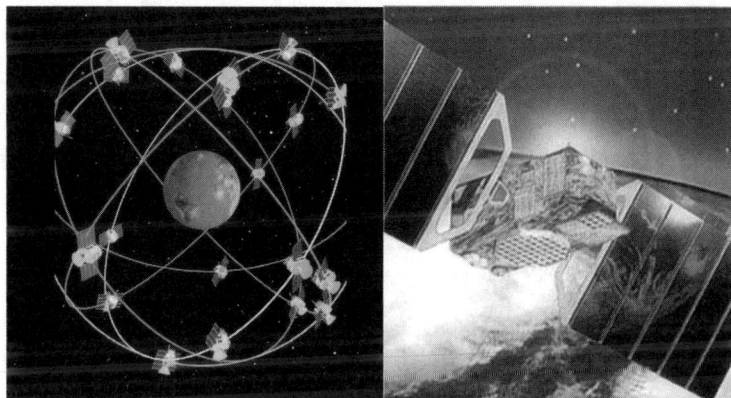

图 3-23　卫星

2.无线定位技术在物联网中的应用

空间定位技术在物联网应用中起着十分重要的作用，应用前景广阔。通过在物品中安装接收导航卫星芯片，不仅可以实现对物品的实时定位，还能给物联网中的用户提供个性化的智能服务。

（1）扩展导航功能

目前，定位技术较常用的应用是为用户提供导航，协助驾驶人员快速、准确地确定目的地的位置，并结合当前位置提供最佳行驶路线（图 3-24）。如果将物联网的概念与空间定位技术相结合，可极大地扩展空间定位技术的应用范围。例如，通过对道路行车数量与行车状态的监测与分析，可以获取道路的使用率。当使用率过高而影响行车质量时，就需要拓宽道路以缓解交通压力。又如，对比车辆的行车路线，可以方便、实时地获取道路的运行状况，并且通过对数据的分析处理，测出道路的宽度、等级等相关数据信息。

（2）基于位置的服务

基于位置的服务（location based services，LBS）是近年来研究的热点问题之一，它是一种融合无线定位、GIS、Internet、无线通信、数据库等相关技术的移动信息服务。具体来说，就是利用定位技术获取移动用户的位置信息，通过后台信息服务平台的处理，可以主动为用户提供包括交通引导、地点查询、位置查询、车辆跟踪、商务网点查询、儿童看护、紧急呼叫等众多个性化的服务。例如，当用户进入商场时，可以向他提供该商场的热卖产品信息；通过对用户所停留的柜台进行分析，就能够预测他所感兴趣的商品种类，有针对性地为用户提供商品

图 3-24　导航

信息。不仅如此，通过对用户日常活动轨迹的分析挖掘，还能获得用户的活动规律、爱好等，进一步为用户提供有相同爱好的好友以及用户经常到访区域的相关信息的预报等，从而更好地为用户提供全方位的信息服务。

要定位一个物体，少不了对这个物体的观测。"众里寻他千百度，蓦然回首，那人却在灯火阑珊处"，这是以可见光为观测手段的定位；"姑苏城外寒山寺，夜半钟声到客船"，这是以声波为观测手段的定位。无论是可见光还是声波，从广义上讲都可以作为无线信号，在此基础上的定位技术都可以归为无线定位。然而，以人为主体的眼观耳听毕竟有局限性，自 20 世纪开始，人们开始使用无线电信号。其较早的应用大都是军事用途，例如，雷达定位、卫星定位，依赖于专业人员、专业设备以及保密技术。

3. 无线定位技术的发展历程与趋势

无线定位技术第一次与人们日常生活的亲密接触要归功于 GPS 的普及。GPS 是全球定位系统（global positioning system）的简称，已成为世界上最常用的卫星导航系统。GPS 计划开始于 1973 年，1989 年正式开始发射 GPS 工作卫星，1994 年第 24 颗工作卫星的发射标志着 GPS 卫星组网的完成，从此 GPS 正式投入使用，为地球表面绝大部分地区（98%）提供准确的定位服务。2000 年 5 月 1 日，美国政府下令取消 GPS 系统在民用上的诸多限制，从此民用 GPS 信号可以达到几米到十几米的精度，大大拓展了 GPS 的可用性。二十几年来，GPS 已成为室外定位的龙头老大，从轮船、汽车到手机、手表，都可以配备 GPS 定位模块，完成定位和导航功能。GPS 定位的基本原理很简单，首先测量接收机与多个 GPS 卫星之间的距离，然后通过三点定位方式确定接收机的位置。与 GPS 类似的系统还包括俄罗斯的 GLONASS 全球卫星导航系统、我国的北斗一号区域性卫星导航系统以及欧盟的伽利略定位系统。我国目前

正在建设自主研发的北斗二号全球卫星导航系统，届时将可提供全球范围的信号覆盖。图 3-25 所示为中国北斗卫星发展历程。

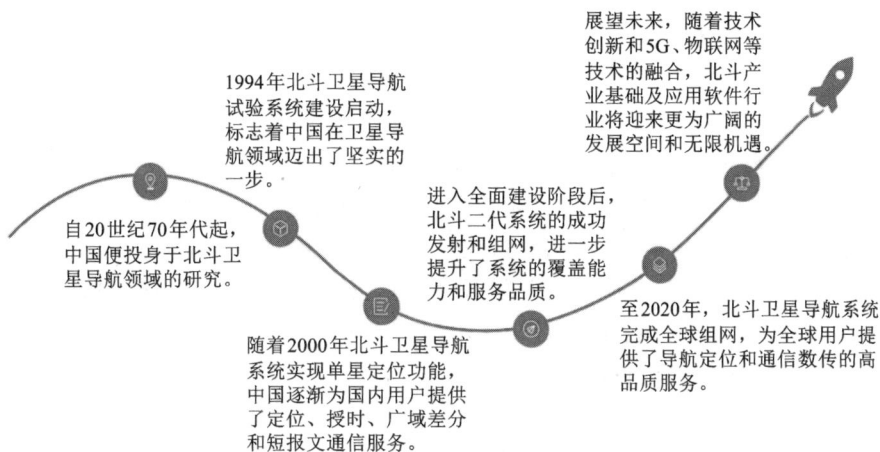

1994年北斗卫星导航试验系统建设启动，标志着中国在卫星导航领域迈出了坚实的一步。

自20世纪70年代起，中国便投身于北斗卫星导航领域的研究。

随着2000年北斗卫星导航系统实现单星定位功能，中国逐渐为国内用户提供了定位、授时、广域差分和短报文通信服务。

进入全面建设阶段后，北斗二代系统的成功发射和组网，进一步提升了系统的覆盖能力和服务品质。

展望未来，随着技术创新和5G、物联网等技术的融合，北斗产业基础及应用软件行业将迎来更为广阔的发展空间和无限机遇。

至2020年，北斗卫星导航系统完成全球组网，为全球用户提供了导航定位和通信数传的高品质服务。

图 3-25　中国北斗卫星发展历程

由于建筑物对卫星信号的遮蔽，GPS 终端在室内或者建筑物密集的室外很难搜索到卫星信号，同样的道理，森林和地下环境也是 GPS 的短板。在这种情况下，定位技术由室外扩展到室内的接力棒就交给了以 Wi-Fi 定位为代表的室内定位技术。Wi-Fi 定位的流行完全可以归功于 Wi-Fi 作为无线接入技术的流行。Wi-Fi 网络基础设施和终端的普及使得 Wi-Fi 定位变得十分方便且成本低廉。主流的 Wi-Fi 定位技术是基于信号指纹的，其过程分为训练和运行 2 个阶段。在训练阶段，工程师现场勘测室内区域每个位置的无线信号指纹（通常表示为该位置可检测到的多个网络接入点的信号强度所构成的向量），这些指纹及其相应的位置最终形成由二元组<指纹，位置>构成的指纹数据库，供下一步查询使用。在运行阶段，用户将其所在位置的指纹作为关键字在指纹数据库中进行查询，定位系统根据特定算法将指纹数据库中最匹配的指纹所对应的位置作为用户的定位结果。当然，用户的历史位置和运动信息能进一步提高定位精度。Wi-Fi 定位可以实现房间级别（或米级）的精度，可用于人员、资产的定位和管理，例如，医生在哪个病房，打印机在会议室的哪个角落等。如果需要更高精度的定位，如厘米级的精度，单纯凭借 Wi-Fi 指纹就不够了。

随着无线定位技术的普及，基于位置的服务（location based service，LBS）正向我们展现出广阔的市场前景。广义上说，位置信息不只是空间信息，还应该包括所处的地理位置、处在该地理位置的时间以及处在该地理位置的对象（人或设备）。也就是说，位置信息承载了"时间""空间"和"人物"三大关键信息。利用这些信息，不仅可以"因地制宜"，提供所在地附近的相关服务，还可以根据时间"见机行事"，提供时效性更佳的服务，更可以"因人而异"，提供个性化的定制服务。什么时候提供什么样的服务取决于用户的位置，到了饭馆周围便可提供当日特价菜信息，到了电影院周围便可提供影讯，到了教学楼便可提供附近教室课程信息等，这些信息不仅避免了广告的盲目性，还给用户贴心的感觉。LBS 广告利用位置信息将线上流量导入线下商店，成为未来具有竞争优势的广告投放模式，其最热门的应用行业是餐饮类，其他热门应用行业包括快消零售类、金融银行类、汽车类和日化类等。值得注意的是，定位技术也是把双刃剑，越高精度的定位技术就越让我们置身于更大的安全风险之中。不法分子可以利用我们的位置信息推测出各种各样关于我们个人的隐私信息。如何在使用 LBS 的同时做好位置隐私保护工作是 LBS 面临的重要挑战。

3.4.2 无线定位技术原理

>>>

1. 基于卫星的定位技术(如 GPS)

GPS 的基本原理是测量出已知位置的卫星到用户接收机之间的距离,然后综合多颗卫星的数据就可知道接收机的具体位置。其定位的基本原理是将高速运动的卫星瞬间位置作为已知的起算数据,采用空间距离后方交会的方法,确定待测点的位置(图 3-26)。其中,卫星位置可以根据星载时钟所记录的时间在卫星星历中查出;而用户到卫星的距离则通过记录卫星信号传播到用户所经历的时间,再乘以光速得到。由于有大气电离层的干扰,该距离并不是用户与卫星之间的真实距离,而是伪距。

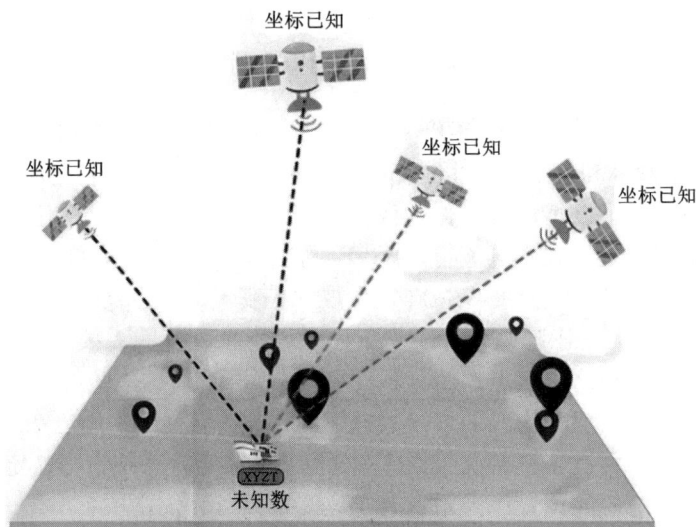

坐标已知
坐标已知
坐标已知
坐标已知
XYZT
未知数

图 3-26 无线定位

当 GPS 卫星正常工作时,会不断地用 1 和 0 二进制码元组成的伪随机码(简称伪码)发射导航电文。GPS 系统使用的伪码一共有 2 种,分别是民用的 C/A 码和军用的 P(Y)码。C/A 码频率为 1.023 MHz,重复周期为 1 ms,码间距为 1 μs,相当于 300 m;P 码频率为 10.23 MHz,重复周期为 266.4 天,码间距为 0.1 μs,相当于 30 m。而 Y 码是在 P 码的基础上形成的,保密性能更佳。

导航电文包括卫星星历、工作状况、时钟改正、电离层时延修正、大气折射修正等信息。它是从卫星信号中解调出来、以 50 bps 调制在载频上发射的。导航电文的每个主帧中包含 5 个子帧,每帧长 6 s。前三帧各 10 个字码,每 30 s 重复一次,每小时更新一次。后两帧共 15000 b。导航电文的内容主要有遥测码,转换码,第 1、2、3 数据块,其中最重要的为星历数据。当用户接收到导航电文时,提取出卫星时间并将其与自己的时钟做对比,便可得知卫星与用户之间的距离,再利用导航电文中的卫星星历数据推算出卫星发射电文时所处的位置,用户在 WGS-84 大地坐标系中的位置、速度等信息。

可见,GPS 导航系统卫星部分的作用就是不断地发射导航电文。然而,由于用户接收机使用的时钟与卫星星载时钟不可能总是同步,所以除了用户的三维坐标 x、y、z 外,还要引进一个 Δt(即卫星与接收机之间的时间差)作为未知数,然后用 4 个方程将这 4 个未知数解出来。因此,如果想知道接收机所处的位置,至少要能接收到 4 颗卫星的信号。

GPS 接收机能接收到可用于授时的准确至纳秒级的时间信息;用于预报未来几个月内卫星所处概略位置的预报星历;用于计算定位时所需卫星坐标的广播星历,精度为几米至几十米(各个卫星不同,随时变化);GPS 系统信息,如卫星状况等。

通过 GPS 接收机对码的量测就可得到卫星到接收机的距离,由于数据中含有接收机卫星钟的误差及大气传播误差,故称为伪距。对 C/A 码测得的伪距称为 C/A 码伪距,精度约为20 m;对 P 码测得的伪距称为 P 码伪距,精度约为 2 m。

GPS 接收机对收到的卫星信号进行解码,或采用其他技术将调制在载波上的信息去掉后,就可以恢复载波。从严格意义上讲,载波相位应被称为载波拍频相位,它是受多普勒频移影响的卫星信号载波相位与接收机本机振荡产生信号相位之差。一般在接收机时钟确定的历元时刻量测,保持对卫星信号的跟踪,就可记录下相位的变化值,但开始观测时的接收机和卫星振荡器的相位初值是不知道的,起始历元的相位整数也是不知道的,即整周模糊度只能在数据处理中作为参数解算。相位观测值的精度高至毫米级,但前提是解出整周模糊度,因此只有在相对定位并有一段连续观测值时才能使用相位观测值,而要达到优于米级的定位精度,只能采用相位观测值。

按定位方式,GPS 定位分为单点定位和相对定位(差分定位)。单点定位就是根据一台接收机的观测数据来确定接收机位置的方式,它只能采用伪距观测量,可用于车、船等的概略导航定位。相对定位(差分定位)是根据两台以上接收机的观测数据来确定观测点之间相对位置的方法,它既可采用伪距观测量,也可采用相位观测量。大地测量和工程测量均应采用相位观测值进行相对定位。

GPS 观测量包含了卫星和接收机的钟差、大气传播延迟、多路径效应等误差,在定位计算时还要受到卫星广播星历误差的影响,在进行相对定位时,大部分公共误差被抵消或削弱,因此定位精度大大提高。双频接收机可以根据 2 个频率的观测量抵消大气电离层误差的主要部分。在精度要求高、接收机间距离较远时(大气状况有明显差别),应选用双频接收机。

随着移动通信技术的迅速发展,手机作为人们日常必备的工具得到了推广和普及,手机的功能也从单一的语音通话逐渐向多元化方向发展。移动定位就是手机诸多附加功能之一。1996 年,美国联邦通信委员会通过了 E-911 法案,该法案要求无线运营商能够提供在 50～100 m 定位一部手机的功能,当手机用户拨打美国全国紧急服务电话时,能对用户进行快速定位。

2. 基于基站的定位技术(如蜂窝网络定位)

蜂窝网络定位一般采用基于参考点的基站定位技术,利用移动运营商的移动通信网络,通过手机与多个固定位置的收发信机之间传播信号的特征参数计算出目标手机的几何位置;同时,结合地理信息系统 GIS(geographic information system)为移动用户提供位置查询等服务。本小节介绍蜂窝定位的几种常用方法。

（1）COO 定位

蜂窝小区 COO(cell of origin) 定位是一种单基站定位，是通过手机当前连接的蜂窝基站的位置进行定位的。该技术根据手机所处的小区 ID 号确定用户的位置。手机所处的小区 ID 号是网络中已有的信息，手机在当前小区注册后，系统的数据库中就会将该手机与该小区 ID 号对应起来，根据小区基站的覆盖范围，即可确定手机的大致位置(图 3-27)。所以，该方法的定位精度与小区基站的分布密度密切相关。在基站密度较高的区域，这种定位方式精度可以达到 100~150 m，在基站密度较低的区域(如农村、山区)，精度降到 1~2 km。该方法的优点是定位时间短，对现有网络或手机无须改动就能够实现定位，缺点是定位精度取决于小区半径。

（2）TOA 定位

基于电波传播时间 TOA(time of arrival) 定位是一种三基站定位方法。该定位方法以电波的传播时间为基础，利用手机与 3 个基站之间的电磁波传播时延，通过计算得出手机的位置信息。如图 3-28 所示，手机与 3 个基站间的距离为

$$d_i = c\Delta t_i$$

式中：c 为光速；Δt_i 为手机到基站 BS_i 的无线电波传播时延。利用量测技术确定手机到 3 个基站的传播时延，就可得出手机的位置。这种定位方法需要手机与基站处于可视范围内，否则会影响定位精度，产生较大误差。如果在手机的可视范围内，存在 3 个以上的基站，则定位精度可以提高。

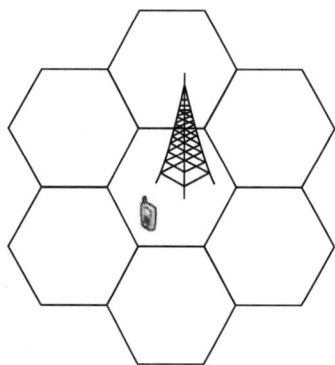

图 3-27　COO 定位原理

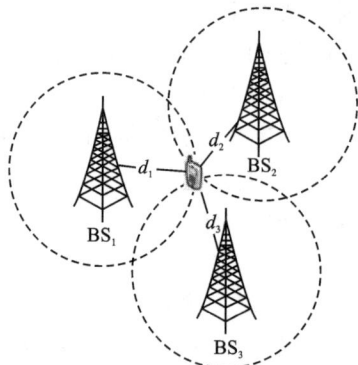

图 3-28　TOA 定位原理

（3）TDOA 定位

基于电波到达时差 TDOA (time difference of arrival) 定位与 TOA 定位类似，也是一种三基站定位方法。该方法是利用手机收到不同基站的信号时差来计算手机的位置信息。如图 3-29 所示，如果手机收到相邻基站 BS_2 和 BS_3 的信号的时间差为 Δt，此时手机的位置在一条双曲线上，即

$$(d_2 - d_3) = c\Delta t$$

式中：d_2 为手机到基站 BS_2 的距离；d_3 为手机到基站 BS_3 的距离；c 为光速。3 个不同的基站可以测得 2 个

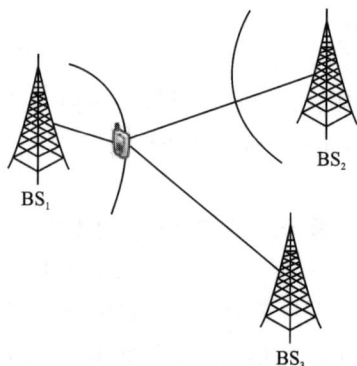

图 3-29　TDOA 定位原理

TDOA(到达时差),手机位于 2 个 TDOA 值决定的双曲线的交点上。与 TOA 法相似,TDOA 法可以采用手机到双曲线距离均方误差最小的算法,前提是有 2 个以上的 TDOA 值可以用来计算。

TDOA 法与 TOA 法相比较的优点之一为:当计算 TDOA 值时,求时差的过程可抵消时间误差和多径效应带来的误差,因而可以大大提高定位的精度。

(4)AOA 定位

到达角度 AOA(angle of arrival)定位是一种两基站定位方法,它根据信号的入射角度进行定位。该方法假定基站可以测量出手机发射信号到达基站的角度,如果手机和基站处于可视范围内,则利用手机分别与 2 个基站的夹角 α_1 和 α_2 作图,2 条射线的交点就是手机的位置(图 3-30)。实际上,由于多径传播的影响,采用 AOA 法会产生一定误差,在市区采用 AOA 法定位,误差会非常大。同时,这种定位方法需要基站配备能够测量到达角大小的天线。

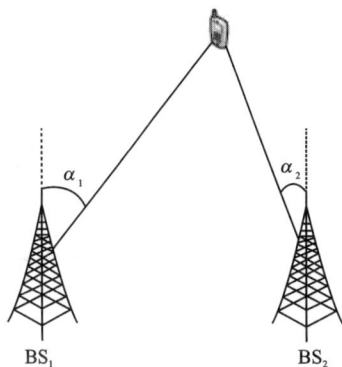

图 3-30 AOA 定位原理

另外,还可采用到达角与到达时间相结合的定位法,即基站可以同时测量用户的 AOA 和 TOA,由 AOA 的角度数值所指的直线与到达时间确定圆周,再由两者交点的位置可确定用户的位置。此法的主要优点是基站与移动用户间只进行一次测量,缺点与 AOA 法相同。

(5)A-GPS 定位

网络辅助 GPS 定位(assisted GPS,A-GPS)是一种结合网络基站信息和 GPS 信息对手机进行定位的技术,该技术需要在手机内增加 GPS 接收机模块,并改造手机天线,同时要在移动网络上加建位置服务器、差分 GPS 基准站等设备。这种定位方法一方面通过 GPS 信号的获取,提高了定位的精度,误差可低至 10 m 左右;另一方面,通过基站网络可以获取室内定位信号。其不足之处在于手机需要增加相应的模块,成本较高。

其基本原理是建立 GPS 参考网络,参考网络中的接收机可以连续地接收 GPS 卫星信号,实时监测各种卫星信息。同时,该参考网络和蜂窝移动通信系统相连,定位时,可将监测到的各种卫星信息传送给终端 GPS 接收机,以缩短首次定位时间、减少搜索时间、提高接收灵敏度。

上述几种方法是蜂窝网络定位较常用的方法,其他方法还包括基于场强的定位、七号信令定位等。与 GPS 定位技术不同,蜂窝网络定位技术是以地面基站为参照物,定位方法灵活多样,特别是能方便地实现室内定位,使其在紧急救援、汽车导航、智能交通、蜂窝系统优化设计等方面发挥着重要作用。但是,由于过分依赖地面基站的分布和密度,其在定位精确度、稳定性方面无法与 GPS 定位技术相提并论。在实际的定位应用中,主要是将两者结合起来,实现混合定位,在扩大定位覆盖范围的同时,又能提高定位精度,为定位应用提供更高质量的技术支撑。

3. 基于 Wi-Fi 的定位技术

通过无线接入点(包括无线路由器)组成的无线局域网络(WLAN),可以实现复杂环境中的定位、监测和追踪任务。它以网络节点(无线接入点)的位置信息为基础和前提,采用经验测试和信号传播模型相结合的方式,对已接入的移动设备进行定位,精度在 1~20 mm。

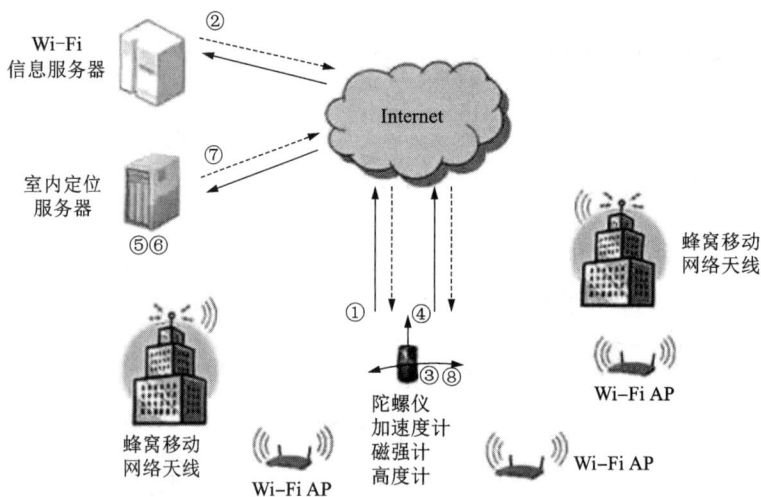

图 3-31　基于 Wi-Fi 的定位原理

4. 其他无线定位技术介绍

蓝牙定位。蓝牙通信是一种短距离低功耗的无线传播技术，在室内安装适当的蓝牙局域网接入点后，将网络配置成基于多用户的基础网络连接模式，并保证蓝牙局域网接入点始终是这个微网络的主设备，就可通过检测信号强度获得用户的位置信息（图 3-32）。蓝牙定位主要应用于小范围定位。对于集成了蓝牙功能的移动终端设备，只要设备的蓝牙功能开启，蓝牙室内定位系统就能够对其进行位置确定。

蓝牙定位技术最大的优点是设备体积小，易于集成在 PDA、PC 及手机中，因此很容易普及。理论上，对于集成蓝牙功能的移动终端设备用户，只要设备的蓝牙功能开启，蓝牙室内定位系统就能够对其位置进行判断。采用该技术进行室内短距离定位时，容易发现设备且信号传输不受视距影响。其不足之处在于蓝牙器件和设备的价格比较昂贵；而且对于复杂的空间环境，蓝牙系统的稳定性稍差，受噪声信号干扰较大。

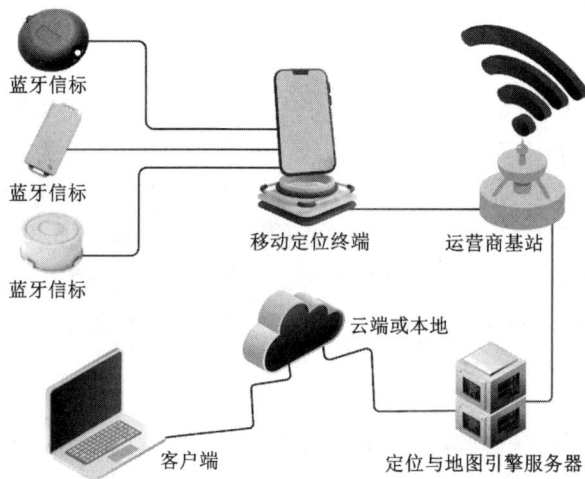

图 3-32　蓝牙的定位原理

蓝牙定位技术的应用主要有基于范围检测的定位和基于信号强度的定位两种实现方法。基于范围检测的定位用于早期蓝牙定位的研究中，当用户携带设备进入蓝牙信号的覆盖范围时，可通过在建筑物内布置的蓝牙接入点发现并登记用户，然后将其位置信息注册在定位服务器上，从而追踪移动用户的位置，这种定位方法通常可以实现"房间级"的定位精度。基于信号强度的定位则是已知发射节点的发射信号强度，接收节点根据接收信号的强度计算出信号的传播损耗，利用理论或经典模型将传输损耗转换为距离，再利用已有的定位算法计算出节点的位置。

iBeacon 是苹果推出的一项基于蓝牙 4.0 的精准微定位技术，当手持设备靠近一个 iBeacon 基站时，设备就能够感应到 iBeacon 信号，范围可以从几毫米到几十米。iBeacon 定位技术的优点有：免配对；定位精准（毫米级别）、距离更远（最大 50 m）；超低功耗；一颗普通的纽扣电池可供一个 iBeacon 基站硬件使用两年；适用范围广泛。所有搭载有蓝牙 4.0 以上版本的设备都可以作为 iBeacon 技术的发射器和接收器。

目前，iBeacon 已经实现了广泛应用，例如，绍兴市第一人民医院推出的基于 iBeacon 定位的医院巡检系统，杭州市行政服务中心推出的基于 iBeacon 定位的室内寻路系统。

红外线定位。红外线定位是通过安装在室内的光学传感器，接收各移动设备（红外线 IR 标识）发射调制的红外射线进行定位，具有相对较高的室内定位精度（图 3-33）。但是，由于红外光线不能穿过障碍物，红外射线仅能视距传播，容易受其他灯光干扰，并且红外线的传输距离较短，室内定位的效果很差。当移动设备放置在口袋里或者被墙壁遮挡时，就不能正常工作，需要在每个房间、走廊安装接收天线，这也导致其总体造价较高。

图 3-33　红外线定位

超宽带定位。超宽带定位与传统通信技术的定位方法有较大差异，它不需要使用传统通信体制中的载波，而是通过发送和接收具有纳秒或纳秒级以下的极窄脉冲来传输数据，可用于室内精确定位（图 3-34）。超宽带系统与传统的窄带系统相比，具有穿透力强、功耗低、抗多径效果好、安全性高、系统复杂度低、能够提高定位精度等优点，通常用于室内移动物体的定位跟踪或导航。

ZigBee 定位。ZigBee 是一种短距离、低速率的无线网络技术。它介于 RFID 和蓝牙之间，可以通过传感器之间的相互协调通信进行设备的位置定位。这些传感器只需要很少的能量，以接力的方式通过无线电波将数据从一个传感器传到另一个传感器，所以 ZigBee 显著的技术特点是低功耗和低成本。

超声波定位。超声波定位主要采用反射式测距（发射超声波并接收由被测物产生的回波后，根据回波与发射波的时间差计算出两者之间的距离），并通过三角定位等算法确定物体的位置（图 3-35）。超声波定位整体定位精度较高、系统结构简单，但容易受多径效应和非视距传播的影响，降低定位精度。同时，它还需要大量的底层硬件设施投资，总体成本较高。

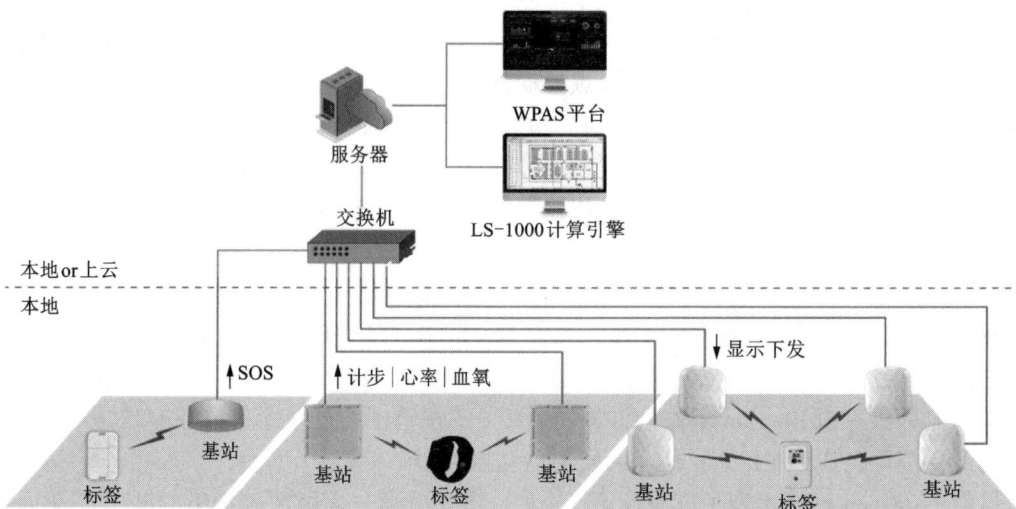

图 3-34 超宽带的定位组网方案

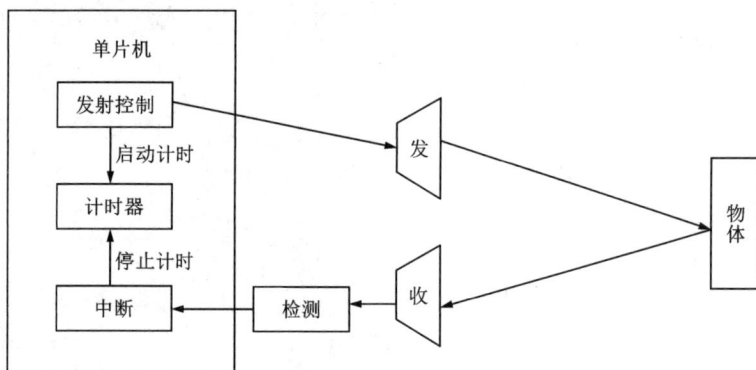

图 3-35 超声波定位示意图

3.4.3 无线定位在智能建造中的应用 >>>

1.施工现场人员与设备定位

"智慧工地"作为一种崭新的工程现场一体化管理模式,已经成为大势所趋。智慧工地将物联网、云计算、虚拟现实等新技术植入建筑、机械、人员、穿戴设施、场地中,使它们互联,实现工程管理各干系人员与工程施工现场的整合。智慧工地的核心是以一种更智慧的方法来改进工程各干系组织和岗位人员交互的方式,以便提高交互的明确性、效率、灵活性和响应速度,从而实现以下目标。

①全流程的安全监督。基于智慧工地物联网云平台,对接施工现场智能硬件传感器设备,利用云计算、大数据等技术,对监测采集到的数据进行分析处理、可视化呈现、多方提醒等,实现对建筑工地多方位的安全监督。

②全天候的管理监控。为建筑用户或政府监管部门提供全天候的人员、安全、质量、进度、物料、环境等方面的监管及服务。

③多方位的智能分析。通过智能硬件端实时监测采集工地施工现场的人、机、料、法、环各环节的运行数据，对海量数据进行智能分析和风险预控，辅助管理人员决策管理，提高效率。图 3-36 所示为人员位置信息监测平台。

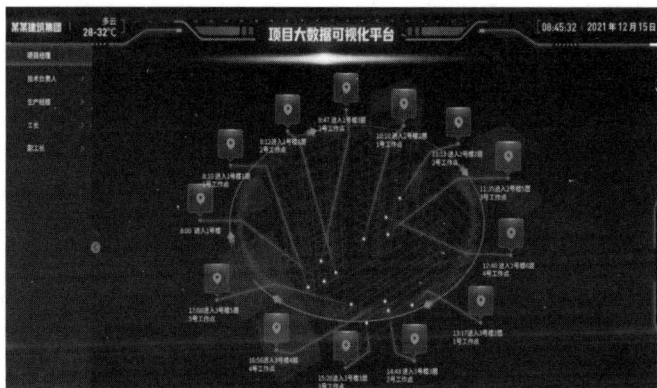

图 3-36　人员位置信息监测平台

2. 结构健康监测中的位置定位

结构健康监测技术的基本思想是通过测量结构的响应来推断结构特性的变化，进而探测和评价结构的损伤及安全状况。结构健康监测（structural health monitoring，SHM）技术起源于 1954 年，最初目的是进行结构的载荷监测。随着结构设计日益向大型化、复杂化和智能化发展，结构健康监测技术的内容也逐渐丰富，不再是单纯的载荷监测，而是向结构损伤检测、损伤定位、结构全生命周期预测乃至结构损伤的自动修复等方面发展，并基于探测到的响应，结合系统的特性分析，来评价结构的健康状况并做出相应的维护决策。

结构健康监测技术一般包括传感系统、信号传输与存储、结构状态参数与损伤识别，以及结构性能评估等部分。经过几十年的发展，无线传感、光纤传感、微波雷达等新型智能传感技术迅速推广，各类型传感器和数据采集系统等结构健康监测技术所需要的硬件基础逐步建立，也开发了针对监测信号的各类结构识别、损伤识别、结构性能评估预测和风险分析等方法。这些技术的发展推动了结构健康监测技术的发展及工程应用。

结构健康监测技术具有以下 4 大功能：①结构全生命周期安全与成本最优，通过健康监测实现预见性维护管理，优化全生命周期成本；②大型复杂结构安全保障与新型设计方法验证，作为优化的辅助手段，验证全新设计理论，保障安全运营；③结构管理养护的自动化与智能化，实现结构监测的快速化与自动化；④受灾结构的信息收集与快速评估，实时获得结构服役期间的响应并实时预警。

目前，国内大多数的建筑结构监测还局限在施工阶段，典型工程实例有上海金茂大厦建设过程中的施工健康监测、上海音乐厅整体移位工程中的施工健康监测及工程的施工健康监测。福州海峡奥林匹克体育中心主体育场工程为一复杂的大型体育建筑，上部钢结构分为东西 2 片罩棚，下部为混凝土看台及各功能用房，平面形状近似椭圆，长轴长约 360 m，短轴长约 310 m。钢结构罩棚最高点为 52.826 m，采用双向斜交空间桁架折板结构体系。混凝土看台支座正上方投影径向悬挑长度为 45~63 m，支座正上方投影斜向悬挑长度为 50~65 m。福州海峡奥林匹克体育中心主体育场是 2015 年青运会等重大比赛的主会场，为了保障此重要公共建筑的结构安全性，在该场馆的各关键受力位置布置了一系列的传感器，如加速度传感器、光纤光栅应变计、倾角仪、风速风向仪等。各传感器的实时数据通过采集仪传输到控制端，控制端对信号数据进行自动分析判断，对可能发生的工程灾害提前进行预警。图 3-37 为某建筑结构监测。

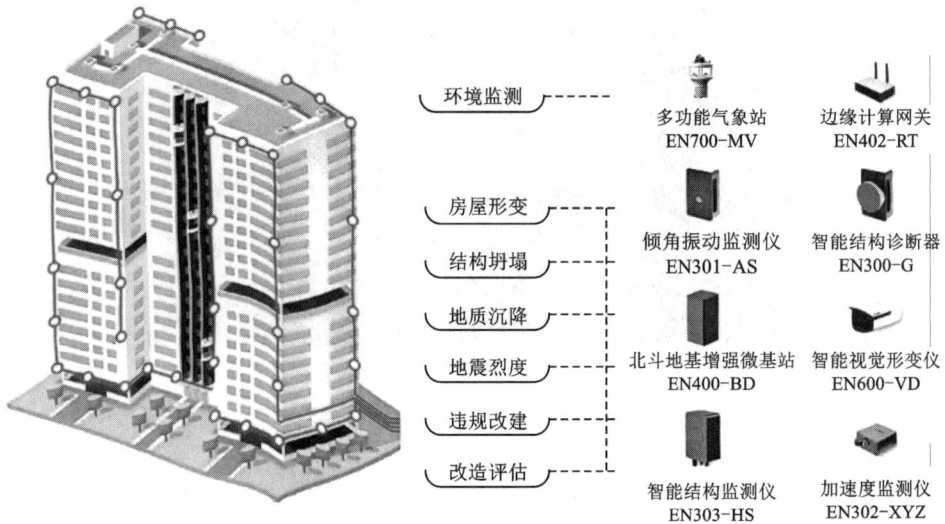

图 3-37　某建筑结构监测

3.物资管理与物流追踪

物料管理是控制施工成本的重要环节，是保证工程进度和质量的重要前提，高效的建筑工程施工物料数据采集对于项目管理至关重要。随着越来越多的工程建设项目大型化和复杂化，物料管理工作愈加烦琐，难度不断增大。

（1）物料管理概述

物料管理是对企业生产经营活动所需各种物料的采购、验收、供应、保管、发放、合理使用、节约和综合利用等一系列计划、组织、控制等管理活动的总称。物料管理的良好运行能协调企业内部各职能部门之间的关系，从企业整体角度控制物料"流"，做到供应好、周转快、消耗低、费用省，取得好的经济效益，以保证企业生产顺利进行。物料管理主要包括四项基本活动：①预测物料用量，编制物料供应计划；②组织货源，采购或调剂物料；③物料的验收、储备、领用和配送；④物料的统计、核算和盘点。随着制造业和计算机技术的发展，以及定量分析方法的运用，物料管理从专业部门管理发展到全面综合管理，从单纯的物料储备管理发展到物料准时制管理，从手工操作发展到自动化、信息化的 MRP 系统。

物料管理概念的采用起源于第二次世界大战中航空工业出现的难题。生产飞机需要大量单个部件，很多部件都非常复杂，而且必须符合严格的质量标准，这些部件又需从地域分布广泛的成千上万家供应商那里采购，很多部件对最终产品的整体功能至关重要。物料管理就是从公司的角度来解决物料问题，包括协调不同供应商之间的协作，使不同物料之间的配合性和性能表现符合设计要求；提供不同供应商之间及供应商与公司各部门之间交流的平台；

控制物料流动率。计算机被引入企业后，进一步为实行物料管理创造了有利条件，物料管理的作用发挥到了极致。

通常意义上，物料管理部门应保证物料供应适时（right time）、适质（right quality）、适量（right quantity）、适价（right price）、适地（right place），这就是物料管理的 5R 原则，是对任何企业均适用且实用的原则，也易于被理解和接受。物料管理是企业内部物流各个环节的交叉点，衔接采购与生产、生产与销售等重要环节，关乎企业成本与利润的生命线，不仅如此，物料管理还是物资流转的重要枢纽，甚至关系到一个企业的存亡。

物料管理系统基于 BIM 轻量化，将 BIM 信息与二维码信息集成共享。该系统数据库采用 Node.js 领先的服务器端编程环境，MongoDB 基于分布式文件存储的数据库，其主要特点是高性能、易部署、易使用，存储数据非常方便；采用"云+端"的模式，BIM 的数据、现场采集的数据、协同的数据均存储于系统，各应用端调用数据。PC 端作为管理端口进行 BIM 数据和现场数据的集中展示及分析，移动端口以系统为核心，BIM 轻量化集成，以二维码为主体进行材料跟踪、现场表单填写。图 3-38 所示为建筑物料进出场监测。

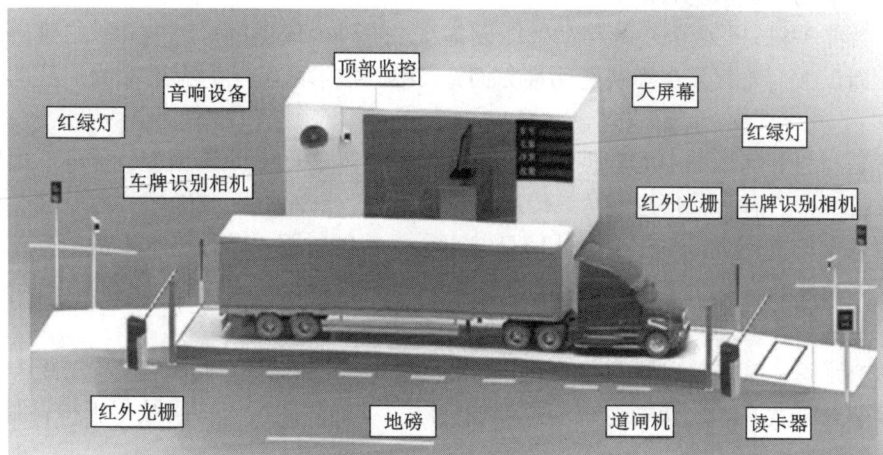

图 3-38　建筑物料进出场监测

1）创建物料跟踪二维码

登录 Web 端可创建新的项目，添加账号进入项目列表的用户，可以共享该项目。鉴于该项目体量巨大，采用了"子模型"形式，即分楼层、分专业上传模型，分专业设置二维码物料跟踪模板，进行账号权限设置，由管理员统一管理。插件端将 BIM 模型（Revit 文件）轻量化处理、整合上传。处理后的模型有独立性，可以按照区域、专业、楼层等分类显示并控制。模型的对齐点可按照建模软件设定的绝对坐标点进行整合。通过 PC 端选择单构件或组构件，根据构件类型及分类编码生成二维码，根据需求添加二维码信息，连接与 BIM 协同管理系统配套打印机，设置好尺寸，打印成贴纸形式。幕墙、钢结构、设备等未粘贴二维码时，不得进场。

2）物料单全过程追踪

追踪从物料管理系统生成所需物料数据，通过接口提取物料数据，由物资部提交物料单即下单；项目总工结合实际施工进度，审核物资部提交的物料单是否合理；物料厂获得通过审核的物料单后，按照时间、规格型号、数量等物料信息，加工生产、扫码出货、上传相应检验批资料等；经物资部扫码入库、扫码出库，工程部扫码确认物料已安装架设后，物料单归档，系统进行物料 BIM 模型同步更新，展现物料在工程中最后使用部位。

3）物料出入库管理

以二维码为物料流转信息的载体，给物料粘贴对应的二维码标识，保证物料的有序控制，经系统移动端的 App 扫描后出厂；物资部接收物料时，利用二维码扫描入库，系统信息实时反馈给工程部、构件厂等用户；工程部监控物料的使用状态，合理组织施工。通过二维码管理，物料数据信息不可改动，避免物料信息传递有误、信息更改等原因造成的损失，降低了物料管理的风险。

4）物料进度管理

表单数据在现场填写，后台按不同颜色展示完成情况，主要分析与展示物料计划入库与实际入库、计划安装与实际安装之间的差别。施工各方通过进度图了解实际进度和预测进度，保证物料及时到位，同时避免占用库存，利于成本控制和场地周转。

（2）物料二维码管理技术

随着智能手机、平板电脑等移动智能设备及二维码生成器的广泛应用，二维码的应用领域也在不断扩大。尤其是在经济适用性方面，二维码技术已经成为应用最为广泛的自动识别技术。

不管是物料管理过程中的数据传递，还是现场施工过程中的数据查询采集，BIM 技术结合二维码技术都具有承载信息量大、传递信息速度快、录入信息准确率高等优点，在提升多参与方信息化的协同工作水平、降低信息共享所耗费的时间、提升技术人员的工作效率方面具有显著的技术优势。物料二维码管理技术分为材料跟踪二维码和资料管理二维码 2 个类别。

①材料跟踪二维码是在物料规范化、标准化管理及编码的基础上，基于 BIM 模型的构件 ID 号自动获取模型信息，快速生成和打印构件的二维码。此类二维码被用于材料跟踪、进度管控、出入库管理等。

②资料管理二维码是在构件进场或施工过程中，定位构件在模型中的位置，将与工程相关的图片、表单、视频等附件与二维码关联。此类二维码被用于辅助技术管理、质量管理、安全管理等。

（3）物料智能化管理

物料智能化管理可以实现数据的收集和辅助管理。它是一种有别于传统的人工物料管理的方式，通过信息化手段实现企业对项目在"收料—发料—核算"环节的实时管控，整合内部各项数据并对其进行分析优化，减轻人员工作量，简化复杂琐碎的流程，大幅提高企业的工作效率，降低错误发生率，督促项目定期按时核算，以实现对工程项目所涉物资的规范化、统一化管理。图 3-39 所示为建筑物料管理。

物料智能化管理系统可以实现物料进出场全方位精益管理，运用物联网技术，通过地磅周边硬件智能监控作弊行为，自动采集精准数据；运用数据集成和云计算技术，及时掌握一手数据，有效积累、保值、增值物料数据资产；运用互联网和大数据技术，进行多项目数据监测和全维度智能分析；运用移动互联技术，随时随地掌控现场、识别风险，零距离集约管控、可视化决策。

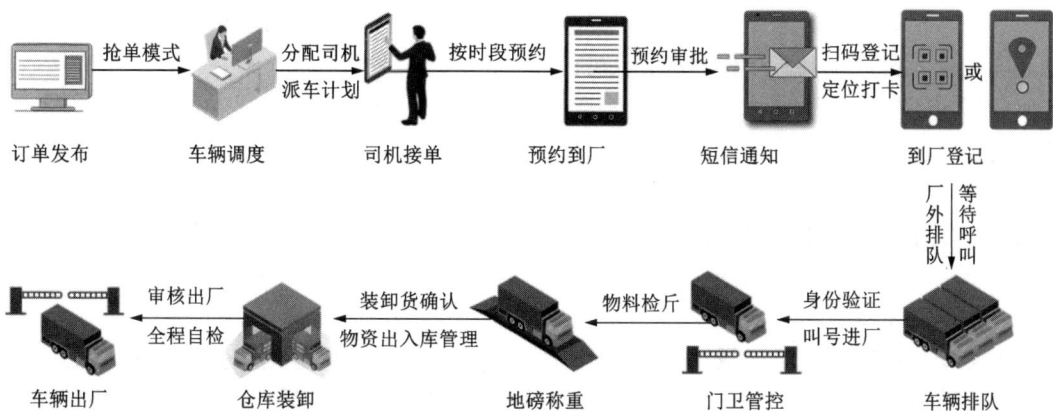

图3-39　建筑物料管理

1) 作业精细

地磅对接，避免人为失误；实称实入库，保证材料真实到场。红外线监测车辆是否完全上磅，并提示预警，避免车身皮重变轻，净重增加。摄像头全方位监控，过磅监控车前/后/斗、磅房，卸料时监控料场，并抓拍图片。

物料智能化管理系统可以自动识别、填写车牌，留存车牌照片，提升过磅效率，实现可视化监管。此外，该系统还可以自动换算单位、自动计算偏差，不需查表，不用计算器。

2) 统一管控

物料智能化管理系统可以进行收发料汇总分析，及时更新动态，真实准确地反映收发料情况，支持实际采购、实际到货、实际发料分析，确保工程采购计划、用料安排的顺利实施。在管理的同时，该系统还可以对物料供应商进行分析，多维分析供货偏差，核查各厂家真实供货信誉，识别优质厂商和劣质厂商，提高供货保障。根据硬件采集数据，系统出账，不受人为干预，保证数据准确；追溯原始信息并核查问题单据，防止查无实据；扫描枪对账，排除无效单据，避免多算、错算。此外，物料智能化管理系统还可以进行视频监控管理，远程视频直播过磅收料/卸料情况，全方位监控摄像覆盖范围，督促规范管理；过往视频回放，动态影像便于核查。

4. 应急响应与安全管理

智能识别终端技术的发展使得物联网技术得以在工程安全管理工作中应用实施，以此减少劳动量，提高安全风险辨识度，有效减少安全事故的发生。物联网技术主要有自动识别技术、定位跟踪技术、图像采集技术、传感器与传感网络技术等，将以上技术应用于施工现场来实时监测各对象的安全状态，可有效预防安全事故发生。

(1) 人机料定位

施工人员定位可监测人员工作位置，判断其是否进入危险区域或禁入区域，一旦进入，可启动报警装置；施工车辆定位可帮助完成车辆运营调度，防止车辆进入危险区域和禁止通行区域，也可实时跟踪垃圾车的驾驶路线，对垃圾的卸载进行监控；施工机械定位可掌握施工机械的位置及运动轨迹，优化资源调配和场地布置，防止机械碰撞；物料定位可监测物料堆放点是否合理，也可实时跟踪物料运送途中的位置。

（2）人员权限识别

在施工现场及生活区应用生物识别技术对进入人员进行权限识别，记录人员进出情况，防止非工作人员进入扰乱工作秩序，也可保证工地财产及物资的安全；在危险大型机械或重要作业区应用生物识别技术对人员身份进行验证，可防止无证上岗，减少事故发生的人为因素，且可用于事故发生后的责任追溯。

3.4.4　无线定位技术的精度与误差分析　>>>

1. 影响定位精度的因素

许多定位算法是基于测距的，然而任何距离测量技术都不可避免地会产生测量误差。一般而言，误差可以分为两类：外在误差和内在误差。外在误差来源于测量信道的物理因素，例如存在障碍物、多径（multipath）和阴影效应（shadowing effects），以及环境变化导致的信号传播速度变化等。内在误差由系统硬件和软件的限制引起。尽管在实际部署时，外在误差更加难以预测且更具挑战，但是在使用多跳测量信息进行节点位置估计时，内在误差会更加复杂。实验结果表明，较小的测量误差就可以明显地放大位置估计的误差。因此，误差控制对于实现高精度定位算法是必要的。

2. 误差来源与校正方法

与内在误差相比，外在误差是由非系统因素引起的，更加难以预测，特别是在某些情况下，误差会因为以下因素而扩大。

①硬件故障或者失效。当遇到测距硬件故障时，距离测量将变得毫无意义。此外，不正确的硬件校准和配置也会降低测距准确度，这在以前的研究中少有提及。例如，RSS 要容忍不同发射器、接收器以及天线的性能差异，而不准确的时钟会导致 TDOA 的测距误差。

②环境因素。RSS 对信道噪声、干扰以及多径传播非常敏感。信号衰减的不规则性显著增加，特别是在复杂的室内环境中。另外，基于距离测量的传播时间，例如 TDOA，信号传播速度经常表现为随温度和湿度变化，因此不能假定在一个大范围内传播速度是固定的。

③恶意攻击（adversary attack）。随着基于位置的服务变得流行，定位基础设施正成为恶意攻击的目标，通过报告虚假位置或者测距结果，攻击者（例如恶意节点）可以完全扭曲坐标系。与传统的情况不同，这里的测距误差是攻击者有意造成的。

这些严重的误差可以看作测量的异常值，抗异常值（outlier-resistant）的方法主要分为 2 个类别：显式筛选（explicitly sifting）和隐式弱化（implicitly deemphasizing）。显式筛选通常基于以下直观情形，即正常的距离测量值是相容的，而异常值与正常的和其他异常的测量值是不相容的。通过检查相容性，可以辨别和排除异常测量值；相比而言，隐式弱化的方法没有通过设置固定阈值来决定接受还是拒绝一个测量结果，而是采用鲁棒统计学的方法，例如高击穿点（breakdown point）的估计量和影响函数，来减轻异常值的负面影响。

3. 提高定位精度的策略

由于定位经常是以分布和迭代的方式进行的，误差传播被认为是一个很严重的问题，因为定位过程中被不准确定位的节点会干扰基于这些节点的后续定位过程。现有研究表明，位置精化（location refinement）是应对这个问题的有效技术。

基本的位置精化要求节点在几轮迭代中更新它们的位置，在每轮开始时，一个节点"广播"它的位置估计值，接收它的邻居节点的位置信息，并且计算基于最小二乘的多边测量的结果作为它的新位置估计值。一般而言，与邻居节点的距离限制会迫使新的估计位置趋向节点的真实位置，经过指定量的迭代或者当位置更新变化变得很小时，精化过程就结束并返回最终的定位结果。

基本的精化算法是完全分布式的，容易实现，通信和计算效率较高。基本的精化算法的一个重要缺陷是，在什么条件下迭代能够收敛以及最终结果能有多准确是不可知的，因为每一轮迭代中节点都会无条件地更新其位置，但不能保证新的位置比旧的位置要好，通常将这个基本的精化算法称为不带误差控制的精化(refinement without error control)。与此不同，在本节中讨论带误差控制的精化(refinement with error control)，在该方法中节点只在新位置比旧位置好时才更新其位置。简单起见，在本节中如果没有特殊说明，当谈到位置精化时，指的是带误差控制的精化。

为了处理误差传播，研究人员已经提出了许多位置精化算法。一般而言，这些算法有3个主要部分组成。

①节点注册(node registry)。每个节点维护一个注册信息，包括节点位置估计值和相应的估计置信度(不确定性)。

②参考点选取。在基于特定算法的策略中，当有冗余的参考节点可供选择时，每个节点选取那些获得最高估计置信度(最低不确定性)的参考节点组合来为其定位。

③注册更新。在每一轮，如果可以获得更高的估计置信度(更低的不确定性)，节点就更新其注册信息，并将更新信息"广播"给它的邻居节点。

智慧启思

北斗系统——自主创新的"中国芯"与全球服务

认知拓展

实践创新

思考题

1. RFID 系统的三大组成部分及其功能是?

2. 被动 RFID 标签与主动 RFID 标签的主要区别是?

3. RFID 在智能建造中的两大典型应用场景是?

参考答案

第 4 章

网络传输技术

本章思维导图

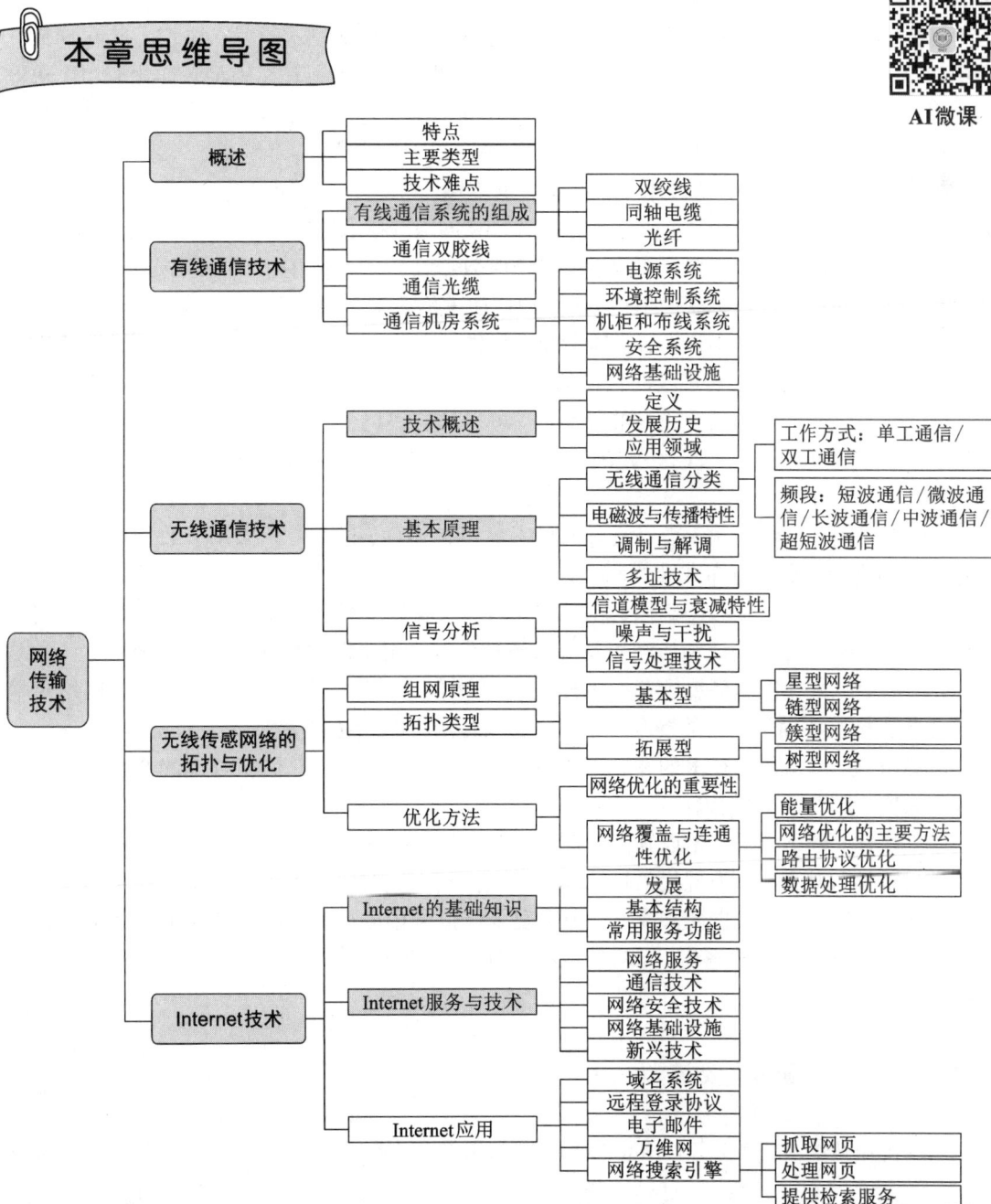

AI微课

```
网络传输技术
├── 概述
│   ├── 特点
│   ├── 主要类型
│   └── 技术难点
├── 有线通信技术
│   ├── 有线通信系统的组成
│   │   ├── 双绞线
│   │   ├── 同轴电缆
│   │   └── 光纤
│   ├── 通信双胶线
│   ├── 通信光缆
│   └── 通信机房系统
│       ├── 电源系统
│       ├── 环境控制系统
│       ├── 机柜和布线系统
│       ├── 安全系统
│       └── 网络基础设施
├── 无线通信技术
│   ├── 技术概述
│   │   ├── 定义
│   │   ├── 发展历史
│   │   └── 应用领域
│   ├── 基本原理
│   │   ├── 无线通信分类
│   │   │   ├── 工作方式：单工通信/双工通信
│   │   │   └── 频段：短波通信/微波通信/长波通信/中波通信/超短波通信
│   │   ├── 电磁波与传播特性
│   │   ├── 调制与解调
│   │   └── 多址技术
│   └── 信号分析
│       ├── 信道模型与衰减特性
│       ├── 噪声与干扰
│       └── 信号处理技术
├── 无线传感网络的拓扑与优化
│   ├── 组网原理
│   ├── 拓扑类型
│   │   ├── 基本型
│   │   │   ├── 星型网络
│   │   │   └── 链型网络
│   │   └── 拓展型
│   │       ├── 簇型网络
│   │       └── 树型网络
│   └── 优化方法
│       ├── 网络优化的重要性
│       └── 网络覆盖与连通性优化
│           ├── 能量优化
│           ├── 网络优化的主要方法
│           ├── 路由协议优化
│           └── 数据处理优化
└── Internet技术
    ├── Internet的基础知识
    │   ├── 发展
    │   ├── 基本结构
    │   └── 常用服务功能
    ├── Internet服务与技术
    │   ├── 网络服务
    │   ├── 通信技术
    │   ├── 网络安全技术
    │   ├── 网络基础设施
    │   └── 新兴技术
    └── Internet应用
        ├── 域名系统
        ├── 远程登录协议
        ├── 电子邮件
        ├── 万维网
        └── 网络搜索引擎
            ├── 抓取网页
            ├── 处理网页
            └── 提供检索服务
```

4.1 网络传输技术概述

4.1.1 网络传输的特点

在当今信息化社会中,网络传输技术已成为支撑全球通信和数据交换的核心基础设施。随着互联网的普及和数字化转型的加速,人们对网络传输的要求不断提高,不仅需要更高的速度和更大的容量,还要求更高的可靠性和安全性。网络传输技术的特点决定了其在现代社会中的重要地位,这些特点不仅反映了技术的先进性,也体现了其在满足多样化应用需求方面的灵活性和适应性。以下是网络传输的一些关键特点,它们在很大程度上推动了信息技术的进步和应用的普及。网络传输的特点主要体现在以下几个方面:

①高速性:现代网络传输技术支持高速数据传输,这对于满足用户对流媒体、在线游戏和大数据处理等应用的需求至关重要。光纤通信、5G网络等技术的应用大大提高了传输速率。

②可靠性:网络传输需要高可靠性,以确保数据在传输过程中不丢失或损坏,可通过冗余设计、错误检测和纠正机制(如前向纠错和自动重传请求)来提高数据传输的可靠性。

③实时性:对于视频会议、语音通话和在线游戏等实时应用,网络传输的实时性非常重要。低延迟和抖动控制是实现实时传输的关键。

④灵活性:网络传输具有很高的灵活性,可以适应不同的应用需求和网络环境。这包括支持多种协议和传输方式(如 TCP/IP、UDP、HTTP 等),以及在有线和无线网络之间进行无缝切换。

⑤可扩展性:网络传输系统在设计时应考虑可扩展性,以应对未来用户数量增长和数据流量增加的需求。通过分布式架构和云计算技术,网络可以动态扩展以满足需求。

⑥安全性:网络传输必须确保数据的安全性,防止未经授权的访问和数据泄露。加密技术(如 SSL/TLS)、身份验证和访问控制等措施被广泛应用于保护数据传输的安全。

⑦异构性:现代网络环境中存在多种类型的网络(如有线、无线、移动网络),网络传输技术需要支持这些异构网络的互联互通,以实现跨网络的无缝通信。

⑧经济性:网络传输技术的发展也应考虑成本效益,通过优化网络资源的使用和降低设备能耗来实现经济高效的传输。

综上所述,网络传输技术以其高速性、可靠性、实时性、灵活性、可扩展性、安全性、异构性和经济性等特点,成为现代信息社会的关键支柱。这些特点不仅满足了多样化的应用需求,还推动了技术的不断创新和发展,为实现全球范围内的高效、稳定和安全的通信提供了坚实的基础。随着技术的进步,网络传输将继续在连接世界、促进交流和推动数字化转型中发挥重要作用。

4.1.2 网络传输的主要类型

网络传输技术主要是指各种信息与互联网的组网、融合、传输和接入技术,包括移动 4G/

5G、Inte mmet、Wi-Fi、ZigBee、蓝牙技术、异构互联、协同技术及 M2M 等，即通过全面的通信网和互联网的融合和统一，汇集感知数据，并实时、准确地传递出去以便及时处理。

从信号传递的形式来看，网络可分为有线网络及无线网络。现有的有线网络包括互联网、有线电话网（电信网）、有线电视网等。经过多年发展，互联网已经取得了巨大的成功，成长为一个全球性的信息系统，正在逐步取代电话网及电视网，即所谓"三网融合"。在物联网时代，各种新技术的不断涌现，对数据传输网络提出了更高的要求，除了要提供互联网普适服务外，还包括各种话音业务、数据业务、多媒体业务等，现有互联网网络缺陷也日益明显地暴露出来，如服务质量难以保证、网络安全无法保障、网络控制和管理复杂、IP 地址匮乏以及无法满足多样化的应用需求等。用于工业控制的现场总线（fieldbus）也属于有线网络，它是近年来迅速发展起来的一种基于 3C（computer，communication，control）技术的双向数字传输总线，主要解决工业现场的智能化仪器仪表、控制器、执行机构等设备间的数字通信以及这些控制设备和高级控制系统之间的信息传递问题。由于现场总线具有简单、可靠、经济实用等一系列突出的优点，因而在自动化控制系统中得到广泛应用。

现有的无线网络有多种，如手机/GPRS 网络、Wi-Fi、ZigBee 及蓝牙等，见表 4-1。

表 4-1　无线网络比较

名称	速率	距离	频段
GPRS/GSM	最高 100 kbit/s	全球漫游	900 MHz
4G 手机网	最高 100 Mbit/s	全球漫游	1880～2690 MHz
5G 手机网	0.1～1 Gbit/s	全球漫游	3～5 GHz
Wi-Fi	10～100 Mbit/s	50 m 以内	2.4 GHz
蓝牙	2 Bit/s	10 m 以内	2.4 GHz
ZigBee	250 Kbit/s	1000 m 以内	2.4 GHz
UWB	100 Mbit/s～1 Gbit/s	10 m 以内	2.4～4.8 GHz

4.1.3　网络传输的技术难点

在现代通信网络的发展过程中，网络传输技术面临着许多复杂的挑战。随着全球数据流量的迅猛增长以及用户对高速、稳定通信的需求不断提升，如何有效地管理和优化网络传输成为技术领域的焦点。这些挑战不仅影响网络的性能和用户体验，还对未来通信技术的发展方向具有深远影响。网络传输技术的主要难点包括带宽限制与拥塞控制、延迟与实时传输的优化、数据安全与隐私保护、网络可靠性与冗余设计、异构网络的互联互通、能耗与绿色通信以及移动性与动态网络环境的管理。为应对这些挑战，需要通过持续的研究和创新，开发高效的拥塞控制算法、优化路由技术、加强数据加密和隐私保护、实施冗余和容错技术、统一异构网络标准、降低能耗，以及改进移动性管理和切换技术。

1. 带宽限制与拥塞控制

随着互联网用户数量的增加和多媒体内容的普及，网络带宽需求急剧上升。如何在有限的带宽条件下高效传输大量数据是一个重大挑战。拥塞控制是解决这一问题的关键技术之一，它需要在网络流量高峰期有效管理数据传输，避免网络过载和数据丢失。传输控制协议（TCP）中的拥塞控制算法如 Reno、Cubic 等，都是为了解决这一问题而设计的，但在面对大规模流量时仍然面临挑战。

2. 延迟与实时传输

网络延迟对实时应用（如视频会议、在线游戏和语音通话）有显著影响。如何降低延迟以保证实时性是一个重要的技术难点。延迟可能由多种因素引起，包括路由器处理时间、网络传输距离和网络拥塞等。为了应对这些问题，工程师们开发了多种技术，如内容分发网络（CDN）来缩短传输路径，以及使用更高效的路由算法来优化数据传输。

3. 数据安全与隐私保护

随着数据传输量的增加，数据安全和隐私保护变得越来越重要。在网络传输过程中，数据可能面临各种安全威胁，如窃听、篡改和中间人攻击。为了保护数据安全，广泛使用的技术包括数据加密（如 SSL/TLS）、虚拟专用网络（VPN）和防火墙等。此外，法律法规对数据隐私的要求越来越严格，在传输过程中保护用户隐私也是一个重要的技术难点。

4. 网络可靠性与冗余

网络传输需要高可靠性，以确保数据不丢失或损坏。网络设备故障、链路中断和自然灾害等都可能影响网络的可靠性。为提高网络可靠性，通常采用冗余设计，如多路径传输和备份链路。协议层面的冗余技术（如快速重传和前向纠错）也被广泛应用，以提高数据传输的可靠性和容错能力。

5. 异构网络的互联互通

现代网络环境中存在多种类型的网络（如有线网络、无线网络、移动网络等），如何实现这些异构网络的互联互通是一个重要的技术难点。不同网络技术之间的协议和标准有差异，这使在不同网络之间传输数据时面临兼容性和效率问题。为解决这些问题，需要开发统一的协议标准和接口，以及智能的网络管理技术，以实现无缝网络互联。

6. 能耗与绿色通信

随着网络规模的扩大和设备数量的增加，网络能耗问题日益突出。如何在保证性能的同时降低能耗，是现代通信技术面临的一个重要挑战。绿色通信技术的研究重点在于开发低功耗设备和优化网络协议，以实现更高效的能量利用。

7. 移动性与动态网络环境

在移动网络环境中，用户设备频繁移动，导致网络拓扑结构动态变化。如何在这种动态环境中保持稳定的网络连接和高效的数据传输，是一个技术难点。移动性管理协议（如 Mobile IP）和切换技术（如软切换和硬切换）是解决这一问题的关键。

4.2 有线通信技术

4.2.1 有线通信系统的组成

数据传输技术是指将采集的数据通过一个或多个数据信道或链路，遵循同一个通信协议传输到指定设备的技术。监测数据传输系统由主计算机(host)或数据终端设备(data terminal equipment，DTE)、数据电路终端设备及数据传输信道(专线或交换网)组成。监测系统中的数据传输过程是采集系统从传感器采集的数据及其相关信息传输给采集计算机，再由采集计算机传输给中心计算机。数据在网络中的传输必须遵循某一共同的通信协议。目前计算机网络应用可以分为物理层、数据链路层、网络层、传输层、应用层5层结构，其中，物理层、数据链路层、网络层、传输层主要处理网络控制与数据传输/接收问题。监测数据传输系统的传输介质和网络拓扑结构对应物理层和数据链路层，通信协议对应网络层、传输层、应用层的内容。

数据传输的介质是指在网络中传输信息的载体，对应网络结构中的物理层。常用的传输介质分为有线传输介质和无线传输介质两大类，不同的传输介质特性不同，对网络中数据通信质量和通信速度有较大影响。选用正确的传输介质对监测系统工作的鲁棒性有直接影响。

有线传输介质是指在2个通信设备之间实现的物理连接部分，常见的有线传输介质包括以下几种。

1.双绞线

由2条互相绝缘的铜线组成，其典型直径为1 mm(图4-1)。2条铜线拧在一起，可减少邻近线对电磁的干扰。双绞线性能较好且价格便宜，因此得到广泛应用，是现在应用最普遍的传输介质。双绞线可以分为非屏蔽双绞线和屏蔽双绞线两种，屏蔽双绞线性能优于非屏蔽双绞线。

2.同轴电缆

以硬铜线为导体，外包一层绝缘材料，再用密织的网状导体环绕构成屏蔽，最外层覆盖保护性材料(图4-2)。同轴电缆具有更高的带宽和极好的噪声抑制特性，比双绞线的屏蔽性更好，在更高速度下可以传输得更远。

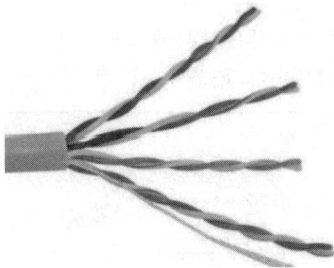

图4-1 双绞线

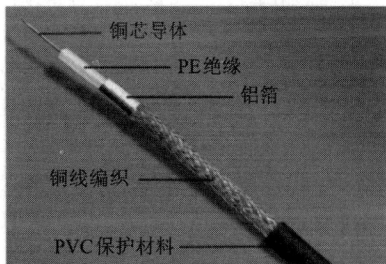

图4-2 同轴电缆

3.光纤

光纤是以光脉冲的形式来传输信号的，材质是玻璃或者塑料纤维。光纤跳线包括纤芯、包层和保护套3个部分。光纤传输具有衰减小、频带宽、抗干扰性强、安全性能高、体积小、质量小等优点，被广泛用于长距离传输和特殊环境中(图4-3)。光纤可分为单模光纤和多模光纤。单模光纤只为光提供单一路径，加工复杂，但具有更大的通信容量和更远的传输距离。多模光纤提供多条光路传输同一信号，通过光的折射来控制传输速度，传输距离较短。

硬件物理连接的基本要求见表4-2。

表 4-2　硬件物理连接的基本要求

连接形式	传输信号	类型	连接介质	设备间物理连接路径			线路衰减	最低带宽
有线	电信号	传感器电输出	屏蔽电缆	传感器→信号调理设备	信号调理设备→采集站(仪)	采集站(仪)→上级设备	应<1DB/30 m	应满足监测的传输需求
				线长应≤2 m	无中继/增益时	无中继/增益时线长应≤150 m	应依据传输距离采用相应传输协议	
					增加中继/增益	增加中继/增益线长可>150 m		
		通信电信号	屏蔽网线	(1)宜优先采用数电传输；(2)数电信号电缆传输距离>10 km 时，宜采用 RS-485 协议；(3)数电信号电缆连接双方均要求主动发送数据时，宜采用 RS-422 协议；(4)通信电信号宜优先采用基于 TCP/IP 协议的工业以太网传输，应符合 ISO 和国家有关标准			符合国家标准	
	光信号	光纤传感器输出	光缆	光信号光纤传感器输出光缆短距离(一般≤2 km)时，宜直接以光信号/模拟信号形式传输；长距离(>2 km)时，最大传输距离应根据传感器的信号衰减传输性能确定，必要时应增加信号中继/增益				
		通信光信号						

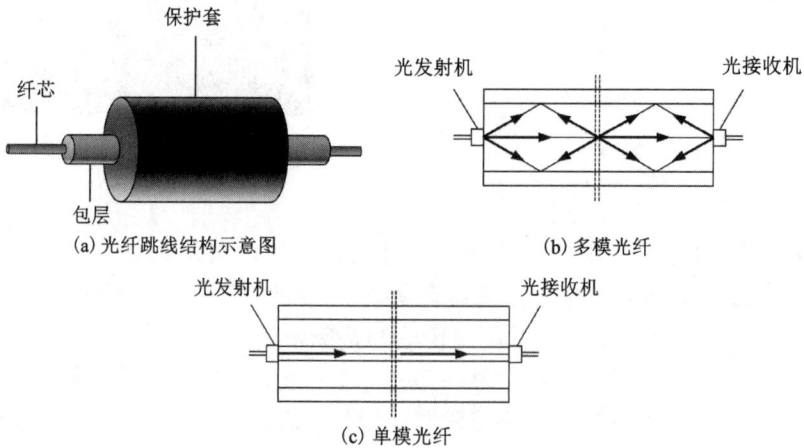

(a) 光纤跳线结构示意图

(b) 多模光纤

(c) 单模光纤

图 4-3　光纤及光纤跳线结构示意图

4.2.2　通信双绞线

通信双绞线是一种由两根平行的铜导线组成的电缆
(图 4-4),每根导线都被一层绝缘材料包裹。导体通常
使用铜材质,因为铜具有良好的导电性和机械强度。导
线可以是实心的,也可以是绞合的,后者具有更好的柔
韧性和抗疲劳性。绝缘层通常由聚氯乙烯(PVC)或聚乙
烯(PE)制成,这些材料具有良好的绝缘性能和耐用性,
能够有效防止导线之间的电流干扰。两根绝缘导线通过
胶合层黏合在一起,形成扁平的双线结构。这种结构设

计简单,便于制造和安装,并且能够保持导线的平行性,

图 4-4　通信双绞线

从而减少信号之间的干扰。通信双绞线以其简单经济的设计而著称,其制造成本较低,是一
种经济实惠的电缆选择。由于其扁平结构,双绞线安装方便,特别适用于需要穿过狭窄空间
或沿墙布线的场合。它主要用于低频信号的传输,如语音信号和低速数据通信,能够在短距
离和低干扰环境中保证足够的信号质量。尽管其抗干扰能力不如屏蔽电缆,但在合适的应用
场景下,双绞线仍然能够有效满足通信需求。此外,双绞线的简单结构和易于操作的特性,
使其在家庭和小型办公室布线中广受欢迎。

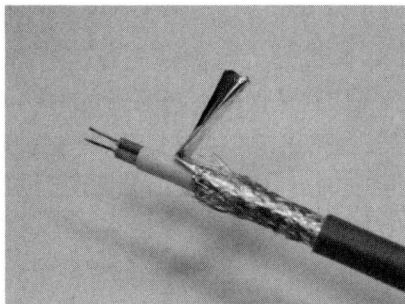

通信双绞线广泛应用于电话线路,是连接电话设备、提供语音通信服务的理想选择。在
家庭和办公室环境中,双绞线常用于连接电话插座和分机,满足基本的通信需求。其简单的
安装和低成本特点,使其成为小型布线项目的首选。此外,双绞线还可用于一些低速数据传
输应用,适合不需要高速传输的数据设备连接。在这些应用中,双绞线能够提供稳定的性
能,满足基本的通信需求,而无须复杂的安装和维护。尽管通信双绞线在某些应用中具有优
势,但其局限性也不容忽视。首先,双绞线的带宽有限,抗干扰能力较弱,因此不适合高速
数据通信和长距离传输。在长距离应用中,使用双绞线信号时,衰减较大,需要使用信号放
大器或选择更适合的电缆类型。此外,双绞线对环境的适应性较差,容易受到温度、湿度等
环境因素的影响,可能导致性能下降。因此,在选择电缆时,需要充分考虑这些局限性,以
确保通信的稳定性和可靠性。

对于需要更高带宽和更好抗干扰能力的应用,双绞线是一种常见的替代选择。双绞线
(如 Cat5e、Cat6)通过将两根导线绞合在一起,显著提高了抗干扰性能和传输速度。同轴电
缆也是一个不错的选择,尤其在需要更好屏蔽效果的场合,它具有优良的抗干扰能力和稳定
的信号传输。对于高速和长距离的数据传输,光纤是最优的选择,尽管成本较高,但光纤的
性能和可靠性无与伦比。根据具体的应用需求和环境条件,选择合适的电缆类型可以显著提
高通信系统的性能和效率。

4.2.3　通信光缆

通信光缆(图 4-5)的核心组件是光纤,光纤由纤芯、包层和涂覆层组成。纤芯是光信号

传输的主要部分，由高纯度的玻璃或塑料纤维制成，其直径通常在几微米到几十微米之间。包层紧密包围着纤芯，通常由不同折射率的玻璃或塑料纤维制成，它的作用是利用全内反射原理将光束保持在纤芯内，确保光信号沿着光纤传输而不散射。涂覆层则是包裹在包层外的一层保护性涂料，通常由聚合物材料制成，保护光纤免受物理损伤和环境影响，如湿度、温度变化和化学腐蚀。光缆通常包含多根光纤，这些

图4-5　通信光缆

光纤被集成在一个共同的护套中。护套由坚固的材料制成，如聚乙烯或聚氯乙烯，以提供额外的机械保护。根据应用需求，光缆还可能包括金属或非金属的加强件，以增强抗拉强度和耐压性，特别是在地下或海底应用中。此外，光缆的设计可能会考虑到防水、防火和防啮齿动物等特殊要求，从而确保其在各种环境条件下的可靠性和耐用性。光缆的结构还可以根据应用场合的不同而变化。例如，在室内应用中，光缆可能设计得更加灵活，以便于安装和布线；而在户外应用中，光缆则需要具备更强的耐候性和抗压能力。光缆的多样性设计使其能够适应从城市通信基础设施到偏远地区网络连接的各种需求。

通信光缆因其卓越的性能而成为现代通信网络的核心。首先，光缆的带宽极高，能够支持大数据量的传输，是高速互联网和数据中心的理想选择。光纤的传输速度接近光速，能够在极短的时间内传输大量数据，这对于需要实时数据处理和传输的应用尤为重要。光缆的信号衰减极低，即使在长距离传输中，也能保持信号的强度和质量，从而减少对中继站和信号放大器的需求。光缆对电磁干扰不敏感，因为光信号不受电磁场影响，这使得光缆在电磁环境复杂的区域中表现出色，如在工业区和高压电线附近。此外，光缆不导电，能够避免雷击和电磁干扰带来的风险，提高通信系统的安全性和可靠性。光缆的安全性也较高，因为光信号难以被窃听，相比于传统的铜线通信，光缆在数据保密性上具有显著优势。光缆的使用寿命长，通常为几十年，维护需求较低，这在长期运营中可以显著降低成本。光缆的轻量化和小直径设计也使其在安装和布线时更加灵活，能够适应各种复杂的地理和建筑环境。这些优点使得光缆成为各种通信系统的首选，无论是在城市高密度网络中，还是在偏远地区的长距离传输中。

光缆的应用范围广泛，几乎涵盖了所有现代通信系统。它是长途通信的骨干，连接城市间和国家间的通信网络，提供高速数据传输服务。在这些应用中，光缆能够支持语音、视频和数据的综合传输，满足现代信息社会对通信的高要求。在城市通信基础设施中，光缆用于连接各类通信节点和数据中心，构建城市的高速信息网络。在企业和校园网络中，光缆用于构建高速局域网，支持高性能计算和大数据传输。光缆的高带宽和低延迟特性，使其能够满足现代企业对云计算、视频会议和大数据分析的需求。此外，光缆在家庭宽带接入中也扮演着重要角色。光纤到户（FTTH）技术的发展，使得光缆能够直接连接到用户家庭，提供超高速的互联网接入服务。光缆还广泛应用于广播电视网络，支持高清和超高清电视信号的传输。在工业自动化系统中，光缆用于连接各类传感器和控制设备，提供高可靠性的工业通信服务。随着物联网（IoT）和智慧城市的发展，光缆的应用领域不断扩展，成为支持未来智能

化和数字化社会的重要基础设施。

尽管光缆在许多方面表现优异，但其局限性也不容忽视。首先，光缆的安装和维护成本较高，特别是在需要铺设地下或海底光缆时，工程复杂且费用昂贵。光纤的脆性是一个主要挑战，光纤在安装和维护过程中需要小心处理，以防止物理损坏。光纤的连接需要使用特殊的设备和技术，如光纤熔接和连接器安装，这对技术人员的专业技能要求较高，增加了安装和维护的复杂性。此外，光缆的修复也较为困难，一旦发生断裂或损坏，修复过程可能需要较长的时间和专业设备，这在通信中断时可能带来较大的影响。光缆的传输性能受限于光纤的质量和制造工艺，虽然现代技术能够生产高质量的光纤，但仍然需要在使用中注意环境和机械应力对光缆的影响。光缆的成本和技术要求使其在某些短距离和低带宽应用中不具备经济性，在这些场合，传统的铜线或无线技术可能更为合适。因此，在规划和设计通信网络时，需要综合考虑光缆的优缺点和具体应用需求，以实现最佳的成本效益和性能平衡。

4.2.4 通信机房系统

通信机房系统(图4-6)是现代通信网络的核心设施，负责管理和维护各种通信设备和网络基础设施。它是确保通信网络稳定、高效运行的重要组成部分。它通常包括以下几个关键组成部分。

1.电源系统

电源系统可提供稳定的电力供应，包括不间断电源(UPS)、发电机和配电设备，确保在断电情况下设备仍能正常运行。电源系统是通信机房系统的核心组成部分之一。由于通信设备对电力的依赖性极高，电源系统的稳定性直接影响整个网络的可靠

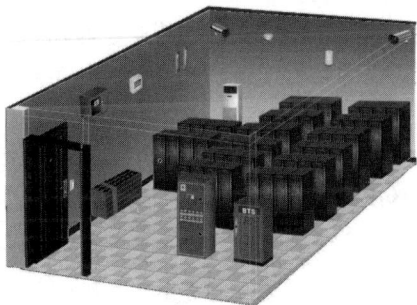

图4-6 通信机房系统

性。通常，机房会配备不间断电源系统(UPS)来在电力中断时提供临时电力支持，确保设备能够安全关闭或继续运行。此外，机房还通常配备备用发电机，以应对长时间的电力中断。电源系统还包括配电柜和电缆管理系统，以确保电力的合理分配和安全传输。这些设备需要定期维护和检查，以防止电力故障对通信系统造成影响。

2.环境控制系统

环境控制系统包括空调和通风设备，用于维持机房内适宜的温度和湿度，防止设备过热或受潮。通信设备对温度和湿度的要求较为严格，因此环境控制系统在通信机房系统中扮演着重要角色。空调系统用于维持机房内的恒定温度，通常保持在18~27 ℃，以防止设备过热。通风系统则确保机房内空气流通，防止热量积聚。湿度控制同样重要，过高的湿度可能导致设备短路，而过低的湿度则可能引发静电。机房通常配备加湿器和除湿器，以确保湿度保持在40%~60%。此外，环境控制系统可以实时监测机房的温度、湿度和空气质量，及时发现并处理异常情况。

3.机柜和布线系统

机柜和布线系统用于安装和管理通信设备及网络布线，确保设备的有序排列和便于

维护。

4.安全系统

安全系统包括防火、防盗、监控系统和数据安全,确保机房的物理安全和数据安全。通信机房的安全系统包括物理安全和数据安全两方面。物理安全系统包括防火、防盗。防火系统通常配备烟雾探测器、火警报警器和自动灭火装置,以便在火灾发生时及时响应。防盗系统则通过门禁控制和监控摄像头来防止未经授权的人员进入机房。在数据安全方面,机房需要采取措施保护存储和传输的数据不被窃取或篡改。这通常包括使用防火墙、人侵检测系统和数据加密技术。此外,定期进行安全审计和漏洞扫描也是确保数据安全的重要手段。

5.网络基础设施

网络基础设施是通信机房的核心组成部分,负责数据的传输、处理和存储。它包括路由器、交换机、服务器和存储设备等关键设备。路由器和交换机负责数据包的转发和网络流量的管理,确保数据能够快速、准确地传输到目的地。服务器则负责处理和存储数据,支持各种应用和服务的运行。存储设备用于保存大量的数据和备份文件,以防止数据丢失。网络基础设施的设计和配置需要考虑网络的可扩展性和冗余性,以确保在高峰负载和设备故障时仍能稳定运行。

通信机房系统是现代通信网络的核心设施,其设计和管理直接影响整个网络的性能和可靠性。通过合理规划和维护,通信机房能够为通信设备提供一个安全、稳定的运行环境,确保网络的高效运行。

4.3 无线通信技术

4.3.1 无线通信技术概述

1.无线通信定义

无线通信是指通过电磁波或光波等形式,在没有物理介质连接的情况下,进行信息传递的通信方式。它的核心原理是利用无线电波(包括电磁波中的微波、射频波等)作为媒介,将信息从一个地方传输到另一个地方。这种技术不依赖有线传输线路,因此在很多场景中,它比传统有线通信更具灵活性和便利性。

无线通信的定义不仅涉及信号传输的技术本身,还包括信号的处理、编码、调制、解调等多个过程。其应用可以覆盖从个人设备间的近距离通信到跨国、跨洲的远距离通信,并且被广泛应用于移动通信、卫星通信、无线局域网(Wi-Fi)、物联网(IoT)、无线传感器网络等多种场景。

无线通信系统包括信号源(发射端),无线通信的第一步是信号的产生,信号可以是语音、数据或视频信息。信号源通过适当的编码和调制技术,将这些信息转换为可以通过无线电波传播的信号形式。无线通信系统包括信号传输媒介(无线信道),在无线通信中,信息通过无线信道进行传输。无线信道可以是自由空间,也可以通过不同的介质如空气、真空等进行传播。无线信号在传输过程中可能会受到环境因素的影响,如衰减、噪声和干扰等,这也是无线通信面临的主要挑战之一。无线通信系统包含接收端，接收端接收到信号后，会对其进行解调、解码等处理，恢复原始信息。接收端的处理过程包括信号的增益放大、干扰滤波以及最终的解码，使得信息可以被用户读取或理解。无线通信的设备包括移动电话、路由器、卫星天线、基站等，这些设备通过特定的通信协议来实现有效的通信。

无线通信按传播方式、应用场景、覆盖范围等可分为不同的类别。常见的无线通信类型包括蜂窝通信、卫星通信、无线局域网、蓝牙与近场通信、物联网（IoT）通信等。蜂窝通信（cellular communication）是目前较为普及的无线通信方式之一，它通过一个个相互覆盖的基站（cell）来提供无线覆盖。这些基站通过固定的频段为用户提供语音、数据等通信服务。蜂窝通信的主要优势在于覆盖范围广、灵活性高，尤其适用于移动性强的用户群体。随着技术的发展，蜂窝通信网络已经从 2G、3G、4G 发展到 5G，极大地提升了通信速度和网络容量。

卫星通信是指通过卫星中继站来进行长距离、跨国或跨洲的无线通信。卫星通信具有覆盖范围广、适用于极端环境的特点，尤其是在地面通信设施不完善的地区（如偏远地区、海上航行等）具有不可替代的优势。卫星通信系统主要包括低地球轨道卫星（LEO）、中地球轨道卫星（MEO）和静止轨道卫星（GEO）等。

无线局域网技术（如 Wi-Fi）允许在局部区域内，通过无线信号将多个设备连接到互联网或内部网络。Wi-Fi 常见于家庭、办公室、商场等场所，它的出现大大简化了网络布线，提供了更高的灵活性和方便性。近年来，随着 5G 技术的兴起，Wi-Fi 6 等新一代无线局域网技术也开始得到应用，可提供更高的传输速率和更强的多设备支持能力。

蓝牙技术主要用于短距离的无线数据交换，广泛应用于个人设备（如耳机、键盘、鼠标、智能手表等）之间的连接。而近场通信（NFC）则主要用于极短距离的无线通信，多应用于支付、门禁、智能卡等场景。

物联网（IoT）通信指的是通过无线通信技术将各种智能设备、传感器、控制器等连接到网络，形成一个智能化的生态系统。为了适应海量设备的需求，物联网通信采用了低功耗广域网（LPWAN）技术，例如 NB-IoT 和 LoRa，这些技术具有低功耗、长距离传输的特点，适合大量分布式的物联网设备。

无线通信的基本原理源于电磁波传播的物理特性。无线电波作为电磁波的一种形式，具有传播速度快、穿透性强的特点。在无线通信中，电磁波通常从发射端的天线发射，经过传播介质（如空气）到达接收端的天线，再经过解调、解码等处理，恢复原始信息。

无线通信的关键技术之一为调制与解调，调制是将信息信号转换为电磁波的过程，而解调则是将接收到的电磁波信号转换回信息信号的过程。常见的调制方式包括频率调制（FM）、幅度调制（AM）和相位调制（PM）等。现代通信技术还采用更为复杂的调制方式，如正交频分复用（OFDM），其能够有效利用频谱资源，提升系统的频谱效率。

无线通信中多路复用技术是指通过特定的技术手段，使得多个信号能够共享同一个传输信道。例如，频分多路复用（FDM）、时分多路复用（TDM）和码分多路复用（CDM）等，都是无线通信系统中常用的多路复用技术。无线通信中的信道编码技术在传输数据时加入冗余信息，以提高抗干扰能力，降低信号误码率。这是无线通信中非常重要的一环，尤其是在信号传输过程中受到噪声和干扰的情况下。

无线通信虽然在很多方面有着独特的优势，但也面临着一些挑战。例如，电磁波的传输容易受到地形、气候、建筑物等因素的影响，信号衰减和多路径传播效应等问题时常出现。

此外，随着无线通信设备的普及，频谱资源变得越来越紧张，如何合理分配和管理频谱成为一个重要的研究课题。尽管如此，随着技术的进步，尤其是5G和未来6G的到来，无线通信技术将不断创新，提供更高速、低延迟、大容量的通信能力，解决现有问题，满足全球不断增长的通信需求。

2. 无线通信发展历史

无线通信的发展经历了多个重要阶段，从最初的简单信号传输到现代的高速数据通信和全球互联，技术的进步推动了通信方式的革命，并深刻影响了社会、经济和文化的方方面面。无线通信的雏形可以追溯到19世纪末。1873年，英国物理学家詹姆斯·克拉克·麦克斯韦（James Clerk Maxwell）提出了电磁波理论，他认为电磁波可以通过空间传播，这为无线通信奠定了理论基础。随后，赫兹（Hertz）在1887年成功地证明了电磁波的存在，并通过实验验证了电磁波可以被反射、折射和传播。在这些理论基础的推动下，意大利发明家马可尼（Marconi）被广泛认为是第一个成功实现无线电通信的人。1901年，马可尼成功地实现了跨越大西洋无线电信号的传输，这是无线通信历史上的一次巨大突破。无线电通信的初步应用，主要局限于点对点的远距离传输，早期的无线电主要用于军事、航海和报务等领域。

进入20世纪20年代，随着无线电技术的成熟，无线通信开始进入商业化阶段。20世纪20年代，世界各地的广播电台相继开播，广播成为无线通信的重要应用之一。无线电技术的普及极大地提高了信息的传播速度，尤其在新闻传播、娱乐和广告行业中起到了重要作用。

无线通信技术在这一时期经历了2个重要的发展阶段。一是调制技术的进步，为了提高无线电通信的质量和效率，调制技术得到了显著改进。特别是频率调制（FM）技术的发明，使无线电广播传输的声音更清晰，消除了传统调幅（AM）信号中频繁的噪声干扰。二是民用无线电话的出现，尽管最初无线电话主要用于军事和航海领域，但20世纪初，第一代无线电话系统逐渐应用于民用领域。在美国，第一部无线电话系统在1921年投入使用，标志着无线通信从单一的广播传输向双向通信的转变。

无线通信的重大进步出现在20世纪下半叶，尤其是移动通信的发展。从20世纪80年代起，随着数字信号处理技术的出现，移动通信逐渐进入了更为高效、可靠的阶段。移动通信的历史可以分为几个重要的代际进展，每一代技术都推动了无线通信应用的变革。

第一代移动通信（1G）网络采用模拟技术，主要支持语音通信。20世纪70年代末到20世纪80年代初，美国和欧洲等地开始部署第一代无线移动通信系统。1G的特点是语音质量较差，覆盖范围有限，且容量较小，无法进行数据传输。第二代移动通信（2G）网络基于数字通信技术，提供了更高质量的语音通信服务，并引入了数据传输服务，在全球范围内广泛应用。2G网络的引入使得短信（SMS）和移动数据（如GPRS、EDGE）成为可能。第三代移动通信（3G）网络的推出，带来了高速数据传输的能力，开启了移动互联网时代。第三代通信技术支持视频通话、高速互联网访问和更丰富的多媒体服务。3G的普及为智能手机和移动应用的快速发展提供了重要的技术基础。第四代移动通信（4G）技术的推广，尤其是LTE（长期演进技术）的引入，大幅提高了网络速度并使延迟更低。4G使得高清视频、即时通信、移动支付和物联网等应用得以普及，并为大数据、云计算等新兴技术的发展提供了强大的通信支持。

进入21世纪，5G技术的开发成为无线通信领域的重要方向。5G代表了移动通信技术的新一轮革命，具有更高的带宽、更低的延迟和更强的连接能力。5G不仅仅提升了移动数据传输速率,更在物联网、智慧城市、自动驾驶、远程医疗等领域创造了新的应用场景。5G 网络的下载速度可以达到数吉比特每秒,比 4G 快数百倍,满足了大数据、高清晰度视频、虚拟现实等应用的需求。5G 具有极低的延迟(通常在 1 ms 以内),使得实时应用如自动驾驶、工业自动化和远程手术成为可能。5G 支持每平方公里上百万个设备的连接,满足物联网、大规模传感器网络等需求,推动了智能家居、智慧农业等领域的发展。

随着技术的不断成熟,6G 的研发已经开始。预计 6G 将进一步提升通信速度、降低延迟,并通过更多创新赋能人工智能、虚拟现实、增强现实等技术,推动全新的数字化转型。

3. 无线通信应用领域

无线通信技术已经深刻影响了现代社会的各个方面,从日常生活到工业应用,从城市基础设施到全球网络连接,几乎所有领域都受益于无线通信的广泛应用。随着技术的发展,尤其是 5G 和未来 6G 通信技术的到来,无线通信的应用领域正在不断扩展,涵盖更广泛的行业和生活场景。

移动通信是无线通信较为广泛的应用领域之一。自从第一代移动通信(1G)在 20 世纪 80 年代问世以来,随着技术的不断演进,移动通信已经从 2G、3G、4G 到现在的 5G,极大地提高了通信速度、带宽容量和网络覆盖范围。无线通信使得人们可以随时随地进行语音通话、数据传输和视频会议等活动,极大地提升了个人生活和工作的便捷性。

卫星通信是通过人造卫星在地球大气层外的轨道上进行信号传输的一种通信方式。由于其覆盖范围广泛,卫星通信能够提供全球范围的通信服务,尤其适用于无法通过地面设施实现通信的偏远地区,如海上、沙漠、极地等。卫星通信广泛应用于全球广播、军事通信、气象预报、航天探测等领域。卫星通信技术支持全球定位系统的运作,使得导航、定位、时间同步等服务成为日常生活的一部分。GPS 已经成为无人驾驶、航空航天、物流配送等行业的核心技术之一。在偏远地区,卫星通信能够实现医生与患者之间的远程诊疗、医生与医生之间的手术指导等,使医疗服务跨越地理限制,为缺乏医疗资源的地方提供救援。

无线局域网(WLAN)和个人局域网(WPAN)是通过无线方式连接设备以实现信息交换的通信系统。WLAN 广泛应用于家庭、办公室、商业场所和公共场所,通过 Wi-Fi 技术连接各种终端设备,如手机、电脑、智能家居设备等。WPAN 技术如蓝牙(bluetooth)主要用于短距离的数据交换,广泛应用于智能手机、耳机、键盘、鼠标等个人设备之间的通信。

Wi-Fi 是最常见的无线局域网技术,通过无线信号将设备连接到互联网或本地网络。Wi-Fi 的普及使得企业、咖啡馆、机场等公共场所都能提供便捷的无线上网服务。蓝牙主要用于个人设备间的近距离通信,如无线耳机、智能手表、车载设备等。随着技术的发展,蓝牙低功耗(BLE)进一步扩展了其在物联网领域的应用,成为智能家居和可穿戴设备的重要通信技术。

物联网(internet of things, IoT)是指通过无线通信技术将各种设备(如传感器、家电、车辆等)连接到互联网,以实现设备间的数据交换和自动化控制。无线通信在物联网中的应用尤为关键,因为物联网设备往往需要通过无线网络进行实时通信,以确保数据传输的即时性和高效性。

无线通信在智能建造中也发挥着重要作用,交通管理、环境监测、智能停车等系统都依赖无线传感器和设备来进行数据采集和分析。通过无线通信,城市的管理和服务可以实现智能化、自动化和高效化。

自动驾驶汽车和车联网(V2X)是未来交通领域的重要发展方向。无线通信在其中起到了至关重要的作用,尤其是在汽车与汽车之间(V2V)、汽车与基础设施之间(V2I)、汽车与行人之间(V2P)进行实时数据交换和信息共享时。5G通信技术由于其低延迟、高带宽和大连接数的特点,被认为是支撑自动驾驶和车联网的理想通信技术。

无线通信在航空航天和军事领域的应用非常广泛。卫星通信支持全球范围内的航天器和地面控制站之间的通信,可确保航天任务的顺利进行。与此同时,无线通信在军事通信中也扮演着重要角色,它帮助指挥官和战士在复杂环境中进行高效、安全的信息交换。

无线通信在环境监测领域的应用也在逐步扩展。将无线传感器布设在河流、湖泊、森林等自然环境中,通过无线传感器网络(WSN)和物联网技术,实时采集空气质量、水质、气象等数据,为环保政策的制定和实施提供科学依据。

无线通信技术在现代社会的各个领域发挥着重要作用,它不仅改变了人们的沟通方式,还推动了各行各业的发展。随着通信技术的不断进步,无线通信的应用领域将更加广泛,从日常生活到专业领域,无线通信的创新和发展将继续塑造未来社会的面貌。

4.3.2 无线通信的基本原理 >>>

1.无线通信分类

无线通信是一种重要的通信方式,主要是利用电磁波的辐射和传播作用,经过空间将信息传送出去。无线通信的工作原理主要是电荷发生作用会形成电场,电流发生作用会形成磁场,电荷和电流相互作用会发生此消彼长的振动,使得周边环境的电场和磁场呈现相互垂直的状态,并以光速向四周辐射电磁波。

电磁波在均匀介质中传播时,呈现直线形式,而且当其与障碍物或不同介质相遇时,电磁波会发生折射、绕射、极化偏转、反射、吸收等现象。要想利用无线电波向更远的距离传送信息,就要将电波的载体作用充分发挥出来,具体就是对电波的相位、幅度、频率进行变更,在载频上附加相关信息,这些过程分别叫作调相、调幅、调频,也可以用调制统一指代。在调制作用下,电波可以通过传输介质向接收地点进行传输,再提取出想要的信息进行还原,这个过程就是解调。最基本的无线通信系统由发射器、接收器和信道(通常作为无线连接)组成。

无线通信系统按工作方式,一般分为单工通信与双工通信两种。单工通信指通信只有一个方向,即从发射器到接收器。双工通信包括全双工和半双工两种,全双工通信允许同时接收与发射信息,半双工通信则无法同时进行。

以频段作为划分依据,无线通信主要包括短波通信、微波通信、长波通信、中波通信、超短波通信五种类型。短波通信常被大家称作高频通信,以天波传播为主,在电离层会产生一次或多次反射作用。微波通信可以进行长距离接力通信和大容量干线通信,还可传送彩色电视信号。微波按波长不同可分为分米波、厘米波、毫米波及亚毫米波,分别对应特高频(0.3~3 GHz)、超高频(3~30 GHz)、极高频(30~300 GHz)以及高频(300 GHz~3 THz)。长波通信或长波以上通信在水下通信、地下通信和导航、海上通信中经常使用,主要沿着地球表面的地波或地面和高空电离层之间产生的波导进行传播。中波通信在导航和广播中使用较多,由于传播时间不同,使用的传播方式也不同,白天的传播以地波为主,晚上的传播以电离层反射产生的天波为主，所以夜间能够向更远的距离传播。超短波通信就是人们所说的视距通信，在移动通信和电视广播中使用较多，传播方式是直线传播，只能在 50 km 的范围内传播。如果要使用超短波通信传输到更远的距离，则必须使用接力通信的方式，即利用中继站进行分段传输。

2. 电磁波与传播特性

电磁波的基本特性和传播方式是设计和优化无线通信系统的基础。电磁波是由电场和磁场的交替变化组成的波动，它们在真空中以光速传播，并且可以通过不同介质传播。电磁波在现代通信中起着核心作用，尤其是在无线通信系统中，其传播特性直接影响信号的传输质量、覆盖范围以及通信的稳定性。

电磁波具有多个重要的基本特性，其中较为显著的是频率、波长、传播速度和能量传播方式。电磁波的频率是指单位时间内电场或磁场变化的次数，通常用赫兹（Hz）表示。频率与波长之间通过光速相关联，波长越短，频率越高。频率和波长决定了电磁波的性质和传播能力。电磁波在真空中的传播速度为光速，在不同的介质中，电磁波的传播速度会受到介质电磁属性的影响而有所变化。电磁波在空气中的传播速度接近光速，但在一些固体或液体介质中，速度会更慢。电磁波不仅能传递信息，还能携带能量。无线通信系统通过调制技术使电磁波承载信息，并通过天线进行辐射。不同频率的电磁波具有不同的穿透能力、反射能力和散射特性，这些特性影响了它们在不同环境中的传播表现。

电磁波的传播方式主要受到发射源、传播介质、频率和距离等因素的影响。在无线通信中，通常讨论的传播方式包括直射传播、反射传播、折射传播、散射传播和绕射传播。当电磁波在自由空间中传播时沿着直线传播，通常称为自由空间传播。直射传播是最直接的传播方式，但当信号需要绕过障碍物或传播到远距离时，直射传播的效果可能受到限制。在这一过程中，信号的衰减与距离的平方成正比，这被称为自由空间路径损耗。当电磁波遇到较大物体时，会发生反射。反射是电磁波与物体表面（如建筑物、地面等）相互作用的一种表现。对于某些无线通信系统（如地面广播、卫星通信），反射传播起到了重要作用。然而，反射可能导致多条传播路径，从而产生多径效应，影响信号的稳定性，尤其是在高密度城市环境中。折射是电磁波在通过不同介质边界时，传播方向发生变化的现象。例如，电磁波从空气传播到水或玻璃中时，速度会发生变化，导致波的传播路径发生偏折。在无线通信中，折射效应影响电磁波在大气中的传播，尤其是在较大距离传输时，影响可能更加显著。当电磁波遇到较小的物体时，会发生散射。散射现象在较短距离内尤为显著，尤其是在微波和毫米波频段中。散射传播有时会导致信号能量的丢失，影响通信质量。散射也可能是造成无线信号衰减和多径传播的原因之一。当电磁波遇到障碍物时，可能绕过障碍物传播。这种传播方式通常发生在电磁波较长的波长范围内。绕射现象在低频信号中较为常见，可以使得信号绕过建筑物或其他物体传播，扩大覆盖范围。

在无线通信系统中，信号衰减是电磁波传播中的一个重要特性。在理想的自由空间中，信号强度随着传播距离的增加而衰减。信号的衰减与传播距离的平方成反比。路径损耗可以通过路径损耗公式来计算如下：

$$L = 20\lg d + 20\lg f + C \tag{4-1}$$

式中：L 为路径损耗；d 为距离；f 为信号频率；C 为常数。

大气中存在的水蒸气、氧气、二氧化碳等分子，会对特定频段的电磁波产生吸收作用。

这种吸收对微波、毫米波频段尤其显著，导致信号强度下降。高频电磁波的传播距离相对较短，因此它们的传播会受到大气吸收的限制。此外，地形对电磁波传播有着显著影响。高频信号容易被障碍物屏蔽，导致信号衰减较大。低频信号则具有较强的穿透能力，因此可以较好地绕过障碍物进行传播。地形的起伏、建筑物的密集程度都会影响信号传播的质量。

在实际的无线通信环境中，信号不仅会沿直线传播，还会经历反射、折射、散射等过程，导致同一信号沿不同路径到达接收端，这种现象称为多径传播。多径效应可能导致信号的强度和相位发生波动，从而影响通信质量。

无线信号在传播过程中会由多径效应、干扰和反射等因素导致信号强度的周期性变化，从而导致衰落。衰落现象通常在高速运动或城市等复杂环境中更加明显。衰落效应可能导致信号的暂时丢失或质量下降，影响通信的稳定性。根据多径传播的特点，衰落信号可以分为瑞利衰落和莱斯衰落。瑞利衰落通常出现在无显著直射路径的环境中，信号的强度呈现较大波动。莱斯衰落则发生在存在强直射路径的情况下，信号的衰落较为平缓。

3. 调制与解调

调制与解调是无线通信系统中传输信号的核心过程。在无线通信中，信息通常以基带信号的形式存在。然而，基带信号的频谱通常较低，且频带较窄，不适合直接通过电磁波传播。调制与解调不仅提高了通信系统的性能，还有效地利用了有限的频谱资源。

(1) 调制

调制是指将信息信号通过特定的调制技术，调节高频载波的某些特性(如幅度、频率、相位等)，使其成为适合传播的信号。通过调制，信息能够通过无线电波传输，并在接收端通过解调还原成原始信息。调制技术的基本目标是将基带信号的频率范围扩展到可以有效传播的高频范围。通过调制，可以将信息嵌入高频载波中，使信号更容易穿透障碍物，并增强抗噪声能力，使得抗干扰能力增强。调制技术使得多个信号可以在同一频带内传输，从而提高频谱利用率。

根据调制信号的变化方式，调制主要包括振幅调制(AM)、频率调制(FM)与相位调制(PM)。振幅调制，在调制过程中改变载波信号的振幅，保持频率和相位不变，适用于语音、广播等低带宽应用，但对噪声敏感。而频率调制通过改变载波信号的频率来传输信息，振幅保持不变，优点是抗噪声能力强，常用于高保真音频广播。在相位调制中，信号通过改变载波的相位来传输信息。相位调制常用于数字通信中。

此外，随着通信技术的发展，出现了更为复杂的数字调制技术，如正交振幅调制(QAM)，结合振幅调制和相位调制，通过同时调整载波的振幅和相位，在同一频带内传输更多的信息，广泛应用于数据传输、电视信号等。频移键控(FSK)通过改变载波信号的频率来表示不同的符号，常用于数字信号的传输。而相移键控(PSK)则通过改变载波的相位来表示不同的信息位。常见的有二进制相移键控(BPSK)和四相移相键控(QPSK)。在选择调制方式时，需要综合考虑多个因素，包括传输带宽、抗干扰能力、系统的复杂度以及通信信道的特性等。不同的应用场景和通信环境对调制方式的选择有很大的影响。

(2) 解调

解调是调制过程的逆过程，即把接收到的调制信号转换成基带信号。解调器需要根据已知的调制方案，对接收到的信号进行相应的解调操作。解调的准确性直接影响通信的质量，因此，解调过程的设计和实现非常重要。

解调技术通常基于以下原理：解调过程要求接收端与发射端的信号保持同步。为了避免信号失真，解调器需要与信号载波的相位和频率保持同步。在解调过程中，通常需要通过带通滤波器滤除不需要的噪声和其他频率分量，以便提取出有效的信号成分。在数字调制中，接收端需要对接收到的信号进行采样，并通过判决算法判断每个符号的值。判决过程是解调的关键，判决错误会导致比特错误率的增加。对于不同的调制方式，解调方法也有所不同，主要包括振幅调制解调、频率调制解调与相位调制解调。振幅调制的解调通常采用包络检波方法。接收到的信号通过整流、滤波等处理后，得到与原始信号振幅变化相对应的输出。频率调制解调使用频率解调器（如锁相环 PLL）来提取载波的频率变化，从而得到传输的信息。相位调制解调通常采用相位检测方法，将接收到的信号的相位变化转换为对应的数字数据。

调制与解调技术在各种通信系统中都有广泛的应用，从传统的模拟广播到现代的数字通信系统，再到卫星通信、无线局域网（WLAN）和移动通信网络等。尽管调制与解调技术已经取得了长足的进步，但随着通信需求的增加，新的挑战也随之而来。未来的通信系统将面临更高的数据传输速率、更复杂的信道环境以及更严格的低延迟要求的挑战。

4. 多址技术

多址技术是无线通信系统中的关键技术之一，旨在通过共享有限的无线资源来支持多个用户的通信。随着通信技术的快速发展和无线网络的普及，尤其是移动通信系统的不断演进，如何高效地实现资源共享，并确保多个用户能够同时进行稳定、可靠的通信，已成为设计现代无线通信系统的核心挑战。为了满足这一需求，研究人员提出了多种多址技术。

多址技术是指在同一频谱资源上，通过不同的方式（如时间、频率、码分等）将多个用户的信号区分开来，以便他们在同一网络环境下并行、无干扰地进行通信。可以认为，多址技术的目标是通过合理分配资源，实现通信系统的容量最大化，同时避免不同用户之间的相互干扰。

根据不同的资源共享方式和实现原理，多址技术主要分为时分多址（time-division multiple access，TDMA）、频分多址（frequency-division multiple access，FDMA）、码分多址（code division multiple access，CDMA）、正交频分多址（orthogonal frequency division multiple Access，OFDMA）、空分多址（space-division multiple access，SDMA）等。这些多址技术有不同的特点和适用场景，以下将详细介绍每种多址技术及其应用。

时分多址（TDMA）是一种通过时间划分来为每个用户分配一个独立的时间时隙的多址技术。在 TDMA 系统中，所有用户共享相同的频带资源，每个用户在规定的时间时隙内进行数据传输。TDMA 的核心思想是通过精确的时序控制，确保不同用户在时间上不会发生冲突，从而实现并行通信。TDMA 的优点是资源分配简单，系统实现容易，且能够避免同一时间多个用户竞争同一频谱资源的问题。TDMA 常用于蜂窝网络中的上行和下行数据传输。例如，第二代（2G）蜂窝网络 GSM 和 IS-54 就是基于 TDMA 技术设计的。然而，TDMA 的缺点也很明显。由于用户之间的时间分配是固定的，若某一用户的传输量较少或者长时间不进行数据传输，那么其分配到的时隙就被浪费了。此外，TDMA 对时钟同步的要求非常高，任何细微的时间偏差都会导致系统性能下降。

频分多址（FDMA）是一种通过为每个用户分配一个独立的频率信道来进行资源分配的多址技术。在 FDMA 系统中，所有用户可以同时传输数据，但每个用户的信号都在不同的频段内进行传输。因此，用户之间不会发生信号冲突，因为每个用户的信号频率是独立的。

FDMA 的优点是结构简单、易于实现，且对时钟同步的要求较低。在早期的模拟系统(如无线电和广播)中，FDMA 被广泛应用。典型的应用如第一代(1G)蜂窝网络(如 AMPS)。然而，FDMA 也存在一些缺点。首先，FDMA 的频谱利用率较低，因为频带分配是固定的，无法动态调整。其次，当用户数量增加时，频率资源有限，可能导致频谱拥堵。最后，频带的分配和管理较为复杂，且频率容易受到干扰。

　　码分多址(CDMA)是一种通过为每个用户分配不同的唯一码字来区分用户信号的多址技术。在 CDMA 系统中，所有用户共享相同的频带资源和时间资源，但每个用户的信号使用不同的伪随机码进行编码。由于这些码字之间是正交的，不同用户的信号可以在同一时间、同一频带上传输，且不会相互干扰。CDMA 的优点是频谱利用率高，系统容量大，可以支持更多的用户。它特别适用于高用户密度的环境。在实际应用中，第三代(3G)移动通信标准如 CDMA2000 和 WCDMA 就采用了 CDMA 技术。CDMA 的缺点是系统设计和实现较为复杂，需要复杂的信号处理和干扰管理。尽管 CDMA 在理论上能够提供更高的容量，但随着用户数量的增加，系统中的干扰问题也会变得更加显著，尤其是在信道质量较差的情况下，导致用户之间的干扰加剧。

　　正交频分多址(OFDMA)是一种基于正交频分复用(OFDM)技术的多址技术，它通过将频谱划分为多个子载波，并为不同用户分配不同的子载波来进行资源分配。OFDMA 的核心优势在于它可以实现高的频谱利用率，并且能够有效抵抗多径衰落和信道干扰。OFDMA 的一个关键特性是能够动态分配子载波，适应不同用户的需求。OFDMA 的优点是频谱利用率高、抗多径干扰、支持高数据速率、灵活的资源分配。其缺点主要体现在对频率同步和时钟同步的要求较高，且需要较强的信号处理能力。

　　空分多址(SDMA)是一种通过空间分离不同用户信号来实现资源共享的多址技术。SDMA 通过在空间上进行用户的区分，允许多个用户在同一频带和时间内同时传输数据，前提是他们位于不同的空间位置。SDMA 的核心是使用多天线技术(如 MIMO)来实现信号的空间复用。

　　SDMA 的优点是可以显著提高系统容量，在同一频谱资源下，多个用户可以共享相同的时间和频率资源。通过空间上的区分，SDMA 能够提高频谱利用率，并有效地减少干扰。SDMA 的缺点是需要复杂的天线阵列和信号处理技术。实现高精度的空间分离需要对环境进行精确建模和估计，同时要求较强的信道估计和干扰管理能力。

　　随着通信需求的不断增加，传统的多址技术在面对高速、大容量和高并发需求时遇到了许多瓶颈。因此，未来的多址技术将趋向更加智能化、灵活化和高效化。

4.3.3　无线通信信号分析

1. 信道模型与衰减特性

信道模型是描述信号从发射端到接收端所经历的各种影响因素的数学模型。在无线通信中，信道模型不仅需要考虑信号的传输损耗、干扰、噪声等因素，还要考虑不同传播环境下的多径效应、频率选择性衰落等。信道衰减特性则描述无线信号在传播过程中，受到介质、环境以及其他因素影响而导致信号强度衰减的规律。以下是对该部分内容的详细扩展。

　　自由空间路径损耗是理想环境下无线信号传播的基本模型。该模型假设信号在传播过程中不受任何障碍物、反射、折射等因素的影响，信号的传播仅受距离的影响。自由空间路径损耗是由信号的发射功率、传播距离以及信号的频率决定的。信号的路径损耗与距离和频率的增大呈对数关系，随着传播距离的增大，损耗迅速增加。在较长距离或者高频信号的情况下，路径损耗会显著增加，因此需要采取适当的补偿措施，如增加发射功率或者使用定向天线。在实际的无线通信环境中，信号在传播过程中会受到多条路径的影响。这些路径通常包括直接路径和由建筑物、地形等障碍物引起的反射、折射和散射路径。由于各路径的信号到达接收端时存在不同的传播距离和相位，接收信号会出现相位干涉，造成信号衰落现象，这被称为多径效应。

　　瑞利衰落是最常见的多径衰落模型，适用于接收端没有明确的直射路径的情况，即信号完全通过散射或反射路径到达接收端。在瑞利衰落的条件下，接收到的信号振幅呈现出统计学上的瑞利分布，意味着信号的强度随着时间变化而随机波动。瑞利衰落的特点是，由于多条不同路径的信号相互干扰，信号的强度波动较大，表现为频繁的深衰落。

　　莱斯衰落适用于存在一条强直射路径和多条较弱的散射路径的环境。与瑞利衰落不同，莱斯衰落中接收到的信号不仅受到多径效应的影响，还包含来自直接路径的强信号分量。莱斯衰落的信号振幅分布遵循莱斯分布，其表现为一个常数信号分量与多个衰落路径信号的叠加。在这种情况下，信号的衰落波动比瑞利衰落更为平缓，接收到的信号在大多数时间内相对稳定，但仍会出现较为剧烈的衰落现象。莱斯衰落的严重程度由 k 因子（$k\text{-factor}$）来衡量，k 因子表示直射路径的信号强度与多径衰落信号的强度之比。当 k 因子较大时，信号的衰落程度较轻，通信质量较好；当 k 因子较小时，信号衰落更加显著，通信质量较差。

　　在无线信道中，由于信号从发射端到接收端经过多条路径传播，而每条路径的传播距离不同，因此信号到达接收端的时间存在延迟。这种多路径引起的信号传播时延称为多径延迟扩展。多径延迟扩展会使得接收到的信号出现多个不同时间到达的信号分量，这些分量在时间上发生重叠，从而影响信号的质量。频率选择性衰落是由多径延迟扩展引起的，它使得不同频率的信号在经过同一信道时有不同程度的衰落。简单来说，在频率选择性衰落的信道中，信号的不同频率分量会经历不同的衰落，导致接收信号在频谱上呈现波动。频率选择性衰落会造成符号间干扰（ISI），并降低系统的传输速率和通信质量。

　　多普勒效应是指由于发射端或接收端的相对运动，信号的频率发生变化的现象。在无线通信中，若信号的发射端或接收端相对移动，接收到的信号频率会发生偏移，产生多普勒频移。多普勒效应不仅改变信号频率，还会影响信号的相位，导致信号的时域和频域特性发生变化。多普勒频移的大小与发射端和接收端的相对速度成正比。当相对速度较大时，多普勒效应更为显著，可能导致严重的信号失真，特别是在高速移动的环境（如高速列车、飞机等）中，多普勒效应的影响更加突出。因此，在设计无线通信系统时，需要考虑如何减小多普勒效应的影响，例如采用频率同步技术和均衡技术来补偿频率偏移和相位失真。

　　除了理想的自由空间模型和衰落模型外，实际无线信道往往受到建筑物、地形、气象等因素的影响，因此需要采用更为复杂的信道模型来进行描述。例如：城市信道模型，城市环境中的建筑物、街道和其他障碍物会影响信号的传播，常用的信道模型有 Hata 模型和 Okumura-Hata 模型，这些模型考虑了不同频率、传播距离、地形起伏等因素，适用于不同的城市环境。郊区和乡村信道模型，在较为空旷的地区，信号的传播不仅受到障碍物的影响，还可能受到大气层折射和地面反射的影响。

2. 噪声与干扰

在无线通信系统中，噪声与干扰是影响信号质量和系统性能的 2 个关键因素。噪声是由系统外部环境或内部设备引入的随机信号，通常以不可预测的方式影响接收到的信号。干扰则指的是来自其他信号源的影响，它与目标信号的频谱重叠或相互作用，造成信号质量下降。为了确保无线通信的可靠性和稳定性，必须深入理解噪声与干扰的来源及其对系统性能的影响，进而采取有效的抑制措施。

在无线通信中，噪声可以来源于不同的物理过程和设备。根据噪声的性质，常见的噪声类型有高斯白噪声、热噪声与相位噪声。高斯白噪声是最常见的噪声类型，特别是在通信系统的信号传输中。其特征是噪声的功率谱密度在整个频率范围内是均匀的，即无论在哪个频率段，噪声的强度相同，因此被称为"白噪声"。此外，高斯白噪声具有高斯分布的统计特性，这意味着它的振幅分布符合高斯分布（正态分布）。

在数学上，高斯白噪声的功率谱密度 $S(f)$ 为常数，其概率密度函数为：

$$P(x) = \frac{1}{\sqrt{2\pi\sigma^2}}e^{-\frac{x^2}{2\sigma^2}} \tag{4-2}$$

式中：σ^2 为噪声的方差，决定了噪声的强度。高斯白噪声是理想化的模型，实际中往往还会受到其他噪声源的影响。

热噪声是由导体中电子的热运动引起的，它的大小与电路的温度成正比。热噪声的功率与温度、带宽以及电阻等因素密切相关。根据约翰逊–奈奎斯特定理，热噪声的功率谱密度 N_0 与温度 T 和带宽 B 有关：

$$N_0 = kTB \tag{4-3}$$

式中：k 为玻尔兹曼常数；T 为绝对温度（单位为 K）；B 为带宽（单位为 Hz）。热噪声在无线接收器的接收前端尤其重要，因为接收器中的放大器通常会放大这种噪声。

相位噪声主要是由振荡器或信号源的不稳定性引起的。由于无线通信中频率的稳定性直接关系到系统的性能，频率源的不稳定性会导致信号在频率上产生偏移，表现为相位噪声。相位噪声对高精度信号处理系统（如卫星通信、雷达系统等）影响较大，会导致信号的相位变化，从而使得解调过程中的误差增大。

干扰是信号传输过程中，除目标信号之外的其他信号对接收信号的影响。干扰可以分为外部干扰和内部干扰。外部干扰指的是来自其他无线设备或系统的干扰，而内部干扰通常是由系统内部的非理想因素造成的。

同频干扰是指来自相同频率资源的信号干扰。在蜂窝通信系统中，多个基站或用户可能使用相同的频率资源，在这种情况下，当不同信号处于同一频率带宽内时，接收端会受到多个信号的干扰。这种干扰在高密度网络或频谱紧张的环境中尤为明显，严重时可能导致信号完全丢失。同频干扰主要由频率复用引起。在现代移动通信系统（如 LTE、5G）中，通常采用频率复用技术，通过合理的频率分配、功率控制和干扰管理来缓解同频干扰。

邻道干扰是指信号频率邻近的 2 个频道之间产生的干扰。在无线通信系统中，由于频率的有限性，2 个频道之间通常会有一定的频谱重叠，尤其是在频谱资源分配不合理的情况下，邻道信号的频谱泄露会影响到目标信号的质量。这种干扰在无线局域网（WLAN）和蜂窝通信系统中比较常见，通常通过频率规划和带宽保护带的设置来减少邻道干扰。

跨信道干扰指在 2 个或多个信号频率相互作用时，会产生新的频率成分，从而干扰其他频道的信号。当多个信号同时传输时，由于无线信道的非线性特性，可能在接收端产生新的频率分量（即互调分量），这些分量可能落入目标信号的频谱范围，影响接收信号的质量。跨信道干扰通常在功率较高或信号频率相差较小的情况下发生，在设计通信系统时，应该采取措施避免信号的非线性失真，如使用线性放大器和适当的频率隔离。

伪噪声或伪信号是由干扰源故意产生的信号，目的是使接收系统产生误差或干扰正常通信。这种干扰常见于军事通信、卫星通信等领域，通常通过干扰（jamming）信号的形式表现。干扰信号可以是噪声型干扰，也可以是带有特定调制方式的干扰信号。对于这种类型的干扰，抗干扰技术（如跳频、扩频、波束成形等）是有效的应对手段。

噪声与干扰对无线通信系统的性能有着深刻的影响，噪声与干扰会使接收到的有效信号受到干扰，从而降低系统的信噪比（SNR）。信噪比的降低将导致系统的误码率（BER）增大，影响通信质量和数据传输的可靠性。随着噪声和干扰的增加，为了维持相同的信号质量，必须提高发射功率。这会导致通信距离缩短，增加系统的能耗。干扰和噪声增加了无线信道的占用频谱量，导致频谱的有效利用率降低，频谱资源的稀缺程度进一步加剧。

为应对噪声与干扰的影响，可对信号进行冗余编码，在接收端通过解码技术恢复受噪声干扰的信号。常见的编码方式有卷积编码、Turbo 编码和 LDPC 编码。也可通过跳频或扩频技术，分散信号在频谱上的分布，使得干扰信号对有效信号的影响减小。此外，可利用接收端的均衡器对信号进行时域和频域的处理，从而减小多径衰落和干扰的影响。

3. 信号处理技术

信号处理技术在无线通信系统中发挥着至关重要的作用，尤其是在多径效应、衰落、噪声、干扰等影响下，确保信号的准确传输与恢复。无线通信中的信号处理不仅包括基本的调制与解调技术，还涉及先进的均衡、信道估计、差错控制、信号复原等处理技术。以下是几种主要的信号处理技术的详细介绍。

无线通信中的多径传播会导致信号到达接收端时产生时延扩展，从而引起符号间干扰。为了解决这一问题，均衡技术被广泛应用于信号接收过程中。均衡技术通过对接收到的信号进行处理，抑制多径效应带来的干扰，恢复信号的原始形态。

自适应均衡是一种动态调整均衡器参数的技术，通过实时估算信道特性来补偿多径效应。常见的自适应均衡算法有 LMS（最小二乘法）和 RLS（递归最小二乘法）。这些算法通过反馈机制不断调整均衡器的权重，使得均衡器能够在动态变化的信道条件下有效地消除符号间干扰。LMS 基于最小化均方误差（MSE）的原理，通过更新权重向量来使得输出信号最接近目标信号。该算法计算简单，收敛速度适中，适用于低延迟要求的应用。RLS 是一种递归自适应算法，具有较快的收敛速度和更高的性能，但计算复杂度较高，通常用于高性能应用，如高速通信系统。在 MIMO 系统中，多个发射天线和接收天线共同作用，传输多条独立的信号流。MIMO 技术可以大大提高无线通信系统的容量，但它也增加了信号恢复的复杂性，因为接收端需要对多个信号流进行解码和均衡。MIMO 均衡技术通过协同处理多个信号流，解决多径传播引起的干扰，通常采用空时编码和空时均衡技术来优化信号接收。

在无线通信中，信道是动态变化的，尤其是在高速移动的情况下，信道状态时刻变化，因此准确的信道估计对于提高系统性能至关重要。信道估计技术主要包括基于训练序列的估计和基于盲信号处理的估计。基于训练序列的信道估计方法通过在发射信号中加入已知的训练序列，使得接收端可以根据接收到的信号和已知的训练序列之间的关系来估算信道的传输特性。常见的基于训练序列的信道估计方法包括最小二乘估计（LSE），通过最小化训练序列和接收信号之间的误差，估计信道的脉冲响应。LSE 简单，但当信噪比较低时，估计精度较差；最小均方误差估计（MMSE 估计），MMSE 估计通过考虑信噪比等因素，最小化信道估计的均方误差，能够在噪声环境下提供更精确的估计。基于盲信号处理的信道估计不依赖于训练序列，而是利用接收信号的统计特性来估算信道。常见的盲信号处理方法包括独立成分分析（ICA）和主成分分析（PCA）。这些方法通过对接收信号的高阶统计量进行分析，直接从信号中提取信道信息。盲信号处理适用于信道状态信息难以获取或者训练序列不可用的情况。

调制与解调技术是无线通信中的核心技术之一。调制技术将信息信号映射到高频载波上，以便传输，而解调技术则恢复接收到的信号。现代无线通信系统中使用了多种调制方式，以适应不同的信道条件和数据速率要求。OFDM 是一种非常有效的调制方式，特别适合频率选择性衰落的无线信道。OFDM 通过将宽带信号分成多个较窄的子载波进行并行传输，从而有效地消除多径衰落带来的影响。OFDM 能够显著提高频谱效率，并且对于高数据率传输具有较好的性能。OFDM 的优势在于其能够在符号间引入足够的保护间隔（如循环前缀），从而减少多径效应带来的干扰。在实际应用中，OFDM 已经被广泛应用于 Wi-Fi、LTE、5G 等系统。

对于一些低数据率或者低复杂度要求的应用，频率调制（FM）和相位调制（PM）仍然是常用的调制方式，它们通过改变载波信号的频率或相位来传输信息。频率调制具有抗干扰能力强、音质较好的特点，适合用于语音传输。而相位调制则常用于数字通信中，如 QPSK（四相移相键控）和 PSK（相移键控）调制。

CDMA 是一种多址接入技术，通过使用不同的伪随机码将多个用户的信号区分开。每个用户的信号在时间和频率上是重叠的，但由于每个用户的信号都通过独特的扩频码进行调制，因此接收端能够通过正确的码序列来解调目标用户的信号。CDMA 技术在蜂窝通信中得到广泛应用，例如在 3G 通信中，CDMA 技术提供了较高的容量利用率和抗干扰能力。在无线通信中由于噪声、干扰等，接收的信号可能会出现误码。为了解决这一问题，错误控制技术通过增加冗余信息和采用有效的纠错算法来提高系统的可靠性。

纠错编码技术通过在传输的数据中增加冗余位，帮助接收端检测和纠正传输过程中的错误。常见的纠错编码技术有卷积编码、Turbo 编码、LDPC 编码。卷积编码通过将输入信息流与编码器的内部状态进行卷积，生成冗余的编码流。卷积编码在低信噪比的环境下表现优异，常与 Viterbi 算法一起使用进行解码。Turbo 编码是一种高效的纠错编码方式，结合了 2 个或多个卷积编码器及其解码器，通过迭代解码过程提高系统的纠错能力。Turbo 编码已经广泛应用于 3G、4G 等通信系统。LDPC 编码是一种现代的纠错编码方案，具有接近香农极限的纠错性能。它通过构造稀疏的奇偶校验矩阵，提供了非常好的性能，尤其在 5G 等高速通信系统中得到了广泛应用。

除了上述技术外，现代无线通信系统中还包含许多其他信号处理技术，如：波束成形（beam forming），波束成形技术通过阵列天线对信号进行定向，增加信号的增益并减少干扰，被广泛应用于 MIMO 系统中，能够显著提高信号质量和系统容量；干扰对齐（interference alignment），干扰对齐技术通过对干扰信号进行巧妙的对齐，使其不会影响目标信号的接收，该技术在频谱资源紧张的环境中尤为重要，能够在高干扰环境下提升信号质量。

4.4　无线传感网络的拓扑与优化

4.4.1　无线传感网络组网原理

无线传感网络中通常包含大量的无线传感节点，这些节点需要按照一定的体系或结构组成较优的网络，才能方便、快捷、持续、稳定地回收各个感知测点采集的数据，而组网方式的选用依赖于无线传感网络组网技术。无线传感网络组网技术水平由低到高如图 4-7 所示，包括单跳传输、路径固定的多跳传输以及自组网的多跳传输。其中，多跳自组网技术是基于动态源路由理论、使用私有协议开发而成的智能化无线自组网技术，仅用一个基站和多个接力点（接力点即路由节点）覆盖全部测点，各节点能够根据无线信号强度方便快捷地在所有测点、接力点和基站之间建立起最优的、稳定的通信网络，并且可以对既有网络进行智能调整或重组以应对各种不利情况导致的网络拓扑关系变化。

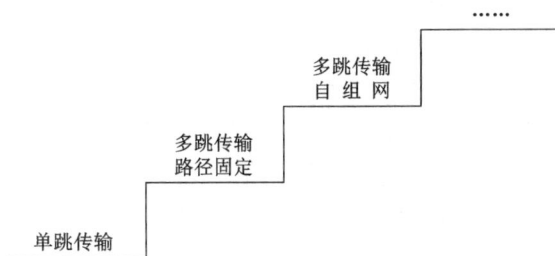

图 4-7　无线传感网络组网技术

上述组网技术通过指定上级节点地址和下级节点地址的方式可自由地组成各种拓扑形式的无线网络，例如星型、链型、树型以及更多复合的网络拓扑结构，从而实现仅用一个基站和多个路由节点就可覆盖全部测点的无线通信。无线组网技术对不同的监测对象进行网络定制，针对不同的结构体量和传感器探测节点分布情况实现了不同的组网方式，实现无线信号对监测对象的全域覆盖，满足空间结构大、多测点的结构健康监测需求。

此外，无线组网技术根据信号传输方式的不同，可以划分为广播与单播两种方式。广播主要用于测点唤醒与开始采集命令的实现，而单播主要用于传感节点的数据回收、节点地址重置等。针对不同的结构体量和传感器监测节点分布情况实现不同的组网方式，以基于单、广播方式的定制树型组网为例，如图 4-8 所示。

4.4.2　无线传感网络拓扑类型

无线传感网络在空间结构监测系统中分为两类拓扑结构：基本型与拓展型。如图 4-9(a)

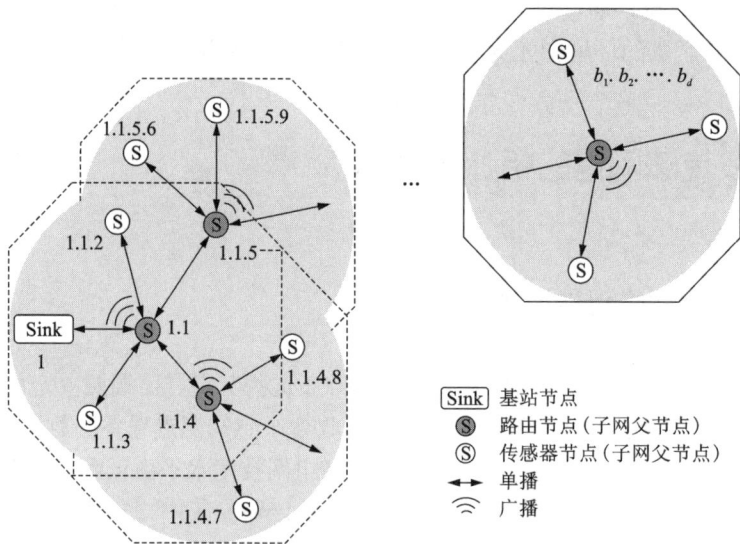

图 4-8　基于单、广播方式的定制树型组网

所示,最典型的基本型网络的拓扑结构是星型网络,其中的所有传感节点与汇聚节点直接通信。它适用于传感节点布置区域不是很大、传感节点分布紧密,且汇聚节点可以放置在结构上的情况。如果传感节点布置区域比较大、传感节点较为分散,而且它们的数量很少,链型网络更合适,如图 4-9(b)所示。链型网络是空间结构监测系统的另一类基本型网络拓扑结构,传感节点通信采用单跳或多跳传输技术。在一些大型建筑上实施大范围和大规模传感节点的监测,需要建立基于基本型的拓展型无线传感网络拓扑结构。图 4-9(c)与图 4-9(d)所示的两种网络拓扑结构分别是簇型网络和树型网络,是基于星型和链型网络而开发的拓展型网络。其中簇型网络是在以接力点组成的链型网络基础上添加传感器的星型分簇,而树型网络是在以接力点组成的星型网络基础上添加传感器的星型分簇。

不同的无线传感网络有各自的优势,例如,基本型网络具有良好的时间同步性,扩展型网络则可满足大面积的传感器布设需求。在单个结构上可以通过布设一个或多个汇聚节点构建一种或多种无线传感网络。采集的数据可通过无线网络传输到现场服务器,也可通过因特网对现场服务器进行远程控制。

4.4.3　无线传感器网络优化方法

无线传感器网络(WSN)作为一种由大量低功耗传感节点组成的分布式网络系统,广泛应用于环境监测、工业控制、医疗健康和智能家居等领域。然而,受限于能量、计算能力和通信带宽等资源,如何通过优化策略提升其性能已成为研究的核心问题。优化不仅是提升技术水平,更是充分发挥无线传感网络潜力、满足多样化应用场景的重要手段。

1. 网络优化的重要性

优化在无线传感器网络中具有重要的理论和实际意义。首先,由于传感节点的能量、计算能力和存储资源有限,优化策略能够帮助节点在有限的资源下实现更高的效率。例如,通过优化数据传输路径,可以显著降低通信能耗,延长网络寿命。其次,优化能够提升网络覆

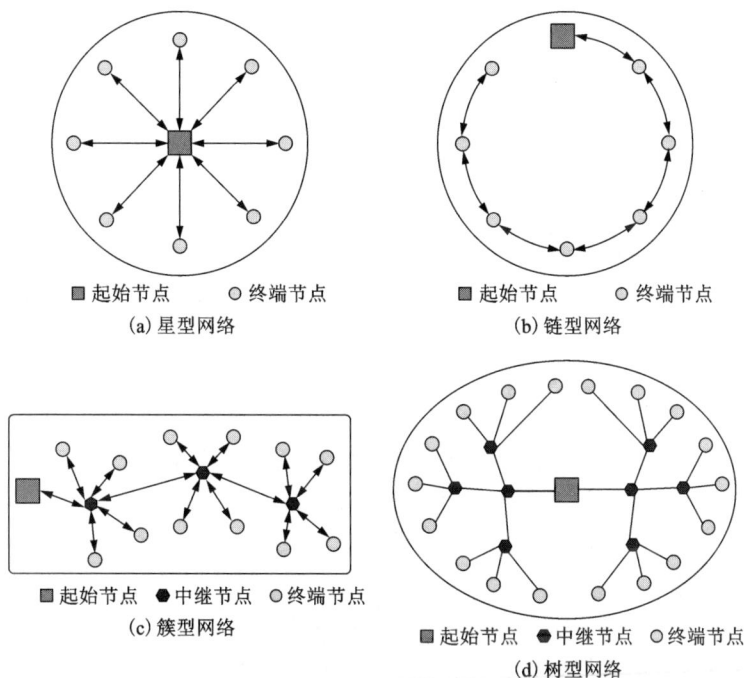

■ 起始节点　　● 终端节点

(a) 星型网络

■ 起始节点　　● 终端节点

(b) 链型网络

■ 起始节点　● 中继节点　● 终端节点

(c) 簇型网络

■ 起始节点　● 中继节点　○ 终端节点

(d) 树型网络

图 4-9　无线拓扑组网方式

盖率和感知能力，使网络能够在复杂、动态的环境中保持稳定运行，从而实现更全面的监测。此外，优化策略在保证数据质量方面同样意义重大。通过数据融合、压缩感知等方法，可以减少传输冗余，减少误差，提高传输效率和精度，为决策提供可靠依据。同时，在安全性和隐私保护方面，优化能够增强网络对各种威胁的抵御能力，防止数据被窃取或篡改，确保网络运行的可靠性和机密性。最后，通过优化硬件设计和通信协议，不仅可以降低单个节点的生产和运行成本，还能减少网络的整体维护费用，推动大规模部署的经济性。

无线传感器网络优化的核心目的是在资源受限的条件下，实现网络性能的最大化。首先，优化旨在提升网络的覆盖率和连通性，确保感知节点能够充分覆盖目标区域，并通过高效的路由策略实现节点之间的稳定通信。其次，优化的另一重要目的在于能效管理，即通过动态调整工作模式和路由方式，均衡节点的能耗分布，避免个别节点因过早耗尽电量而引发网络分裂。此外，优化还致力于提高数据传输质量，包括降低延迟、减少数据丢失、增强传输可靠性，以满足不同应用场景的实时性和精准性需求。安全性也是优化的关键目标之一，特别是在军事和医疗等对数据高度敏感的应用中，通过引入轻量级加密、信任管理等机制，确保网络具有足够的防护能力。同时，优化策略的设计还着眼于提高网络的自适应能力，使其能够灵活应对拓扑变化、节点故障或外部干扰，从而延长网络的生命周期。最终，优化的目标是构建一个高效、可靠、安全的无线传感器网络体系，为多样化场景提供更高质量的服务。

2.网络优化的主要方法

（1）能量优化

能量是无线传感器网络中最宝贵的资源，优化能量使用是延长网络寿命的核心目标。能量优化通过采用能量感知路由协议，如 LEACH 和 TEEN 等，动态选择低能耗的传输路径，均衡节点的能量消耗。数据融合与压缩技术则通过减少冗余数据的传输降低通信能耗，同时结合睡眠唤醒机制，让不工作的节点进入低功耗模式以节约能量。此外，能量收集技术（如太阳能和振动能）的引入，使节点能够从环境中获取能源，实现长时间运行，进一步提升网络的持续性和可靠性。

（2）网络覆盖与连通性优化

网络覆盖与连通性优化的目标是确保所有监测区域均被有效覆盖，并维持节点间的通信连通性。通过合理的节点部署策略，结合随机部署和精确部署的优势，利用遗传算法、粒子群优化等优化方法，确定最佳节点分布。此外，网络还需要具备动态调整的能力，根据环境变化实时调整节点的位置或覆盖范围，确保在复杂环境中持续进行监测任务。

（3）路由协议优化

路由协议优化旨在提升数据传输效率并降低能耗。能量感知路由通过选择能耗最低的路径延长网络寿命，而分簇路由通过设置簇头节点降低长距离传输带来的能耗。地理路由基于节点的位置信息优化传输路径，降低路由计算的复杂度。混合路由将多种路由策略的优势结合起来，实现全局性能的最大化，为网络提供灵活、高效的路由支持。

（4）数据处理优化

数据处理优化通过减轻传输负担和提高数据质量来提升网络性能。数据融合技术在传感器节点或汇聚节点对数据进行处理，消除冗余，降低通信数据量。边缘计算技术让数据预处理任务在靠近数据源的节点完成，从而减轻中心节点的负担。压缩感知技术利用数据稀疏性减少数据采样和传输的需求，而机器学习算法通过预测模型优化数据收集策略，有效提高数据处理的智能化水平。

4.5　Internet 技术

>>>

4.5.1　Internet 的基础知识

>>>

Internet，中文正式译名为因特网，又叫作国际互联网。Internet 是全球性的、最具影响力的计算机互联网络，也是世界范围内的信息资源宝库。Internet 采用 TCP/IP 协议将分布在世界各地的各种计算机网络互联起来，形成一个巨大的覆盖全球的国际计算机信息资源互联网络。Internet 从一开始就打破了中央控制的网络结构，任何用户都不必担心谁控制谁。Internet 使世界变成了一个整体，而每个用户都变成了这个整体中的一部分。任何人、任何团体都可以加入 Internet。

1. Internet 的发展

Internet 不是一种具体的物理网络技术，而是把不同物理网络技术与电子技术统一起来的一种高层技术。Internet 由成千上万个网络松散地连接而成，它不属于任何一个国家、部门、单位、团体，也没有一个专门的机构对它进行维护。Internet 是当今世界上最流行的计算机互联网络，接入 Internet 的局域网不计其数，用户数量更是难以准确统计。Internet 是在美国国防部高级研究计划署网络（Advanced Research Projects Agency network，ARPANet，简称阿帕网)的基础上经过不断发展变化而形成的。Internet 的形成与发展过程大致经历了研究试验网阶段、推广普及网阶段和商用发展网阶段 3 个阶段。Internet 的管理由总部设在美国弗吉尼亚州雷斯顿市的因特网协会协调，如图 4-10 所示。接入 Internet 的各国独立管理内部事务。

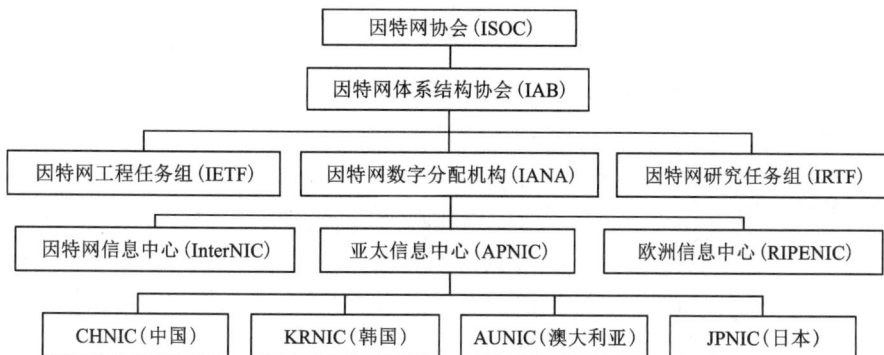

图 4-10　Internet 管理机构

2. Internet 的基本结构

Internet 是一个使用路由器将分布在世界各地、数以万计、规模不一的计算机网络互联起来的网际网。从 Internet 使用者的角度，它是由大量计算机连接在一个巨大的通信系统平台上形成的一个全球范围的信息资源网。接入 Internet 的主机既是信息资源及服务的使用者，又是信息资源及服务的提供者。Internet 使用者不必关心 Internet 内部结构，他们面对的只是 Internet 所提供的信息资源和服务。Internet 主要由通信线路、路由器、主机与信息资源等部分组成。

①通信线路是 Internet 的基础设施，负责将 Internet 中的路由器与交换机、交换机与交换机、交换机与主机连接起来。

②路由器负责将 Internet 中的局域网或广域网连接起来。当数据从一个网络传输到路由器时，它需要根据数据所要到达的目的地，通过路径选择算法为数据选择一条最佳的传输路径。数据从源主机发出后，需要经过多个路由器转发，经过多个网络才能到达目的主机。

③主机是 Internet 中信息资源与服务的载体，是各种类型的计算机，按照用途可以分为服务器与客户机两类。服务器使用专用的服务器软件向用户提供信息资源与服务，根据所提供的服务功能可以分为各种应用服务器，如 DNS 服务器、电子邮件服务器、OA（office automation）服务器等。客户机是信息资源与服务的使用者，用户使用客户端软件来访问信息资源与服务，如 WWW 浏览器、即时通信软件腾讯 QQ 等。

④信息资源是 Internet 中存在的各种各样的信息资源，如文本、图像、声音与视频等信息，涉及社会生活的各个方面。我们可以通过 Internet 查找科技资料、获得商业信息、下载流行音乐、参与在线游戏或收看网上直播等。Internet 的发展方向是更好地组织信息资源并使用户快捷地获得信息。WWW 服务使信息资源的组织方式更加合理，而搜索引擎使信息的检索更加快捷。

3. Internet 的常用服务功能

①万维网（WWW）是目前 Internet 中最流行的服务，可通过 WWW 浏览分布于世界各地

的精彩信息。

②文件传输协议(FTP)主要帮助 Internet 使用者在 Internet 上正确传送和接收大量文件。特别是许多共享软件和免费软件都放在 FTP 服务器的资源中心，只要使用 FTP 文件传输程序连接上所需软件所在的主机地址，就可以将软件下载到用户的主机中。

③电子邮件(E-mail)是 Internet 上使用最广泛的服务，电子邮件不只是传送单纯的文字信息，还可以传送声音、影像、动画等，而且可以全天候通过 Internet 让对方收到。

④电子公告栏(bulletin board system，BBS)提供较小型的区域性在线讨论服务(不像网络新闻组规模那样大)。它在 Internet 尚未流行之前已随处可见。通过 BBS 可进行信息交流、文件交流、信件交流、在线聊天等。

⑤域名服务(DNS)是将域名和 IP 地址相互映射的一个分布式数据库，能够使人们更方便地访问互联网，而不用去记忆数字 IP 地址(不易记住)。

⑥网络新闻(netnews)提供上千个新闻讨论组，供网民们谈天说地、交换信息。可以说，网络新闻组是 BBS 各种讨论区的大集合。

⑦互联网中继交谈(internet relay chat，IRC)和 BBS 的功能相似，都是闲话家常的好去处。唯一不同的是 IRC 有许多频道，并且我们在进入某个频道后，可以跟来自五湖四海的朋友同时用文字、语音、视频的方式交谈。

⑧网络会议利用 Internet 使不同地方的人可以一起进行电话会议，如果配合视频设备的话，就可以进行视频会议。

⑨远程登录使用 Telnet 和 Internet 上的某一台主机连线，只要拥有这台主机的账号及密码，就可以像本地主机一样使用这台主机上的资源。远程登录功能曾经是 Internet 最强大的功能之一。

以上只是 Internet 比较常用的几种服务，Internet 还有很多功能，如实时播放、网上理财、网络购物、网络传真、网上电影等。

4.5.2　Internet 服务与技术

在现代社会，Internet 已经成为我们日常生活和工作中不可或缺的一部分。它不仅改变了人们获取信息和进行交流的方式，还推动了各行各业的数字化转型和创新。互联网的基础是一系列复杂的服务和技术，它们共同支持着全球范围内的信息传递和商业活动。从最基本的通信协议到复杂的云计算服务，这些技术不断发展，以满足日益增长的用户需求。以下将详细探讨互联网的关键服务与技术，揭示其在推动社会进步中的重要作用。

1. 网络服务

网络服务是互联网的核心功能之一，提供了多种多样的应用和服务，极大地改变了人们的生活、工作和交流方式。万维网(WWW)是广为人知的网络服务之一，它通过超文本传输协议(HTTP)和超文本传输安全协议(HTTPS)实现了全球信息的共享和访问。用户可以通过浏览器访问各种网站，获取新闻、娱乐、教育等信息资源。万维网的出现不仅推动了信息的自由流动，也促进了电子商务、在线教育和数字媒体的发展。电子邮件是另一种基本的网络服务，它自互联网早期发展以来一直是主要的通信工具之一。电子邮件允许用户通过互联网发送和接收信息，支持文本、图片、附件等多种格式。它不仅在个人通信中发挥着重要作用，在商业和企业通信中也不可或缺。文件传输协议（FTP）是用于在网络上传输文件的标准协议。它允许用户上传和下载文件，支持大规模数据的传输和备份。FTP 在网站开发、数据共享和远程服务器管理中具有重要应用。云计算服务是近年来快速发展的网络服务之一。通过云计算，用户可以按需获取计算资源和服务，而无须投资和维护物理硬件。云计算包括基础设施即服务（IaaS）、平台即服务（PaaS）和软件即服务（SaaS），为企业提供了灵活的 IT 解决方案，支持业务的快速扩展和创新。

2. 通信技术

通信技术是互联网运行的基础，其确保数据在全球范围内的快速、可靠传输。互联网协议（IP）是数据包传输的基础，IPv4 和 IPv6 是当前使用的两种主要版本。IPv6 的引入解决了 IPv4 地址耗尽的问题，提供了更大的地址空间和更好的网络配置管理。传输控制协议（TCP）和用户数据报协议（UDP）是两种主要的传输层协议。TCP 提供可靠的、有序的数据传输，适用于需要高可靠性的应用，如网页浏览和电子邮件。UDP 则提供无连接的快速数据传输，适用于实时应用，如视频流和在线游戏。HTTP 和 HTTPS 是用于网页传输的协议。HTTPS 通过加密提供了安全的通信，保护用户数据的隐私和完整性，在电子商务和在线银行业务中至关重要。

3. 网络安全技术

随着互联网的普及，网络安全成为一个重要的关注点。防火墙是网络安全的第一道防线，用于监控和控制进出网络的流量，防止未经授权的访问和攻击。防火墙可以是硬件设备，也可以是软件应用，通常用于企业和个人用户的网络保护。加密技术是确保数据传输安全的关键。SSL/TLS 协议通过加密数据传输，防止中间人攻击和数据窃取。加密技术在电子商务、在线支付和敏感信息传输中至关重要。入侵检测/防御系统（IDS/IPS）用于检测和阻止潜在的网络威胁。IDS 监控网络流量，识别可疑活动，而 IPS 不仅能检测，还能主动阻止攻击，保护网络和系统安全。

4. 网络基础设施

网络基础设施是支持互联网服务和技术的物理和逻辑基础。路由器和交换机是网络基础设施的重要组成部分，它们负责数据包的传输和网络流量的管理。路由器确定数据包传输的最佳路径，而交换机在局域网中转发数据。数据中心是集中存储和处理数据的大型设施，支持云服务和大规模计算。数据中心提供了高可用性和冗余设计，确保服务的连续性和可靠性。内容分发网络（CDN）通过在全球范围内分布服务器来加速内容交付。CDN 减轻了源服务器的负担，提高了网页加载速度和用户体验，在流媒体和大型文件下载中至关重要。

5. 新兴技术

新兴技术不断推动互联网的发展和演变。物联网通过互联网连接各种设备，实现智能监控和管理。物联网应用在智能家居、工业自动化和智慧城市中，改变了人们的生活和工作方式。5G 网络提供更高的速度和更低的延迟，支持新一代移动通信。5G 的广泛应用将推动自动驾驶、增强现实和虚拟现实等新兴领域的发展。区块链技术用于去中心化的安全数据管理和交易。区块链技术以其透明性和不可篡改性，在金融、供应链和数字身份管理中有着广阔的应用前景。

互联网服务与技术已深深融入我们的生活和工作，成为推动社会进步和经济发展的重要引擎。网络服务如万维网和电子邮件，极大地改变了信息传播和人际交流的方式，而云计算等现代服务则为企业提供了灵活的资源管理和创新平台。通信技术的发展确保了数据在全球范围内的快速、可靠传输,为各种应用提供了坚实的基础。与此同时,网络安全技术不断进步,以应对日益复杂的网络威胁,保护用户和企业的数据安全。网络基础设施的建设和优化,如数据中心和内容分发网络,进一步提升了互联网的性能和可用性,支持了大规模的数据处理和交付。新兴技术如物联网、5G和区块链,正引领着新一轮的技术革命,带来更智能的互联体验和更安全的交易环境。这些技术的融合和发展,不仅提升了用户体验,也为各行业的数字化创新提供了新的可能性。

4.5.3 应用

1.域名系统

域名系统(DNS)是因特网的核心服务,是将域名和IP地址相互映射的分布式数据库系统,使人可以方便地访问互联网,而不用记住相应的IP地址。DNS使用TCP/UDP协议,默认端口号为53。因特网中的域名解析服务是通过DNS服务器完成的,安装了DNS软件的计算机称为DNS服务器,也称域名服务器。

因特网的域名体系是由成千上万个域名服务器组成的一个庞大的分布式数据库系统,IP地址和相应域名的信息存放在这些分布式域名服务器中,这些域名服务器组成一个层次结构系统。最高层称为根域,根域下是顶级域,每个顶级域下都有一组域名服务器,这些服务器中保存着当前域的主机信息和下级子域的域名服务器信息。根域名服务器不必知道根域内的所有主机信息,它只要知道所有顶级域的域名服务器地址即可。图4-11所示是Internet域名空间的一部分。

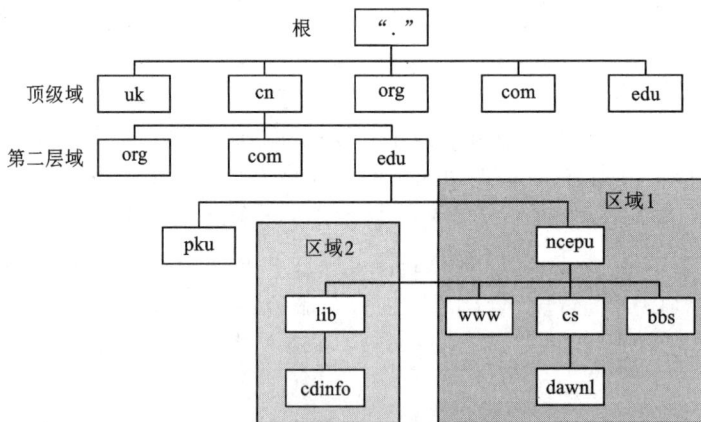

图4-11 Internet域名空间

根域名服务器(root-servers.org)是互联网域名解析系统中最高级别的域名服务器,最初包括13台主要服务器。主根服务器(A)美国1台,设置在弗吉尼亚州的杜勒斯;辅根服务器(B~M)美国9台,瑞典、荷兰、日本各1台,部分根域名服务器在全球设有多个镜像点。全球13台根域名服务器以英文字母A~M依序命名,格式为"字母. root-servers. net"。例如: www. ncepu. edu. cn 作为一个域(ncepu. edu. cn)内的主机名,对应IP地址202. 204. 65. 100. DNS就像是一个自动的电话号码簿,我们可以直接以域内的主机名来代替电话号码(IP地址)。

2. 远程登录协议

远程登录协议(telnet protocol)是一个简单的远程终端协议,能够把本地用户所使用的计算机变成远程主机系统的一个终端。其使用客户端/服务器方式,在本地系统运行 Telnet 客户端进程,在远程主机系统运行 Telnet 服务器进程。使用 Telnet 功能需要具备 2 个条件:①用户计算机要有 Telnet 应用软件,如 Windows 操作系统提供的 Telnet 客户端程序;②用户在远程计算机上有自己的用户账户(用户名与密码),或者该远程计算机提供公开的用户账户。用户远程登录成功后就可以像远程计算机的本地终端一样使用远程计算机对外开放的全部资源。

3. 电子邮件

电子邮件(E-mail)是 Internet 用户之间发送和接收信息的一种快捷、廉价的现代化通信手段。电子邮件系统不但可以传输各种格式的文本信息,还可以传输图像、声音、视频等多种信息,它已成为多媒体信息传输的重要手段之一。电子邮件系统结构如图 4-12 所示。邮件服务器是 Internet 邮件服务系统的核心。一方面,邮件服务器负责接收用户发送的邮件,并根据收件人地址发送到对方邮件服务器中;另一方面,邮件服务器负责接收由其他邮件服务器发来的邮件,并根据收件人地址将其分发到相应电子邮箱中。

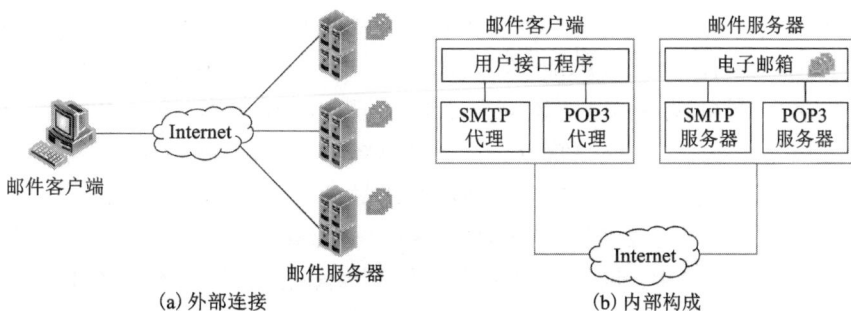

图 4-12 电子邮件系统结构

电子邮箱是由提供电子邮件服务的机构(一般是 ISP)在邮件服务器上为用户建立的。当用户向 ISP 申请 Internet 账户时,ISP 就会在它的邮件服务器上建立该用户的电子邮件账户,包括用户名与密码。任何人都可以将电子邮件发送到某个电子邮箱中,但只有电子邮箱的拥有者输入正确的用户名与密码后,才能查看电子邮件内容或处理电子邮件。

邮件服务器包括发送邮件的 SMTP 服务器、接收邮件的 POP3 服务器或 IMAP 服务器以及电子邮箱;邮件客户端包括发送邮件的 SMTP 代理、接收邮件的 POP3 代理以及为用户提供管理界面的用户接口程序。

每个电子邮箱都有一个地址,称为电子邮件地址。电子邮件地址的格式是固定的并且是全球唯一的,用户电子邮件地址的格式为"用户名@ 主机名"。其中"@"符号表示"at",主机名是指拥有独立 IP 地址的计算机的名字,用户名是指在该计算机上为用户建立的电子邮件账号。例如,在"ncepu.edu.cn"主机上,有一个名为 xyz 的用户,那么该用户的电子邮件地址为 xyz@ ncepu.edu.cn。用户通过邮件客户端访问邮件服务器中的电子邮箱和其中的邮件,邮件服务器根据邮件客户端的请求对电子邮箱中的邮件进行处理。

电子邮件收发过程如图 4-13 所示,邮件客户端使用 SMTP 向邮件服务器发送邮件,使用 POP3 或 IMAP 从邮件服务器中接收邮件。至于使用哪种协议接收邮件,取决于邮件服务器与邮件客户端支持的协议类型,一般邮件服务器与客户端应用程序都支持POP3。通过客户端中的电子邮件应用程序,才能发送与接收电子邮件。电子邮件应用程序分为专用与通用两种,专用的主要有Microsoft公司的Outlook Express与Netscape公司的Messenger软件,通用的是浏览器。

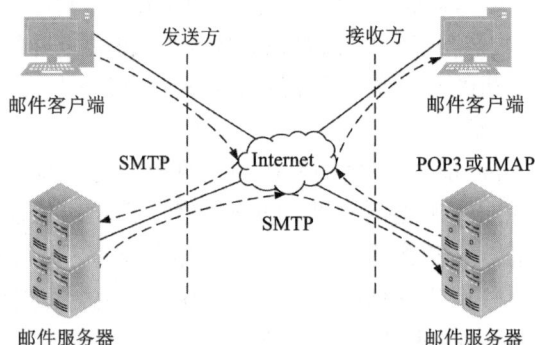

图4-13 电子邮件收发过程

4. 万维网

万维网(WWW)的出现是Internet发展中的一个里程碑。WWW服务是Internet上最方便、最受用户欢迎的信息服务类型,影响力已远远超出了专业技术范畴,并已进入电子商务、远程教育、远程医疗与信息服务等领域。万维网以客户端/服务器方式工作,浏览器就是用户计算机上的万维网客户端程序,万维网文档所驻留的计算机则运行服务器程序,这台计算机也称为万维网服务器。超文本与超媒体是WWW的信息组织形式,也是WWW实现的关键技术之一。在WWW系统中,信息是按超文本方式组织的。用户直接看到的是文本信息本身,在浏览文本信息的同时,随时可以选中其中的"热字"。"热字"往往与上下文关联,通过选择"热字"可以跳转到其他文本信息。超媒体进一步扩展了超文本所链接的信息类型。用户不仅能从一个文本跳到另一个文本,而且可以激活一段声音,显示一个图形,甚至可以播放一段视频。超媒体可以通过集成化方式将多种媒体信息联系在一起。

WWW是以超文本标记语言(hypertext markup language,HTML)与超文本传输协议(hypertext transfer protocol,HTTP)为基础的,提供面向Internet服务的、一致的用户界面的信息浏览系统。信息资源以主页(也称网页)的形式存储在WWW服务器中,用户通过WWW客户端程序(浏览器)向WWW服务器发出请求;WWW服务器根据客户端的请求,将保存在WWW服务器中的某个页面发送给客户端;浏览器在接收到该页面后对其进行解释,最终将图、文、声并茂的页面呈现给用户。通过页面中的链接,用户可以方便地访问位于其他WWW服务器中的页面或其他类型的网络信息资源。

在Internet中有如此众多的WWW服务器,而每台服务器中又包含很多主页,我们如何找到想看的主页呢?这时,就需要使用统一资源定位器(uniform resource locator,URL)。标准的URL由协议类型、主机名、路径及文件名3部分组成。例如,华北电力大学的WWW服务器的URL为

http://www.ncepu.edu.cn/index.html
协议类型　　主机名　路径及文件名

其中:"http:"为使用 HTTP 协议;"www. ncepu. edu. cn"为要访问的服务器主机名;"index. html"为要访问的主页的路径与文件名。

5.网络搜索引擎

搜索引擎是指根据一定的策略、运用特定的计算机程序从互联网上搜集信息,在对信息进行组织和处理后,为用户提供检索服务,将用户检索的相关信息展示给用户的系统。百度和谷歌等是搜索引擎的代表。根据搜索结果来源的不同,搜索引擎可分为两类:一类拥有自己的检索程序,俗称"蜘蛛"程序或"机器人"程序,能自建网页数据库,搜索结果直接从自身的数据库中调用;另一类则租用其他搜索引擎的数据库,并按自定义的格式排列搜索结果。其工作原理包括抓取网页、处理网页、提供检索服务 3 个方面。

(1)抓取网页。

每个独立的搜索引擎都有自己的网页抓取程序"蜘蛛"。"蜘蛛"程序顺着网页中的超链接连续地抓取网页,被抓取的网页称为网页快照。由于互联网中超链接的应用很普遍,理论上,从一定范围内的网页出发,就能搜集到绝大多数的网页。搜索引擎的自动信息搜集功能分为两种:一种是定期搜索,即每隔一段时间(如 Google 一般是 28 天),搜索引擎主动派出"蜘蛛"程序,对一定 IP 地址范围内的互联网站进行检索,一旦发现新的网站,它会自动提取网站的信息和网址加入自己的数据库;另一种是提交网站搜索,即网站拥有者主动向搜索引擎提交网址,搜索引擎在一定时间内(2 天到数月不等)定期向网站派出"蜘蛛"程序,扫描网站并将有关信息存入数据库,以备用户查询。

(2)处理网页。

搜索引擎抓取到网页后,还要做大量的预处理工作才能提供检索服务,其中最重要的就是提取关键词,建立索引文件。其他还包括去除重复网页、分词(中文)、判断网页类型、分析超链接、计算网页的重要度与丰富度等。

(3)提供检索服务。

当用户以关键词查找信息时,搜索引擎会在数据库中进行搜寻,如果找到与用户要求内容相符的网站,便采用特殊的算法,通常根据网页中关键词的匹配程度、出现的位置和频次、链接质量,计算出各网页的相关度及排名等级,然后根据相关度高低,按顺序将这些网页链接返回给用户。为了便于用户判断,除了网页标题和 URL 外,搜索引擎还会提供一段来自网页的摘要以及其他信息。

智慧启思

通信网络从3G到6G的追赶和超越等

认知拓展

实践创新

思考题

参考答案

1.网络传输技术主要用于解决智能建造中的什么问题？并对该问题进行解释。

2.常见的有线通信系统包含哪几部分？

3.主要的无线拓扑类型有哪些？

4.请对比有线通信技术和无线通信技术，并总结出相应的优、缺点。

5.下一代互联网有什么特点？

智能信息处理技术

本章思维导图

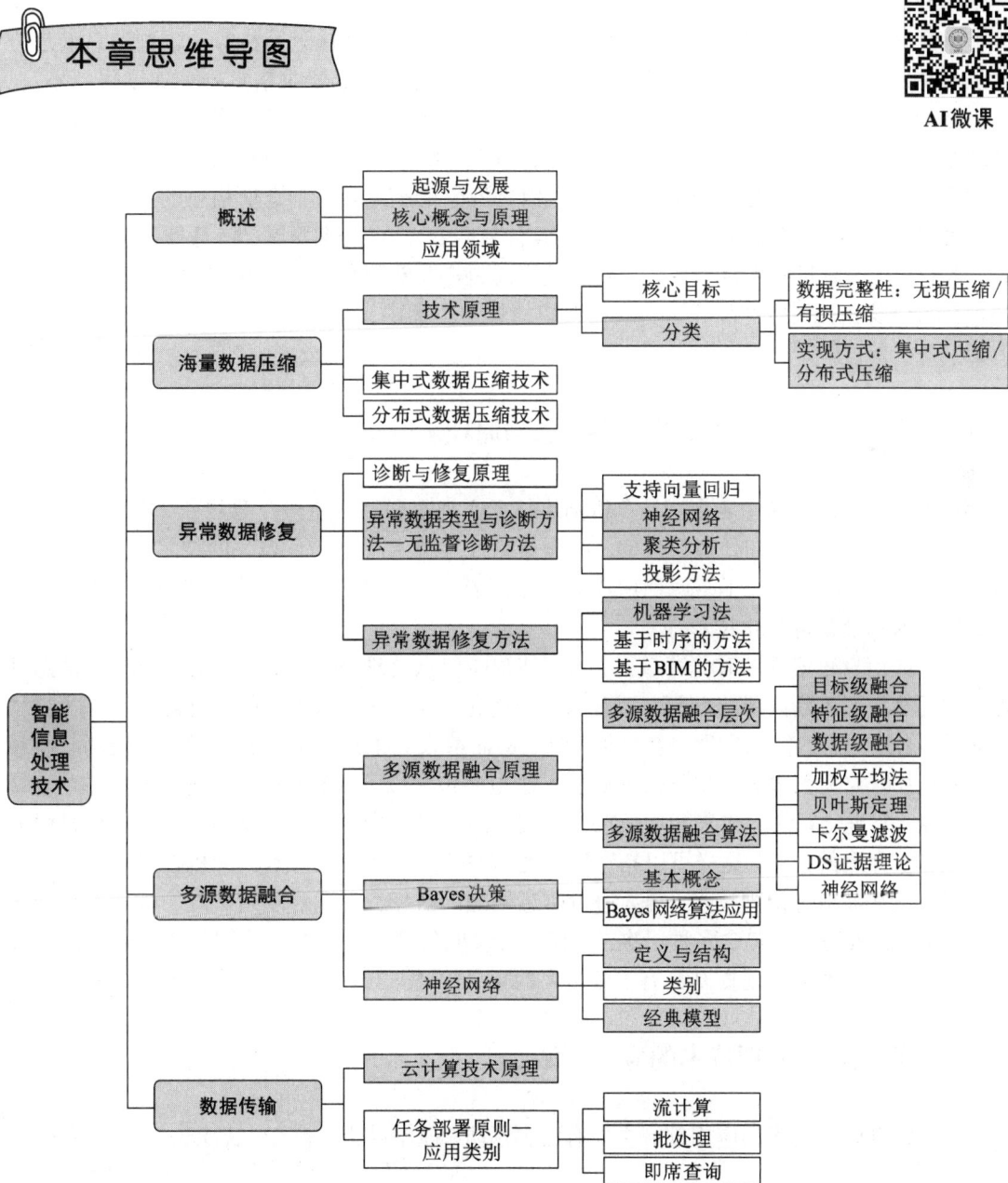

AI微课

```
                    ┌─────────┐   ┌──────────────┐
                    │  概述   │───│  起源与发展   │
                    │         │   ├──────────────┤
                    │         │───│ 核心概念与原理 │
                    │         │   ├──────────────┤
                    │         │───│   应用领域    │
                    └─────────┘   └──────────────┘

                                  ┌──────────┐   ┌────────┐   ┌──────────────────┐
                    ┌──────────┐  │ 技术原理 │───│ 核心目标 │   │ 数据完整性：无损压缩/│
                    │          │──│          │   ├────────┤   │ 有损压缩          │
                    │ 海量数据 │  │          │───│  分类  │───├──────────────────┤
                    │   压缩   │  └──────────┘   └────────┘   │ 实现方式：集中式压缩/│
                    │          │──│集中式数据压缩技术│         │ 分布式压缩        │
                    │          │──│分布式数据压缩技术│         └──────────────────┘
                    └──────────┘

                                  ┌──────────────┐   ┌────────────┐
                    ┌──────────┐  │ 诊断与修复原理 │   │ 支持向量回归 │
                    │          │──│              │   ├────────────┤
                    │          │  │异常数据类型与诊断│───│  神经网络   │
                    │ 异常数据 │──│方法—无监督诊断方法│   ├────────────┤
                    │   修复   │  │              │   │  聚类分析   │
                    │          │  │              │   ├────────────┤
                    │          │  │              │   │  投影方法   │
                    │          │  └──────────────┘   └────────────┘
                    │          │  ┌──────────────┐   ┌────────────┐
                    │          │──│ 异常数据修复方法│───│  机器学习法  │
                    │          │  │              │   ├────────────┤
                    │          │  │              │   │基于时序的方法│
                    │          │  │              │   ├────────────┤
                    │          │  │              │   │ 基于BIM的方法│
                    └──────────┘  └──────────────┘   └────────────┘
  ┌──────┐
  │ 智能 │
  │ 信息 │──
  │ 处理 │
  │ 技术 │                                             ┌──────────┐
  └──────┘                        ┌──────────────┐    │ 目标级融合 │
                                  │ 多源数据融合层次 │───│ 特征级融合 │
                    ┌──────────┐  │              │    │ 数据级融合 │
                    │          │──│ 多源数据融合原理 │    └──────────┘
                    │          │  │              │    ┌──────────┐
                    │          │  │              │    │ 加权平均法 │
                    │ 多源数据 │  │              │───│ 贝叶斯定理 │
                    │   融合   │  │ 多源数据融合算法 │    │ 卡尔曼滤波 │
                    │          │  └──────────────┘    │ DS证据理论 │
                    │          │  ┌──────────────┐    │  神经网络  │
                    │          │──│  Bayes决策   │───│ 基本概念  │
                    │          │  │              │   │Bayes网络算法应用│
                    │          │  └──────────────┘
                    │          │  ┌──────────────┐   ┌────────────┐
                    │          │──│  神经网络    │───│ 定义与结构  │
                    │          │  │              │   ├────────────┤
                    │          │  │              │   │   类别     │
                    │          │  │              │   ├────────────┤
                    │          │  │              │   │  经典模型   │
                    └──────────┘  └──────────────┘   └────────────┘

                    ┌──────────┐  ┌──────────────┐   ┌────────────┐
                    │          │──│ 云计算技术原理 │   │  流计算    │
                    │ 数据传输 │  ├──────────────┤   ├────────────┤
                    │          │──│ 任务部署原则—  │───│  批处理    │
                    │          │  │  应用类别     │   ├────────────┤
                    │          │  │              │   │  即席查询   │
                    └──────────┘  └──────────────┘   └────────────┘
```

5.1 智能信息处理技术概述

5.1.1 智能信息处理技术的起源与发展

信息处理经历了 3 个时期：一是手工处理，即人类以人工记录的方式处理信息，例如结绳记事，然而该方式并不能将信息及时有效地传输给使用者，因此信息处理速度很慢。二是机械信息处理，即人类利用工具处理信息，例如利用算盘、手摇计算机等。这种信息处理方式虽然在一定程度上解放了生产力，信息处理效率显著提升，但是信息处理速度仍然不高，信息处理数量也十分有限。三是计算机处理，即人类利用计算机处理信息。随着计算机系统处理和存储能力的提升，信息处理经历了单向处理、综合处理和系统处理 3 个阶段，信息处理效率大大提升，信息处理规模显著扩大，信息价值快速提升。本章所描述的智能信息处理技术属于计算机技术处理信息的范畴。随着计算机技术的飞速发展，信息处理技术焕然一新，人们利用计算机技术逐渐实现了信息处理的自动化和智能化。不仅如此，智能化的信息处理技术以及相关衍生产品开始出现在人们的日常生活中，例如智能机器人、语音导航、语音识别工具等。

5.1.2 智能信息处理技术的核心概念与原理

智能信息处理技术主要利用计算机网络技术实现数据的传递与资源共享，缩短信息的传播时间，提高信息收集和处理的效率。智能信息处理技术不是一种单一的技术，而是多种技术的集合，它基本上涵盖了图像处理技术、人工智能技术、数据挖掘技术、数据融合技术、模式识别技术和数据可视化技术等。

在当前信息化浪潮的时代背景下，为了使智能信息处理技术与社会需求相吻合，信息处理技术仍然需要不断升级与创新并实现人工智能化。事实上，人工智能一直处于计算机技术的前沿，未来人工智能的发展将会更加迅速，进而给人类生活和工作带来极大的便利。就目前的发展、研究现状来看，智能信息处理方法主要包含以下几种：①人工神经网络方法；②模糊理论；③进化算法。未来智能信息处理技术的发展方向主要分为 2 种趋势：一种是面向大规模和多介质的信息，这样可以拓宽信息处理的范围。还有一种是计算机技术与人工智能结合以实现智能信息处理技术，提高海量信息处理的效率，实现对复杂信息的处理。总而言之，智能信息处理技术包含多种层次，不仅具有研究价值，而且对于我国信息产业的蓬勃发展和智能建造技术的快速提升具有十分重要的意义。

5.1.3 智能信息处理技术的应用领域

智能信息处理技术的应用领域主要有灾害预防、航空航天、教育、智能建造等。

1. 灾害预防

自然灾害是不以人的意志为转移的客观因素，对人类的生产生活产生巨大影响，因此预防自然灾害是维护人民群众生命财产安全和保障生产稳定的重要举措。智能信息处理技术在自然灾害预防领域不仅获得了广泛应用，而且取得了比较显著的应用效果，因此为我国的自然灾害预防工作提供了助力和支撑。以森林火灾预防为例，相关部门可以借助智能信息处理技术处理全国各地的森林火灾灾情信息，形成科学有效的森林火灾预防方案和措施，从而提升森林火灾预防方案的科学性和可行性。

除自然灾害外，人为因素导致的灾害也会对人类社会的生产生活造成消极影响。因此，将智能化信息处理技术用于安全生产领域，可以有效避免人为因素对生产安全的威胁。例如利用智能信息处理技术开发人脸识别技术并将其应用于安全生产领域。人脸识别技术在事前可以用于设置使用权限和实现智慧化管理，而在事后则可以用于明确事故责任和合理追究责任。

2. 航空航天

将智能信息处理技术应用于航空航天领域，不仅能够有效提升航空航天领域工作的可靠性和自动化水平，还能提升管理效率，从而产生巨大的经济效益。例如，星上智能信息处理技术是指在卫星上直接进行数据处理和分析的技术，它极大提升了卫星的自主识别、确认和跟踪目标的能力。星上数据信息在传输过程中自动剔除无效背景，可以显著提升数据传输效率。在卫星拍摄图像后，智能信息处理技术对图像信息进行智能翻译并自动提取有效信息，然后根据不同终端用户的信息需求生成对应的信息产品。

3. 教育领域

教育是一项长期、重要和伟大的事业。我国人口众多，适龄教育人口数量庞大，在传统的班级授课制教育模式下，一名任课教师需要面对数十名学生。在教学过程中，教师很难针对每个学生开展个性化教育，难免会忽略部分学生的问题需求，而学生也很难从教师处获得足够的指导和关爱，部分学生甚至只能依靠课外辅导班或题海战术弥补教师指导的不足。在教育领域应用智能信息处理技术，能够帮助教师更加快速和准确地了解每个学生的学习情况，且在智能信息处理技术的支持下，学生管理系统可以实现根据学生的学习情况提出建议、为学生推送个性化练习题等功能，因此可以减轻教师的教学负担，同时推动教育向智能化和现代化方向发展。

4. 智能建造

智能建造技术是以"三化"和"三算"为特征的新一代信息技术，包含了面向全产业链一体化的工程软件、面向智能工地的工程物联网、面向人机共融的智能化工程机械、面向智能决策的工程大数据等相关技术，然后以此为基础最终形成支持工程建造全过程、全要素和产业转型的智能建造体系。在智能建造背景下，土木工程师可以通过智能信息处理技术赋能房屋监测工程项目。例如，通过视觉机器人收集房屋数据，加快房屋监测项目的进度。此外，通过智能信息处理技术还可以提升房屋日常维护工程、消防安全、建筑设施安全、房屋维修养护等各个环节的效率和质量。不仅如此，土木工程师在日常的建筑施工项目中利用智能信息处理技术，可以在智能建造的背景下采用装配式建筑方式，实现绿色低碳的施工过程。例如，将绿色建造技术融入设计、施工、建造和交付等全过程，进一步推动我国在建筑施工过程中实现减污降碳和建筑行业"碳达峰"的目标。

5.2 海量数据压缩

5.2.1 海量数据压缩技术原理

海量数据不仅指数据量庞大，还包括数据类型的多样性和处理的复杂性。目前，实际工程中数据集的规模和增长速度已经远远超出了传统数据处理和存储方法的能力范围，这给我们带来了巨大的挑战和机遇。海量数据通常具有以下特点：

①规模庞大：数据量达到 PB（petabyte），甚至 EB（exabyte）级别。它们之间的换算关系为：1 PB = 1024 TB（terabyte）= 1048576 GB（gigabyte），1 EB = 1024 PB。

②快速增长：数据的生成速度非常快，常常是持续、实时地增长。

③复杂性：数据形式多样，既包括结构化数据（如数据库中的表格数据），也包括半结构化（如日志文件）和非结构化数据（如视频、图像、文本）。

随着智能建造技术的不断发展，各种传感器、设备和系统的连接为建筑业带来了海量的数据流。具体来说，物联网通过大量布置在建筑物内外的智能传感器和相关设备收集环境、温度、湿度、空气质量、能源消耗、设备运行状态等信息。这些海量数据的实时采集和处理在智能建造领域扮演着至关重要的角色，但是随之而来的存储、处理和传输压力也巨大。因此，海量数据压缩技术在智能建造与物联网领域变得尤为重要和具有挑战性。

一般来说，数据压缩是将数据以更小的空间表示的过程，其目的是减少数据存储和传输的开销。数据压缩的核心目标包括：

①减少存储空间：压缩后数据占用的存储空间较小，节约存储资源。

②提高传输效率：通过数据压缩技术减少传输的数据量，优化带宽利用，减少传输延迟。

③降低数据处理难度：通过去除冗余信息，数据压缩技术可以降低数据处理复杂度。

数据压缩技术的核心原理是通过去除冗余信息以及有效利用数据的内部结构特征，以更少的存储空间或更高的传输效率来表示原始数据。无论是文本、图像、音频还是视频文件，都存在大量的冗余数据和规律性。压缩技术的目标就是识别这些冗余和规律，从而对数据进行有效的编码和表征，使得数据能够在尽可能少的空间内存储，并在需要时以高效的方式传输或恢复。

数据压缩技术存在多种划分方法。根据压缩后的数据完整性可分为 2 大类：无损压缩和有损压缩。无损压缩（lossless compression）的定义为：压缩前后的数据完全一致，解压缩后恢复为原始数据。无损压缩技术确保了数据的完整性，广泛应用于文本、图像、音频文件等领域。相对而言，有损压缩（lossy compression）通过舍弃数据中的一部分信息来实现压缩，解压缩后数据不能完全恢复为原始数据。虽然有损压缩技术的压缩效果显著，但有可能导致数据质量下降。它通常应用于数据不要求 100% 准确恢复的领域。根据实现方式，数据压缩技术可以划分为集中式压缩与分布式压缩两种形式。其中，集中式压缩技术是将所有数据在同一地点或同一设备上完成压缩和存储，其特点为：①数据传输路径短；②适用于小规模数据或集中式存储的系统；③依赖于单一设备的计算能力，可能存在性能方面的瓶颈。集中式压缩技术的适用场景为个人计算机文件压缩、本地服务器的日志文件处理等。分布式压缩技术的根本任务是将数据划分为多个子集,分散在多台设备或节点上进行压缩,最终集合成一个完整的压缩结果。它的主要特点如下:①适合大规模数据(如海量传感器数据、分布式存储系统);②支持并行处理并提升运算效率。分布式压缩技术的适用场景为云存储平台、物联网系统的数据压缩、大型科学实验数据(如结构健康监测数据)等。

　　然而需要注意的是,在海量数据压缩过程中,冗余消除是重要的概念之一。数据中存在很多重复或相似的部分,即冗余信息,压缩算法的核心任务之一就是去除这些冗余信息。冗余信息的来源有很多,包括时间冗余、空间冗余和统计冗余。例如,在连续的数据序列中,某些数据点可能与前一个或后一个数据点非常相似,压缩算法通过将相似的数据点合并来消除这种冗余。在图像数据中,相邻像素的颜色通常非常接近,这为数据压缩操作提供了很大的空间。不仅如此,数据压缩技术还涉及编码策略。具体来说,压缩算法利用有效的编码技术将数据转换为不同长度的符号或数字序列。在有损压缩算法中,一个重要的原理是变换和量化。变换技术将数据从原始的表示方式转换到一个新的表示方式,这种新的表示方式可能更适合数据压缩。以图像压缩为例,离散余弦变换(discrete cosine transform, DCT)可以将图像从空间域转换到频域,而在频域中图像的高频部分(即细节部分)有时人们并不关注,因此压缩算法可以通过去掉这些细节部分来减少数据量,从而最终保留图像的主要特征。量化则是将连续的数值范围映射到离散的数值范围,从而进一步减少表示数据所需的位数。量化过程通常伴随着信息的损失,但是通过精细的设计可以将损失降低至可接受范围内,即尽量减少数据压缩带来的质量下降。字典技术在数据压缩中也扮演着重要角色,尤其是在处理文本和某些类型的图像时。本质上,字典技术通过创建一个"字典"来存储数据中的重复模式,然后将这些重复模式替换成更短的表示形式。例如,在 LZ77(Lempel-Ziv 77)算法中,数据的重复部分被表示为一个指向字典的指针,而不是重复存储相同的数据内容,这种做法有效地减少了数据量。

　　总的来说,数据压缩的核心原理是利用数据本身的规律性和冗余,通过编码、变换、量化等技术,将数据转换为更加紧凑的表示。这些方法既适用于无损压缩(确保原数据不丢失),也适用于有损压缩(在可接受的质量损失范围内尽量压缩数据量)。针对不同类型的数据(如文本、图像、视频等),人们可以根据实际情况采用不同的压缩策略,但是它们都依赖于相似的核心原理:去冗余、有效编码和数据建模。通过这些技术的运用,数据压缩算法能够显著减少数据的存储空间或传输带宽,从而提高数据的存储效率和传输效率。

5.2.2　集中式压缩技术

　　根据上节所述,数据压缩技术根据实现方式可以划分为集中式压缩与分布式压缩 2 种形式。集中式压缩技术主要是为了满足智能建造过程中大量的数据存储和传输需求。随着建筑行业逐渐向数字化、智能化转型,建筑项目产生的数据量呈现爆炸性增长,这些数据包括施工现场的传感器数据、监控视频、设备状态信息、建筑模型数据等。然而,如何高效存储和传输这些数据已经成为智能建造技术发展的一个瓶颈问题,而集中式压缩技术在其中发挥了重要作用。

解锁视频
集中式压缩技术

首先，集中式压缩技术能够减少建筑项目产生的数据量，降低存储空间需求，特别是在大规模建筑项目中，海量的监控数据和传感器数据可能会占据巨大的存储空间。如果不进行数据的有效压缩，传统的存储方式可能导致数据存储成本大幅上升，而集中式压缩技术则在数据生成点和数据中心之间进行集中处理，能够大幅度压缩这些数据，且在保证数据完整性和准确性的前提下降低存储空间需求。

其次，集中式压缩技术有助于提升数据传输效率。在智能建造项目中，现场的各种传感器和设备通常需要将实时数据传输到中心服务器进行处理与分析。如果这些数据未经压缩，传输过程中可能会因带宽的限制而出现延迟，甚至出现数据丢失的情况。通过数据压缩技术，可以减少传输的数据量，从而显著提高数据的传输效率，确保实时数据能够快速、准确地传送至分析处理系统。

再次，集中式压缩技术还能够提高建筑信息模型（building information model，BIM）等三维建筑数据的处理效率。BIM作为核心的数字化表达方式，包含了建筑项目的详细设计、施工过程以及维护数据等信息。这些三维数据文件通常较大，如果不进行有效的压缩，将导致数据处理效率低下，甚至影响设计和施工的实时调整。通过集中压缩处理，可以有效减小BIM文件的大小，使得文件更易于存储和传输，同时保证其结构和功能的完整性。

最后，集中式压缩技术还能够为建筑行业的安全管理提供保障。在智能建造过程中，实时监控视频、传感器采集的环境数据等对项目安全至关重要。集中式压缩技术能够保证这些安全数据及时、有效地存储和传输，减少网络带宽不足或存储设备限制导致的安全隐患。例如，压缩后的视频数据能够在保持清晰度的情况下占用更小的存储空间，从而确保从海量数据中迅速检索出可能存在的安全问题。

总之，集中式压缩技术在智能建造中的应用能够有效提升数据存储、传输和处理效率，降低成本，并确保实时数据的准确性和完整性，这对于提升建筑项目的智能化水平、实现精确管理和控制、推动建筑行业的数字化转型具有重要意义。

1. 集中式压缩技术工作流程

如图5-1所示，集中式压缩技术工作流程通常从数据的采集阶段开始，经过数据传输、数据压缩、数据存储，最后将数据传输至中心系统或数据分析平台。

数据采集（传感器、摄像头）　→　数据传输（传输到中央系统）　→　数据压缩　→　数据存储（集中式存储系统）　→　数据传输到分析平台

图5-1　集中式压缩技术工作流程图

整个流程的第一步是数据采集。建筑项目中的传感器、监控设备、摄像头等源源不断地生成数据，这些数据通常是实时产生的，并且具有不同的格式和维度。例如，传感器会收集建筑结构的应力、温度、湿度等环境数据，而监控摄像头则记录视频等信息。这些采集的数据通过无线传感网络或有线网络传输至中央数据处理平台。

在数据被收集之后，下一个步骤是数据传输。在集中式压缩技术中，数据首先会经过一个集中式数据传输通道。这时，传输通道需要具备高带宽和低延迟的特性，以保证大量实时数据能够迅速到达处理系统。这一阶段主要挑战在于如何在保证实时性和数据完整性的前提下减少数据的传输量。

数据到达中央数据处理平台后，接下来的步骤便是数据压缩。数据压缩是集中式压缩技术中最为核心的一环。在此阶段，压缩算法被应用于收集到的数据。压缩算法可以是无损的，具体选择取决于数据类型、应用需求和压缩效率。在智能建造领域，人们通常会结合实际场景需求选择最合适的压缩算法。例如，结构健康监测数据可能会选择无损压缩以保留全部数据信息，而视频监控数据则可能采用有损压缩，以便在不影响关键事件识别的情况下减少带宽占用和存储空间。

在完成数据压缩后，压缩后的数据将被保存到集中式存储系统中。这个存储系统一般是一个高效的数据库或云存储平台，能够容纳大量的数据并提供高效的数据查询和检索能力。存储系统还需要具备容错性和冗余机制，以确保即使出现设备故障或数据损坏的情况，数据的完整性也不会受到太大影响。

最后，压缩后的数据将会传输至智能建造的核心分析平台或决策支持系统。这些系统通常依赖于机器学习、人工智能等技术对海量数据进行分析处理，从而为建筑项目的实时监控、故障预测和施工调度等提供支持。在这一阶段，数据压缩技术的优势不仅体现在减少存储空间和传输带宽上，更体现在对处理系统的高效支持，使得分析平台能够及时响应各种动态变化并作出精准的决策。

在整个集中式压缩技术工作流程中，每一步都需要精心设计以确保数据压缩前后的质量不受影响，同时保证实时性。总之，集中式压缩技术的应用，不仅能够有效提高数据存储和传输的效率，还能够为智能建造中的数据分析提供坚实的基础。

2. 常用的集中式压缩算法

为了提高数据存储和传输的效率，集中式压缩算法通常包括无损压缩和有损压缩两种方法。针对不同类型的建筑数据(如传感器数据、图像、视频等)，可以根据需要选择适当的压缩算法，以在确保数据完整性的前提下优化存储空间的利用率并提高数据传输效率。

常见的无损压缩算法主要包括哈夫曼编码、LZ77 算法等。上述算法的主要优点是不会损失任何原始数据的精度和信息，适用于对数据完整性要求非常高的情况。如结构健康监测数据通常包含应力、位移、温度等物理参数，必须保留每个数据点的完整性，因为任何信息的丢失都可能导致误判或者错误决策。因此，结构健康监测数据通常使用哈夫曼编码或LZ77 算法进行压缩。哈夫曼编码是一种基于数据出现频率的最优编码方式，其压缩率较高且实现相对简单。在建筑物的结构健康监测中，传感器的数据值可能会集中在某些固定范围内，例如某一特定区域的温度或湿度值大部分时间都处于一个较小的范围，而只有极少数时候才会发生显著的变化。这时，哈夫曼编码就能够通过频率分析将重复出现的数据点压缩成较小的编码，从而大大减少存储需求。LZ77 算法通过寻找数据中的重复模式来压缩数据，这些算法尤其适合处理大规模的结构化数据和文本数据。例如，施工现场的实时数据传输可能包含大量重复的格式化信息(如时间戳、状态标识符等)，这些内容可以通过 LZ77 算法进行有效压缩。具体来说，LZ77 算法通过滑动窗口的方式查找重复的字符串，并用一个指向历史数据的指针来替换这些重复部分。

有损压缩算法常用于对图像、音频和视频数据进行处理。由于智能建造中的一些场景对视频监控数据或图像数据的实时性和质量要求相对较低，例如环境监测数据、施工现场的定期巡视、长时间录像、非安全相关的工地视频记录和低优先级的后台监控等，处理数据时允许丢失一些细节数据而仍能保持整体图像或视频的可用性和可视性。对于这些场景，虽然数据的可用性和可视性仍需保证，但并不要求达到高清晰度和低延迟的标准，因此可以通过更高的压缩比来减轻存储和传输的负担。常见的有损压缩算法包括 JPEG（joint photographic experts group）、JPEG 2000（joint photographic experts group 2000）、MPEG（moving picture experts group）等。这些算法通过移除人眼难以察觉的细节信息来减小数据量。在智能建造领域，施工现场的视频监控数据通常会占用大量带宽和存储空间，尤其是在大规模施工项目中。为了有效管理这些视频数据，通常采用 JPEG 或 MPEG 等有损压缩算法将视频压缩为较小的文件，而不会影响关键的安全事件或施工状态的识别。在建筑工地上，实时视频监控是一个重要的安全保障手段，但监控摄像头生成的高清视频数据量非常庞大。如果不对视频进行有效压缩，数据传输和存储成本将会非常高。通过采用 MPEG-4 或 H.264 等视频压缩标准，可以在保持视频质量的同时将数据量降低 80% 以上，从而使得视频数据可以在低带宽的网络环境下高效传输，节省大量存储空间。

除了这些经典的压缩算法，还有一些专门针对建筑领域的数据压缩方法。例如，建筑信息模型（BIM）作为智能建造中的核心数据之一，通常包含大量的三维几何数据和建筑结构信息。为了高效地存储和传输 BIM 数据，常用的压缩方法包括基于点云（point cloud）的压缩算法和基于几何简化的压缩方法。点云数据来自激光扫描仪等设备，包含建筑物表面的密集三维坐标点，而这些坐标点的数据量往往非常庞大。点云压缩算法如 PDAL（point data abstraction library）通过去除冗余点、分层存储和空间量化等方法来显著减少点云数据的存储需求。此外，针对 BIM 模型的几何数据，许多算法会利用模型的对称性和重复性，通过网格简化、顶点聚类等方法来压缩数据，从而减少存储空间和减轻相应的计算负担。

3. 集中式压缩技术的优缺点

集中式压缩技术在智能建造中的应用虽然有许多优势，但也存在一些局限性。这项技术的优缺点如下。

首先，集中式压缩技术的一个主要优点是能够大幅度提高数据存储和传输的效率。在智能建造过程中，建筑数据量往往非常庞大，包括来自传感器、监控设备、设备状态以及 BIM 等的各类信息。如果没有有效的压缩技术，数据的存储和传输将面临巨大的挑战，可能导致存储设备负担过重、带宽资源紧张，甚至造成数据处理系统的延迟。通过集中式压缩技术，数据可以在收集、传输到中央处理平台的过程中得到有效压缩，减少对存储空间和带宽的需求，提升整体系统的效率，这在建筑项目中，尤其是在大规模和长周期的项目中能够显著降低成本和提高响应速度。与此同时，集中式压缩技术还能提升数据分析的实时性和精确性，保证建筑项目在各个阶段都能获得及时、准确的数据支持。

然而，集中式压缩技术也存在一定的缺点，特别是在处理复杂数据和实时性要求高的场景下。尽管数据压缩能够节省存储空间和带宽，但在某些情况下，压缩过程本身可能会增加系统的计算负担。事实上，压缩和解压缩操作通常需要消耗一定的计算资源，尤其是针对大规模数据的集中处理会导致数据处理系统的延迟增加。有时候，在实时监控和应急响应的场景中，这种延迟可能会影响到项目的及时决策和快速反应。例如，在建筑安全监控中，视频数据的解压缩过程可能导致监控画面呈现滞后，从而影响安全事件的即时识别和响应。因此，集中式压缩技术在数据处理速度和实时性方面可能存在一定的缺陷，尤其是在需要高效实时数据分析的场景中，集中式压缩技术可能会成为限制系统性能的一个因素。

5.2.3　分布式压缩技术

>>>

分布式压缩技术通过将数据压缩任务分散至多个处理节点，从而有效地解决了集中式压缩技术所面临的难题。因此，分布式压缩技术在智能建造领域具有显著的优势，尤其是在处理海量数据和确保系统高效运行方面。

与集中式压缩技术相比，分布式压缩技术的关键在于将大规模的实时数据流在生成源头附近进行压缩，而不是将所有数据传输到中心服务器进行集中处理。这种处理方式不仅减少了数据传输时的带宽需求，还避免了网络拥堵和延迟，因此确保了系统的实时性和响应能力。例如，建筑工地上可能会有成百上千个传感器实时监测建筑结构、环境和设备的运行状态，这些传感器获得的数据量巨大且变化频繁，这些数据可以在接近数据源的地方进行压缩和预处理，仅将压缩后的核心信息传输到后台系统以便开展进一步的分析与处理。

事实上，智能建造领域的测量数据不仅是静态的传感器数据，还包括动态的图像、视频流和建筑进度监控数据，这些数据的大小和复杂性远远超出了传统数据处理系统的承载能力。分布式压缩技术能够通过将压缩过程分配给多个处理节点，使得这些复杂的数据在保证实时性的前提下，被高效地处理和存储。例如，多个摄像头同时录制建筑工地的施工过程可通过分布式压缩技术有效地减少视频数据的冗余，而且压缩后的视频流便于实时传输和存储，同时也可以在需要时快速调阅相关信息。

分布式压缩技术的另一个重要特点是它能够在不同的计算节点上进行并行处理。由于每个节点处理的只是其周围区域或设备的数据，这使得数据压缩过程不再是瓶颈，反而通过分布式计算的方式加速了整个数据流的处理过程。借助分布式压缩技术，系统能够在每个节点上执行局部的压缩操作以确保压缩过程的高效性，同时又能够在全局范围内保持数据的一致性和完整性。这种分布式并行处理使得智能建造的各项任务能够协同运作，从而减轻全局网络和存储的压力。

总之，分布式压缩技术通过优化数据的存储、传输和处理过程，不仅减轻了智能建造领域中海量数据带来的压力，还提升了系统的整体效率和智能化水平。随着建筑行业对数据的实时性、精确性和可操作性的要求不断提高，分布式压缩技术将成为智能建造中不可或缺的一部分，有助于行业更好地应对大数据时代的挑战。

1. 分布式压缩技术工作流程

分布式压缩技术的流程如图 5-2 所示。比较图 5-1 和图 5-2 可知：分布式压缩技术与集中式压缩技术的工作流程大体相似，但有所不同。事实上，集中式压缩技术是将所有数据集中到一个中心节点进行压缩，而分布式数据压缩技术则将数据压缩任务分配到多个节点进行并行处理。在数据采集阶段，分布式压缩与集中式压缩一样，数据首先通过传感器、监控设备等进行采集，来源广泛且实时。不同的是，分布式压缩技术采集的数据在分布式环境中将直接发送至接近数据源的计算节点，而不是统一汇总到中央服务器。分布式压缩技术数据预处理步骤与集中式压缩技术相似，包括去噪、数据格式转换等操作，二者的区别在于分布式压缩技术的预处理通常在多个节点同时进行以提高信息处理效率。在数据压缩阶段，分布式压缩技术的算法选择与集中式压缩技术类似，可以采用无损或有损压缩方法。不同的是，分布式压缩过程在多个节点上并行执行,即每个节点处理一部分数据,因此减少了压缩过程中的时间延迟。对于存储和传输环节,分布式压缩技术与集中式压缩技术处理手段并不相同。具体来说,分布式压缩技术将局部压缩后的数据发送到中心节点进行汇总和最终存储,这种方式不仅减轻了中央存储系统的负担,而且提高了数据传输效率。

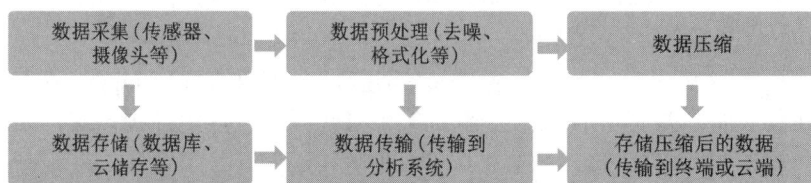

图5-2 分布式压缩技术工作流程图

2.分布式压缩技术的常用算法

分布式压缩技术的常用算法与集中式压缩技术类似,但在并行处理和局部压缩方面有所不同。其中,分布式哈夫曼编码将频率统计任务分配到多个节点进行处理,即分配的每个节点对局部数据进行编码,然后将结果汇总,减少了集中开展频率统计工作带来的延迟。分布式字典压缩(如 Lempel-Ziv 系列算法)允许各节点维护自己的字典并进行局部压缩,因而减少了传输数据的冗余。分布式小波变换与集中式小波变换类似,其压缩过程在多个计算节点上并行执行,即每个节点负责局部数据的变换,然后合并结果以减少数据传输带宽。

3.分布式压缩技术的优缺点

分布式压缩技术的优点包括提高压缩效率、减少带宽需求和增强了实时性。通过并行处理,分布式压缩技术能够充分利用多核和多节点的计算能力,提高数据压缩和处理的速度并减少带宽需求,尤其适合带宽受限的环境。与集中式压缩技术相比,分布式压缩技术能够在数据源附近进行处理,从而更好地满足智能建造对实时性和高效响应的要求。

然而,当前的分布式压缩技术也存在一些挑战。首先,系统的复杂性增加,需要更多的基础设施和复杂的算法设计。其次,分布式压缩技术可能会导致负载不均衡问题。在分布式环境下,各个节点的计算能力可能存在差异,因此有可能影响整体效率。最后,节点之间的通信费用也会影响分布式压缩技术的效果,特别是在网络条件不稳定的环境下,通信延迟可能影响整个压缩过程的效率。

5.3 异常数据修复

异常数据的分类具体如下。

1.根据数据集性质分类

(1)单变量异常(univariate outliers)

异常值仅在单一特征(变量)中出现,与其他值相比显著不同,可细分为数值型异常和分类型异常。

（2）多变量异常（multivariate outliers）

异常值在多个特征组合时显现出来，不能仅从单一变量的角度识别，可细分为相关性异常和条件异常。

（3）时间序列异常（time-series outliers）

数据点在时间序列中出现异常，通常表现为突然的波动或变化，可细分为趋势变化异常、季节性异常和突发异常。

（4）空间数据异常（spatial outliers）

在空间数据集中，异常数据表现为地理分布上的离群点，可细分为位置异常和距离异常。

2. 根据异常的类别分类

（1）点异常（point anomaly）

一个单独的数据实例相对于其余的数据被认为是异常的。这是最简单的异常类型，也是大多数异常检测研究的重点。以信用卡为例，如果一笔交易的支出金额与账户内的正常支出相比高很多，那么这将是一个异常点。

（2）上下文异常/条件异常（contextual anomaly/conditional anomaly）

上下文异常/条件异常是指实例在特定情境中异常而在其他环境中正常的情形，这在时间序列和空间序列中最为常见。

（3）集体异常/群体异常（collective anomaly/group anomaly）

集体异常/群体异常是指相关数据实例的集合相对于整个数据集是异常的。尽管集体异常中的个别数据实例本身可能并不异常，但是它们作为一个集体出现时是异常的。

在智能信息处理技术中，异常数据的诊断与修复是确保数据质量和系统稳定性的关键环节。因此，针对异常数据开展诊断与修复工作不仅是智能建造领域的现实需要，也是未来的发展趋势之一。

5.3.1　异常数据诊断与修复原理

>>>

异常数据诊断是指识别和处理数据集中的异常或不一致数据点的过程。异常数据可能是由系统故障、错误的测量、输入错误或其他异常情况引起的。异常数据的存在影响了数据分析结果的准确性，因此需要对其进行有效的诊断和处理。

1. 异常数据诊断的基本原则

（1）数据分布的对比：异常点通常是与整体数据分布差异较大的点。通过对数据集的统计特性（如均值、标准差等）进行分析可知，异常点往往偏离这些统计特征。在已知数据集的分布形态（如正态分布、均匀分布等）下，异常点通常会表现出较高的偏离度。

（2）局部与全局的视角：异常点有时是在局部范围内偏离正常数据模式（局部异常），有时则是全局范围内的显著偏离。异常数据诊断不仅要考虑全局的分布情况，还要注意局部区域内的异常。

（3）数据之间的关系：异常检测不仅依赖单一数据点的分布，还需要考虑数据点之间的相互关系。例如，时间序列中的突变、空间数据中的异常点等都可能通过数据之间的依赖性暴露出来。

2. 异常数据诊断的目标

异常数据诊断最直接的目标是识别那些与正常行为或数据有显著偏差的点。针对不同的应用场景，异常数据诊断的目标不尽相同，具体如下。

①提高数据质量：异常数据可能是由于设备故障、数据录入错误等原因产生的。检测和处理这些异常数据能够提高数据集的质量，从而提高后续数据分析或建模的准确性。

②从异常中发现新的模式或重要信号：异常数据有时并不意味着错误或无意义，相反，它有可能揭示了系统中的新变化或重要事件。例如，在工业生产过程中，某个异常点可能预示着设备即将发生故障。通过异常检测，可以及早识别这些重要信号并采取预防措施。

③防止不良决策：如果异常数据未被及时发现，它可能导致模型的错误训练或不准确的决策。特别是在机器学习、统计建模等应用实践中，异常数据可能导致分析结果产生偏差。因此，及时发现异常数据并进行处理，有助于预防基于错误数据做出的决策。

④减少噪声的影响：在许多实际工程中，噪声通常被识别为异常数据。噪声会影响模型的性能，特别是在基于数据驱动的方法中。通过异常检测，可以剔除噪声数据，提高模型的准确性和稳定性。

3. 异常数据诊断的挑战与注意事项

①异常的定义要明确：不同的应用场景和问题背景中，异常的定义可能有所不同。例如，在某些情况下，极端的数值可能是正常的，而在另一些情况下，它们可能代表异常。因此，在进行异常诊断时必须明确异常的定义和标准。

②高维数据的处理：在高维数据中，传统的异常诊断方法（如基于距离的方法）可能不再有效，因为高维空间中的数据点相对稀疏，数据点之间的距离变得不再有意义。此时，如何处理高维数据并降低"维度灾难"的影响成为异常数据检测的一大挑战。

③算法选择与调优：不同的异常数据检测算法适用于不同的数据特性和场景。选择合适的检测算法并对其进行调优能够提高异常数据诊断的准确性。例如，基于密度的方法在高密度数据中表现良好，而基于距离的方法则在低密度区域更为有效。

④结果验证与评估：异常数据诊断往往伴随着大量的标注和验证工作，特别是在标签缺失的情况下。为了确保异常数据诊断的有效性，需要采用合适的评估指标（如准确率、召回率、F1 分数等）并通过专家知识或根据实际业务情况进行验证。

在对异常数据进行正确诊断之后，异常数据修复成为不可或缺的一环。它的核心原理是通过合理的方法处理检测到的数据异常值，使其更接近数据的正常分布或行为模式。

4. 异常数据修复的基本原则

①准确性：修复后的数据应尽可能真实地反映实际情况。

②一致性：确保修复后的数据符合业务规则和逻辑。

③最小化影响：在修复异常数据时，应尽量避免使数据整体特性产生较大的偏差。

5. 异常数据修复的目标

异常数据修复的目标是提高数据质量和数据分析的准确性。传统数据修复算法一般是对发现的异常数据进行删除处理或者增加新样本以消除冲突，例如对含有缺失属性的样本进行删除、对冗余样本进行删除、增加一些新的样本集使得数据库满足依赖关系、删除导致不一致的样本使得数据库满足完整性约束。然而，样本的删除在某些情况下会导致数据库信息丢失，而增加样本也并没有使查询结果更为精确。

　　由于样本的增加或删除导致数据修复的效果并不十分理想，因此目前常用的方法是对样本中的某些属性值进行修改，即将影响数据质量的样本属性值修改为经过一系列计算得出的属性值。通过修改属性值提高数据质量的数据修复算法可划分为利用规则的数据修复算法、利用约束的数据修复算法、用户参与的数据修复算法、基于统计分析的数据修复算法等。在满足数据质量要求的情况下，异常数据修复可能会有多个方案，此时如果有用户参与到决策过程中，可以由用户判断哪种修复方案更好。如果没有用户参与，数据修复算法一般选择修复代价最小的数据修复方案。

　　6. 异常数据修复的挑战与注意事项

　　① 上下文相关性：数据修复需基于数据背景，避免简单替换导致偏差。

　　② 避免过度修复：不应把真实的"极端值"误判为异常数据并进行修复。

5.3.2　异常数据类型与诊断方法

　　在当前的大数据背景下，数据体量大、承载信息多，这导致数据异常的概率大大提升。异常数据诊断方法是一系列用来检测、识别和分析数据集中异常值的技术。不同的异常数据检测方法适用于不同类型的异常数据和问题。对于实时更新的数据，机器学习可以掌握数据的模式和变化趋势，尤其是时间尺度上的变化趋势。尽管目前我们可以通过人工手段分析一些典型的数据特征，进而判断数据是否异常，但是对于数据异常的详细标签还是无法准确给出。在本节中，我们归纳总结了如下 4 种无监督学习在线异常诊断方法。

　　1. 支持向量回归分析预测法

　　通过对比预测负荷数据和实际负荷需求，可以实现负荷回归分析。然而，负荷回归分析需要借助回归预测模型，在这里我们采用支持向量回归模型，即通过最小化支持向量的误差来实现负荷的预测分析。针对样本 (x, y)，将 L 集合中的数据重新表示为 $x = L_t$。y 主要有 2 个取值，当样本数据正常时为 1，异常时取 0。支持向量回归分析预测模型公式如下：

$$\min_{w, b} \frac{1}{2} ||w^2|| + C \sum_{i=1}^{m} t[f(x_i) - y_i] \tag{5-1}$$

式中：w 和 b 分别为待确定的模型参数；C 为正则化常数；$f(x_i)$ 表示支持向量回归模型对第 i 个样本输入特征 x_i 的预测输出；y_i 表示第 i 个样本的真实标签，当样本数据正常时 $y_i = 1$，异常时 $y_i = 0$。

$$\tau_\varepsilon(z) = \begin{cases} 0, & \text{if } |z| \leq \varepsilon \\ |z| - \epsilon, & \text{otherwise} \end{cases} \tag{5-2}$$

式中：$\tau_\varepsilon(z)$ 为不敏感函数；ε 表示容许误差。引入松弛变量 ξ_i，其对偶变量为 $\widehat{\xi_i}$，则有：

$$\min_{w, b, \xi_i, \widehat{\xi_i}} \frac{1}{2} ||w^2|| + C \sum_{i=1}^{m} (\xi_i + \widehat{\xi_i}) \tag{5-3}$$

　　基于上述支持向量回归分析结果，可以先计算出预测值和实际值之间的差异，即残差。然后，检查残差是否符合某个概率分布，例如正态分布。如果残差不符合预设的概率分布，则说明可能存在离群值，即异常数据点。例如，给定均值为 μ、标准差为 σ 的标准正态分布函数，落在 $[\mu-3\sigma, \mu+3\sigma]$ 区间之外的值可以判定为离群值，即异常数据。

2. 基于神经网络的方法

异常数据预测需要对大量历史数据进行训练和搜索,而神经网络是数据驱动的有力工具,可以应用于异常数据预测与诊断。与支持向量回归分析预测不同的是,基于神经网络的预测方法通过改变神经网络的配置(包括隐藏层和隐藏层内的节点数目)形成不同的预测函数,具体步骤如下:首先,将读取的数据通过神经网络进行训练,进而对数据需求进行预测和求解残值。如果获得的残值结果超出了所提出的区间,则将其标记为异常数据。如果新数据标记为正常,则更新神经网络模型,并应用于新的训练数据,以便得到残值的概率密度函数。此时,如果新数据标记为异常数据,则停止对神经网络模型的更新。

3. 聚类分析法

聚类分析法将所有数据分为两类:异常数据和正常数据。一般情况下,聚类通过二进制数聚类方法实现。由于孤立节点的易受干扰性,一般容易在二进制数的根部发现孤立数据,其原因为:正常数据与异常数据差异的分界一般在早期出现,而异常数据的不同存在位置会沿着二进制数的最短路径出现。

考虑到一般聚类分析方法的局限性,可以利用孤立森林方法进行异常数据检测。孤立森林定义为容易被孤立的离群点。在特征空间里,孤立森林法是一种适用于连续数据的无监督异常检测方法,不需要有标记的样本进行训练。孤立森林方法作为一种非常高效的检测策略,它递归随机地分割数据直至所有样本点均为孤立点。在这个过程中,孤立森林并不需要计算量测点之间的距离,却能够大幅提高在线检测的正确率且压缩计算时间。总的来说,孤立森林法利用了异常数据的两点性质:①异常数据稀有;②异常数据的某些特征与正常数据有明显差异。

4. 投影方法

投影方法是利用投影向量将输入空间投影至子空间从而减少维数的方法。主成分分析和轻型在线异常检测(lightweight on-line detector of anomalies,LODA)是异常数据检测中常用的两种投影方法。其中,轻型在线异常检测方法基于特征向量的某些随机离散投影集合,能够在离散稀疏投影状态下表现出良好的计算效率。具体来说,投影向量 w_i 将高维数据映射到一维,通过直方图展示投影值的分布。考虑 k 个一维的直方图作为训练数据,样本数据的 LODA 输出如式(5-4)所示。

$$f(x) = -\frac{1}{k}\sum_{i=1}^{k} \lg \widehat{p_i}(x^{\mathrm{T}}w_i) \tag{5-4}$$

式中:$\widehat{p_i}$ 为投影向量 w_i 和输入 x 的相对概率。针对输入数据的离散检测,w_i 的投影值和相对概率 $\widehat{p_i}$ 均可以通过直方图得到。式(5-4)中的 $f(x)$ 的数值越大,样本被判定为异常数据的概率越低。因此,基于训练的直方图可以得到输入数据的 LODA 输出。通过与相应阈值进行对比,输入数据可以被判定为正常或异常。如果输入数据被判定为异常,则将该数据用于更新直方图。

5.3.3 异常数据修复方法

在智能建造领域,异常数据修复是确保项目顺利进行、降低风险和提高施工效率的关键环节。建筑项目中涉及大量数据(如 BIM 数据、传感器数据、设备监控数据等),数据质量的维护和修复显得尤为重要。常见的数据修复方法如下。

1.机器学习方法

机器学习算法通过学习数据的内在结构和规律来修复缺失值,尤其适用于复杂的、高维度的数据修复任务。

(1)k 最近邻法

k 最近邻法(k-nearest neighbor,KNN)根据数据点之间的相似性,从邻近的数据点中寻找合适的填充值。

k 最近邻法的原理:首先计算每个数据点之间的相似性(通常使用欧几里得距离、曼哈顿距离等度量方式)。如果数据点的某一特征值缺失,可以使用该特征值在其他数据点中最接近的邻域点来填补。紧接着,在所有数据点中选择 k 个与目标点最相似的点。最后,对于分类任务,通常使用邻域点中出现次数最多的标签来填补缺失值;对于回归任务,则使用邻域点的加权平均来填补。

k 最近邻法的运算速度和修复精度主要与 4 个要素密切相关:近邻个数、状态向量、距离度量方式和算法实施方式。近邻个数 k 表示从历史数据库中选取与当前数据相似的数据组数,其选取标准主要与历史数据库有关。状态向量作为当前数据与历史数据库实施匹配的一个标准,表征了历史数据库中的数据特征。距离度量方式用于计算异常数据状态向量与历史数据库中各个状态向量之间的距离。修复算法构造了采用 k 组近邻数据集修复异常数据值的方案。

(2)决策树/随机森林

决策树修复首先构建一个决策树模型,然后通过决策树的分支对数据的不同特征进行分类或回归。决策树的结构图如图 5-3 所示。由图 5-3 可知,决策树由以下几种元素构成。

根节点:包含样本的全集。

内部节点:对应特征属性测试。

叶节点:代表决策的结果。

如果某个特征值缺失,可以通过决策树模型预测该特征的最可能值。例如,如果一个客户的收入数据缺失,可以通过该客户的地理位置、年龄等其他特征来预测收入。

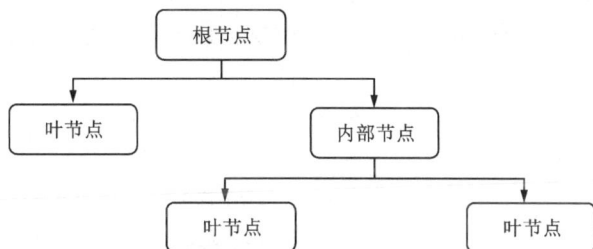

图 5-3　决策树结构图

随机森林修复:随机森林是由多棵决策树组成的集成学习模型。它通过多次训练不同的决策树来预测缺失数据值,即每棵决策树对缺失值的预测都具有一定的贡献,然后对多个决策树的预测结果进行投票或平均以提高预测的准确性。

（3）深度学习

深度学习（deep learning）特指基于深层神经网络模型和方法的机器学习方法。深度学习模型可以学习数据的复杂模式，并通过反向传播算法修复缺失数据，适合大规模、高维度的数据集。

原理：自动编码器（autoencoder）是一种无监督学习模型，可以通过对数据进行编码和解码来修复缺失数据，而神经网络模型则通过压缩数据并提取关键特征来恢复缺失数据。

编码器：将输入数据压缩为低维表示。

解码器：从低维表示中恢复原始数据并填补缺失值。

神经网络回归/分类：对于回归任务，神经网络作为一种模型，通过特定的训练过程和损失函数预测缺失的数值；对于分类任务，神经网络也可以预测缺失的标签。

2. 基于时序的修复方法

在建筑项目中，尤其是在施工过程中的监测数据往往是时间序列数据。处理这类异常数据时，需要考虑时序的连续性和趋势。以下是两种常见的基于时序的修复方法：时间序列分解和卡尔曼滤波。

（1）时间序列分解

时间序列分解后的成分通常包括趋势、季节性和残差，而且每个成分对于时间序列数据的特性和预测都具有重要意义。

趋势：数据长期的上升或下降趋势。例如，建筑项目的施工进度或资源消耗通常会呈现一定的趋势。

季节性：数据中重复出现的周期性模式。建筑项目中的某些数据（如温度、湿度、设备使用率等）可能具有季节性波动。

残差：去除趋势和季节性后的剩余部分，通常表现为噪声或不可预测的波动。

时间序列分解算法的具体步骤如下：

分解：首先使用时间序列分解算法（如 STL 或 classical decomposition）将原始数据分解为趋势、季节性和残差成分。

修复缺失值：针对每个成分进行缺失值的修复。

趋势成分：通过线性回归、滑动平均等方法对趋势进行修复。

季节性成分：利用季节性和周期性规律填补缺失值，以确保数据的周期性特征得以保留。

残差成分：通常采用均值填充或基于预测模型等方法来平滑噪声并减小因缺失值引起的误差，从而确保重构后的时间序列具有更高的准确性和一致性。

重构：将修复后的趋势、季节性和残差成分合并以重构完整的时间序列。

（2）卡尔曼滤波

卡尔曼滤波是一种递归算法，广泛应用于动态系统的状态估计，尤其适用于实时系统中的噪声数据修复。卡尔曼滤波的核心思想是利用当前状态和之前的观测数据，并结合噪声模型和系统状态方程来递归估计未来状态。即使存在缺失值，卡尔曼滤波也能够根据系统的动态特性填补数据。

卡尔曼滤波器通过以下 2 个主要模型来修复缺失值。

状态方程：描述系统状态随时间的演变，通常假设当前状态仅与前一个状态和控制量相关。对于建筑项目中的传感器数据，系统状态可以表示为传感器测量的状态(例如温度、湿度、位移等)。

观测方程：实际结构中通常存在一些随机噪声，而这些噪声会影响实际测量值。观测方程将状态模型与观测数据连接起来，主要用于描述测量的误差和噪声。

卡尔曼滤波修复缺失值的步骤如下：

初始化：设定初始的系统状态估计和误差协方差矩阵。

状态预测：根据系统的状态方程预测当前时刻的状态。

状态更新：根据实际观测数据进行修正，并通过卡尔曼增益调整状态估计。

递归处理：随着时间的推移，不断迭代更新并修复缺失值和调整误差。

3. 基于 BIM 的数据修复

基于建筑信息模型(BIM)的数据修复在智能建造过程中发挥着至关重要的作用。BIM 不仅包含几何数据，还涉及工程量、施工进度、质量数据以及设备、人员、材料的动态变化。因此，如何保持 BIM 的数据完整性和一致性并确保项目的高效运行已经成为智能建造领域的一个关键问题。以下是基于 BIM 的数据修复方法的介绍，主要包括 BIM 数据校验和数据同步。

(1) BIM 数据校验

BIM 通常会遇到数据错误、缺失、冲突等问题，从而影响模型的准确性和实际施工的顺利进行。BIM 数据校验是识别和修复这些问题的重要手段。

①几何数据校验。

几何数据指的是建筑物的空间布局、尺寸、形状等方面的数据，常见的几何数据问题包括：

几何错误：例如墙体、梁柱尺寸不一致或不符合设计规范。

碰撞检测：在设计阶段，可能出现建筑元素之间的物理碰撞(例如管道穿过墙壁)。使用 BIM 软件的碰撞检测工具(如 Navisworks)可以识别这些冲突并提出相应的修改建议。

解决方法：

碰撞检测和修复工具：使用 BIM 软件(如 Revit、Navisworks)进行自动碰撞检测，通过模型分析工具识别和修复几何错误。修复后，可以确保各个构件之间的协调性和建筑设计的准确性。

几何一致性检查：对模型进行一致性检查，确保所有部件符合标准，并消除不合理的构件或尺寸。

②工程量和施工进度校验。

工程量数据通常是与建筑物的具体设计、施工进度以及成本相关的数据，误差可能会出现在工程量计算、时间安排和资源分配等方面，常见问题包括：

工程量错误：模型中可能存在冗余或缺失的构件，导致工程量计算错误。

施工进度不匹配：模型中的施工进度与实际工地的进展不一致。

解决方法：

工程量计算工具：使用 BIM 软件(如 Revit、Tekla)中的工程量计算功能对模型中的构件进行全面的数量和成本审查。根据模型数据自动生成准确的工程量表格，并与实际工地的工程量进行比对。

施工进度同步：通过将 BIM 与项目管理软件(如 Primavera、MS Project)集成，实现施工进度的自动更新和同步，确保模型中的进度信息与实际进度保持一致。

③质量数据校验。

质量数据包括建筑材料的质量、施工质量、检测结果等，常见的问题包括：

质量记录缺失：施工过程中的质量检查数据可能未及时录入或存在缺失。

数据不一致：实际施工中的质量检查数据与 BIM 中的预设标准不一致。

解决方法：

质量检查与记录系统集成：将 BIM 与质量管理系统(如质量检测报告软件)对接，确保所有质量数据实时同步和记录，同时及时修复数据遗漏或错误。

自动质量数据审查：使用 BIM 中的标准化工具，自动验证模型是否符合质量标准，确保每个施工环节的数据完整性和一致性。

(2)数据同步

在现代智能建造中，BIM 不仅是设计阶段的数据管理工具，而且需要与现场的数据(如传感器数据、设备数据、施工现场进展数据等)进行同步以实现实时监控和动态调整。这种同步对数据修复和更新至关重要。

①BIM 与现场传感器数据同步。

在建筑施工过程中，现场可能会部署多种传感器(如温度传感器、湿度传感器、位移传感器等)来监控施工环境和建筑结构的状态。实时传感器数据可以帮助现场施工管理人员发现潜在的施工问题(如结构变形、设备故障等)。

解决方法：

物联网与 BIM 集成：将现场传感器和监测设备通过物联网技术与 BIM 连接，从而实现实时数据流入 BIM 系统。这种操作使得 BIM 能够根据实时监测数据进行更新和调整。例如，当传感器数据表明建筑结构出现偏差时，BIM 可以实时反映并发出警告。

实时数据流同步：通过使用专门的数据集成平台(如 Autodesk Forge 或 openBIM 平台)将现场设备和传感器的数据与 BIM 进行无缝对接，以保证数据的一致性和实时性。

②BIM 与施工进度数据同步。

施工现场的进展数据，如工人到场情况、施工设备的运行状况等，需要与 BIM 进行同步，这有助于在施工过程中进行实时调整以减少错误和延误。

解决方法：

BIM 与施工管理系统集成：将 BIM 与施工管理平台(如 Procore、Buildertrend 等)集成以实现施工进度、人员安排和材料使用等信息的动态同步。

进度跟踪与调整：将 BIM 与项目管理工具集成来自动跟踪施工进度并对模型中的施工计划进行调整，从而确保每个阶段的施工任务与实际进度一致。

③BIM 与维护和运营数据同步。

建筑物竣工后，BIM 仍然需要与设施管理系统同步，以便进行设备维护、维修和资源管理。BIM 中的设施信息可以帮助管理人员实时更新设备的状态和维护记录。

解决方法：

设施管理系统集成：将 BIM 与设施管理软件对接，以确保设施运营和维护过程中的所有数据都能自动更新到 BIM 中。这样，设施管理人员可以通过 BIM 查看设备的实时状态并制订故障修复和维护计划。

数据反馈机制：利用 BIM 与设备传感器反馈机制实现对设备使用情况的监控，并及时识别设备故障或维护需求。

5.4　多源数据融合　>>>

5.4.1　多源数据融合原理　>>>

多源数据融合算法是感知融合领域的核心内容。多源数据融合实际上是对人脑综合处理复杂问题的一种功能模拟，它通过对多源数据在数据级、特征级、目标级等不同层次上进行融合处理，从而获得目标的高精度描述。在多传感器(或多源)系统中，各信号源提供的信息可能具有不同的特征：时变的或者非时变的，实时的或者非实时的，快变的或者缓变的，模糊的或者确定的，精确的或者不完整的，可靠的或者不可靠的，相互支持的或者相互矛盾的。多源数据融合的基本原理就像人脑综合处理信息的过程一样，充分利用多个信息资源，通过对多种信源及其观测信息的合理支配与使用，将各种信息来源在空间和时间上的互补与冗余信息依据某种优化准则组合起来，从而产生对观测环境的一致性解释和描述。信息融合的首要目标是基于各信号源分离观测信息，通过对信息的优化组合导出更多的有效信息。它的最终目标是利用多个信息来源协同工作的优势来提高整个系统的有效性。

根据输入数据的抽象程度可将多源数据融合技术划分为目标级融合(后融合)、特征级融合和数据级融合(前融合)3 个层次，如图 5-4 所示。

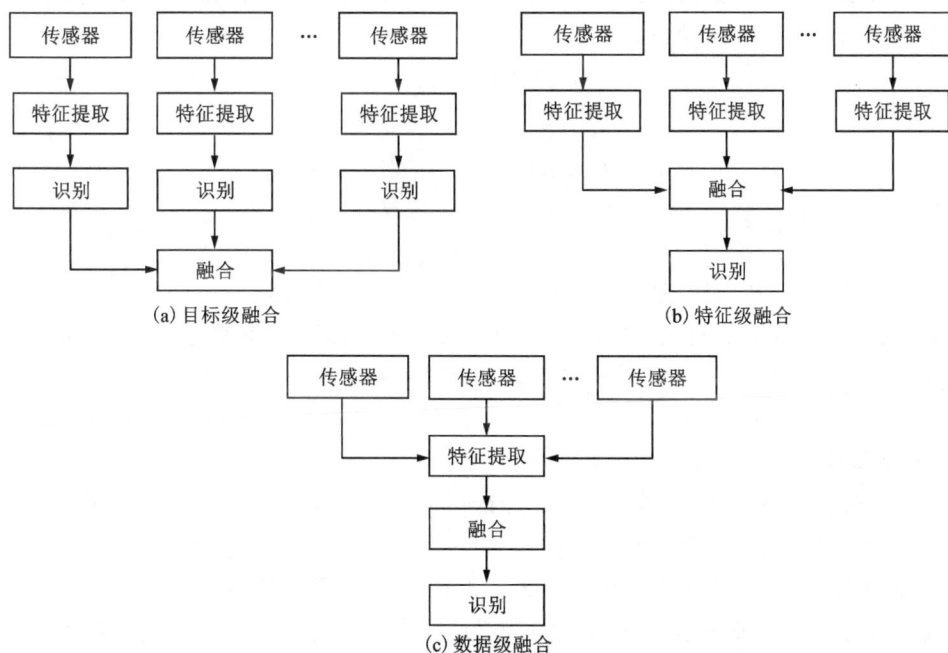

图 5-4　多源数据融合的 3 个层次

目前主流的多源数据融合算法有加权平均法、贝叶斯定理、卡尔曼滤波原理、DS 证据理论推理和深度学习等。

1. 加权平均法

加权平均法将多个传感器独立探测的数据乘以相应的权值，然后累加求和并取平均值，该平均值即为融合结果。加权平均法比较简单直观，较为容易实现且实时性好，但是其权值的取值和分配具有一定的主观性，因此融合效果不够稳定且实用性较差。

2. 贝叶斯定理

贝叶斯定理基于先验概率并不断结合新的数据信息来获得新的概率，其公式如式（5-5）所示。

$$P(A_i \mid B) = \frac{P(B \mid A_i)\, P(A_i)}{\sum\limits_{i=1}^{n} P(B \mid A_i)\, P(A_i)} \tag{5-5}$$

式中：$P(A_i)$ 为事件 A_i 发生的概率；$P(B \mid A_i)$ 为事件 A_i 发生的前提下事件 B 发生的概率；$\sum\limits_{i=1}^{n} P(B \mid A_i)$ 为完全事件 A 发生的前提下事件 B 发生的概率；$P(A_i \mid B)$ 为事件 B 发生的前提下事件 A_i 发生的概率。

贝叶斯定理的主要局限性在于其工作基于先验概率，而先验概率往往需要通过大量的数据统计来获得。

3. 卡尔曼滤波理论

卡尔曼滤波理论是一种利用线性状态方程，通过系统输入的观测数据对系统状态进行最优估计的算法。卡尔曼滤波算法能合理且充分地处理多种差异很大的传感器信息，并能适应复杂多样的环境。基于递推特性，卡尔曼滤波算法不仅可以对当前状态进行估计，而且可以对未来状态进行预测。卡尔曼滤波算法常用的公式如下。

$$\boldsymbol{m}_{k|k-1} = \boldsymbol{F}_k \boldsymbol{m}_{k-1|k-1} \tag{5-6}$$

$$\boldsymbol{P}_{k|k-1} = \boldsymbol{F}_k \boldsymbol{P}_{k-1|k-1} \boldsymbol{F}_k^{\mathrm{T}} + \boldsymbol{Q}_k \tag{5-7}$$

$$\boldsymbol{K}_{k|k-1} = \boldsymbol{P}_{k|k-1} \boldsymbol{H}_k (\boldsymbol{H}_k \boldsymbol{P}_{k|k-1} \boldsymbol{H}_k^{\mathrm{T}} + \boldsymbol{R}_k)^{-1} \tag{5-8}$$

$$\boldsymbol{m}_{k|k} = \boldsymbol{m}_{k|k-1} + \boldsymbol{K}_{k|k-1}(\boldsymbol{z}_k - \boldsymbol{H}_k \boldsymbol{m}_{k|k-1}) \tag{5-9}$$

$$\boldsymbol{P}_{k|k-1} = \boldsymbol{P}_{k|k-1}(\boldsymbol{I} - \boldsymbol{K}_{k|k-1} \boldsymbol{H}_k) \tag{5-10}$$

式中：$\boldsymbol{m}$ 为状态矩阵；$\boldsymbol{P}$ 为状态协方差矩阵；$\boldsymbol{K}$ 为卡尔曼增益矩阵，其中下标 $k-1|k-1$ 为上一时刻数值，$k|k-1$ 为当前时刻数值；$\boldsymbol{F}_k$ 为前后时刻的状态转移矩阵；$\boldsymbol{Q}_k$ 为当前时刻的预测噪声协方差矩阵；$\boldsymbol{H}_k$ 为观测矩阵到状态转移矩阵；$\boldsymbol{R}_k$ 为传感器的噪声协方差矩阵；$\boldsymbol{z}_k$ 为传感器测量向量。

4. DS 证据理论

DS 证据理论的基础是贝叶斯估计方法。Dempster 首先通过构造一个不确定性推理模型将命题的不确定性转换为集合的不确定性。Shafer 在此基础上对其进行了完善，因此该方法被命名为 DS 证据理论。DS 证据理论的最大特点是将"区间"转换为"点"，利用"点估计"的方法描述不确定信息。DS 证据理论最大的特点是灵活度高。其缺点为：（1）算法的时间复杂度与样本量的平方成正比，这意味着运算量会随样本数量的增加呈指数增长；（2）DS 证据理论的判决规则常常具有很大的主观性；（3）DS 证据理论在多源输入存在冲突时效果不佳。

5.神经网络方法

神经网络就是模仿人脑神经元工作原理的一种计算模型,而深度学习模型则通过多层神经网络来进行更复杂、更深入的数据处理和学习。简单来说,深度学习模型就是深度神经网络,它已成为当前最为流行的人工智能算法之一。在训练阶段,深度学习模型的输入参数是传感器测得的原始数据,网络输出与人为标注的真值之间的误差以方向梯度传递的方式更新网络参数,然后通过大量数据和多次迭代训练来优化网络参数,进而消除非目标参量的干扰并完成相应的智能任务。深度学习模型具有较强的容错能力与自适应能力,且能够模拟复杂的非线性映射。例如深度学习模型中的卷积神经网络可基于摄像头图像进行目标检测,进而得到目标的运动、位姿特征信息。在无人驾驶过程中存在着大量不确定信息,比如多传感器数据及其噪声、行人车辆等目标的突发状况,对这些不确定信息的融合过程等同于不确定性推理过程。深度学习模型可以通过获取的传感器信息,迭代优化网络权值,获得不确定性推理机制,因此无人驾驶感知融合领域常常采用深度学习模型进行信息融合。

总之,不同的多源数据融合算法拥有不同的适用环境及各自的优缺点。接下来将重点介绍两种算法,即贝叶斯决策和神经网络。

5.4.2　贝叶斯决策

1.贝叶斯决策定理

贝叶斯决策(Bayes decision making)是一种基于概率论的决策方法。它利用贝叶斯定理来评估不同决策方案的期望效用或风险,从而帮助决策者选择最优的决策方案。贝叶斯决策理论广泛应用于各类工程项目的决策问题,特别是在不确定性和信息不完整的情境下。

(1)决策问题的构成

贝叶斯决策问题通常包含以下几个部分:

决策集(action set, A):所有可能的决策或行动选择。

状态集(state set, S):所有可能的状态或环境条件,这些状态决定了决策的结果。

效用函数(utility function, $U(a, s)$):衡量某一个决策 a 在状态 s 下的效用,通常代表决策者的偏好。

损失函数(loss function, $L(a, s)$):如果效用函数不适用,可以使用损失函数来量化每个行动在不同状态下的损失。

概率分布(probability distribution, $P(s)$):每种状态发生的概率,这反映了不确定性。

(2)贝叶斯决策规则

贝叶斯决策的目标是根据已知的概率信息(关于状态的先验分布)和效用/损失函数来选择最优决策。因此,贝叶斯决策规则可以表述为:

首先,计算每个可能状态的后验概率: $P(s \mid a) = \dfrac{P(a \mid s)P(s)}{P(a)}$。其中, $P(a \mid s)$ 为在状态 s 下采取决策 a 的条件概率; $P(s)$ 为状态 s 的先验概率; $P(a)$ 为决策 a 的边际概率。

其次,计算每个决策的期望效用或期望损失:

$$EU(a) = \sum_s P(s \mid a)U(a, s)$$

或

$$EL(a) = \sum_s P(s \mid a) L(a, s)$$

式中：$EU(a)$ 为选择决策 a 的期望效用；$EL(a)$ 为期望损失。

最后，选择期望效用最大的决策或者期望损失最小的决策。

（3）贝叶斯决策步骤

贝叶斯决策过程通常包括以下几个步骤：

①定义决策问题：明确决策集、状态集、效用函数（或损失函数）以及先验概率分布。

②收集和更新信息：获取新的信息并通过贝叶斯定理更新状态的概率估计。更新后的概率是后验概率，它反映了在新信息下每个状态的可能性。

③计算期望效用或损失：根据当前的后验概率计算每个决策方案的期望效用或期望损失。

④选择最优决策：选择期望效用最大的决策（或期望损失最小的决策）。

2. 贝叶斯网络算法

贝叶斯网络是一种表示变量之间依赖关系的概率图模型，其通过有向无环图的形式展现变量之间的条件依赖性，并用每个节点代表一个随机变量，而节点之间的有向边表示变量之间的因果关系。贝叶斯网络的核心优势在于其能够处理不确定性信息，即通过条件概率表或概率分布函数来量化变量间的依赖性。在给定证据的情况下，该算法利用贝叶斯定理推理，更新网络中未观测的变量。该算法在风险评估、决策支持和预测建模等领域有着广泛的应用，主要应用场景见表5-1。

表5-1　贝叶斯算法的主要应用场景

主要效果	描述或应用场景
高效搜索	贝叶斯优化通过概率模型指导搜索，快速定位到最优或近似最优解，减少评估次数
处理高成本函数	适用于评估成本高的函数优化，如试验设计、超参数调优等
自适应性	根据已有评估结果动态调整搜索策略，自适应地探索或利用参数空间
鲁棒性	对噪声和不连续性具有较好的鲁棒性，在函数评估中包含不确定性
多目标优化	可以扩展到多目标优化问题，同时考虑多个目标的权衡
可解释性	通过概率模型提供对优化过程的洞察，有助于理解不同参数对结果的影响
并行化潜力	由于每次评估相对独立，贝叶斯优化适合并行计算环境，搜索效率高

5.4.3　神经网络

>>>

人工神经网络（artificial neural network，ANN）是一种模仿生物神经网络（动物的中枢神经系统，特别是大脑）的结构和功能的数学模型或计算模型，用于对复杂函数进行估计或近似。

神经网络主要由输入层、隐藏层、输出层构成。当隐藏层只有1层时，该网络为2层神经网络。由于输入层未做任何变换，它并不被视为单独的一层。实际中，网络输入层的每个神经元代表了一个特征，输出层层数表示分类标签的个数，而隐藏层层数以及隐藏层神经元个数由人工设定。

1. 神经网络类别

一般地，神经网络模型基本结构按信息输入是否反馈可以分为 2 种：前馈神经网络和反馈神经网络。

(1) 前馈神经网络

在前馈神经网络中，信息从输入层开始输入，每层的神经元接收前一层的输入并输出到下一层，直至输出层。整个网络信息传输过程无反馈（循环），即任何层的输出都不会影响同一层，因此可用一个有向无环图表示。

常见的前馈神经网络包括卷积神经网络（CNN）、全连接神经网络（FCN）、生成对抗网络（GAN）等。

(2) 反馈神经网络

在反馈神经网络中，神经元不但可以接收其他神经元的信号，而且可以接收自身的反馈信号。和前馈神经网络相比，反馈神经网络中的神经元具有记忆功能，在不同时刻具有不同的状态。反馈神经网络中的信息传播可以是单向传播也可以是双向传播，因此可以采用有向循环图或者无向图来表示。

常见的反馈神经网络包括循环神经网络（RNN）、长短期记忆网络（LSTM）、Hopfield 网络和玻尔兹曼机等。

2. 经典神经网络模型介绍

(1) 全连接神经网络（FCN）

全连接神经网络是深度学习最常见的网络结构，它拥有三种基本类型的层：输入层、隐藏层和输出层。当前层的每个神经元都会接收前一层每个神经元的输入信号。在每个连接过程中，来自前一层的信号会乘以一个权重且增加一个偏置，然后通过一个非线性激活函数的多次复合实现输入空间到输出空间的复杂映射。

(2) 卷积神经网络（CNN）

由于图像具有非常高的维数，训练一个标准的前馈网络来识别图像将需要成千上万的输入神经元，因此除了显而易见的复杂计算量，还可能出现许多与神经网络中的维数灾难相关的问题。为此，卷积神经网络提供了一个解决方案，即利用卷积层和池化层来降低图像的维度。由于卷积层是可以训练的，而且参数明显少于标准的隐藏层，因此它能够突出图像的重要部分并向前传播每一个重要部分。

(3) 残差网络（ResNet）

事实上，深层前馈神经网络存在这样一个问题：随着网络层数的增加，网络发生了退化（degradation）现象，即随着网络层数的增多，训练集损失值逐渐下降，然后趋于饱和。然而，当继续增加网络深度时，训练集损失值反而会增大。为了解决这个问题，残差网络使用跳跃连接来实现信号的跨层传播。

(4) 生成对抗网络（GAN）

生成对抗网络是一种专门设计用于生成图像的网络，主要由 2 个部分组成：鉴别器和生成器。鉴别器是一个卷积神经网络，其主要目标是最大限度地提高识别真假图像的准确率，而生成器是一个反卷积神经网络，其目标是最小化鉴别器的性能。在生成对抗网络中，生成器的主要任务是生成足够逼真的图像，使鉴别器无法区分图像是否真实。随着时间的推移，在谨慎的监督条件下，生成器与鉴别器相互竞争，并不断改进。因此，最终的结果必然是一个训练有素的生成器，用来生成逼真的图像。

（5）变分自动编码器（VAE）

原始的自动编码器首先学习一个输入（可以是图像或文本序列）的压缩表示，然后解压缩并匹配原始输入，而变分自动编码器则是学习表示数据的概率分布的参数。而变分自动编码器不仅学习了一个代表数据的函数，还获得了更详细和细致的数据视图，从而从分布中抽样并生成新的输入数据样本。

（6）Transformer

Transformer 是 Google Brain 提出的经典网络结构，它以经典的 Encoder-Decoder 模型为基础。Decoder 输出的结果经过一个线性层变换后，再经过 softmax 层计算，输出最终的预测结果。

（7）循环神经网络（RNN）

循环神经网络是一种特殊类型的网络，它包含环和自重复，因此被称为循环。由于允许信息存储在网络结构中，RNN 采用先前训练中的推理来对即将到来的事件做出更好和更明智的预测。为了达到这一目标，它将之前的预测作为上下文信号。由于 RNN 的特殊性质，它通常用于处理顺序任务，如逐字生成文本或预测时间序列数据。

（8）长短期记忆网络（LSTM）

LSTM 是专门为解决 RNN 在学习冗长的上下文信息时出现的梯度消失、爆炸问题而设计的。它在网络结构中加入了内存模块，而这些模块可以看作是计算机中的内存芯片——每个模块包含几个循环连接的内存单元和 3 个门（输入、输出和遗忘，相当于写入、读取和重置）。信息的输入只能通过每个门与神经元进行互动，因此这些门会智能地打开和关闭以防止梯度爆炸或消失。

（9）Hopfield 神经网络

Hopfield 神经网络是一种单层互相全连接的反馈型神经网络，每个神经元既是输入也是输出，而且网络中的每一个神经元都将自己的输出通过连接权值传递给所有其他神经元，同时接收所有其他神经元传递过来的信息。

5.5 云计算技术

5.5.1 云计算原理

智能传感的物联网系统总体框架建立为监测信息传输的全过程整理出了清晰的脉络，而确保该系统能够高效稳定运转的关键是数据后处理中计算密集型任务的低时延执行。在传统的本地底层硬件资源渐渐无法满足计算量的负荷要求时，云计算以其显著的优势在近年来迅速兴起，成为物联网系统发展的技术支持。

云计算基于互联网的相关服务增加、使用和交付模式，通过提供

解锁视频
云计算

动态可扩展的虚拟化资源,最多可以完成每秒 10 万亿次的运算,目前已经在各个行业中有广泛的商用案例。云计算最核心的技术之一就是虚拟化。虚拟化是一种在软件中模拟计算机硬件,以虚拟资源为用户提供服务的计算形式,旨在合理调配计算机资源,使其更高效地提供服务。它把应用系统各硬件间的物理划分打破,实现架构的动态化,实现物理资源的集中管理和使用。虚拟化的最大好处是增强系统的弹性和灵活性,降低成本,改进服务,提高资源利用效率。运用虚拟化技术构建资源池后,需要尽可能选择容错性好、效率高的分布式计算策略。在分布式计算任务中,各个子任务被分配在不同的节点中并行处理,由主控节点负责监督管理,维持负载均衡。因此其在云端借助主、从节点的工作方式与传统计算方式有很大区别,分布式计算的主、从节点结构分解情况如图 5-5 所示。

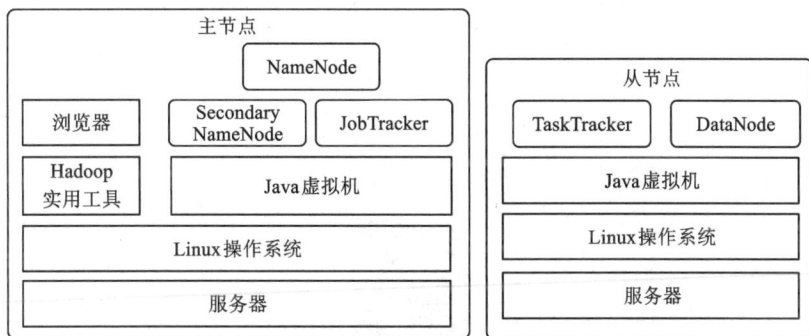

图 5-5　分布式计算主、从节点结构分解示意图

元数据节点(NameNode)负责存储数据块的划分方式,以及各数据块的节点位置,但不存储任何用户数据,也不执行计算任务。从元数据节点(Secondary NameNode)作为 NameNode 的备份后台程序,一般与 NameNode 部署在不同的服务器上,不存储实时数据,只定期与 NameNode 通信,当 NameNode 失效时,SecondaryNameNode 代替其工作。任务管理节点(JobTracker)决定处理文件的对象,并且为不同的任务(task)分配节点。TaskTracker 与 JobTracker 相对应,管理、执行本地节点分配到的 task。数据节点(DataNode)把分布式文件系统的数据块读写到本地文件系统。

5.5.2　云计算任务部署原则

云计算对于监测物联网系统的技术支持,除了可以利用其可扩展的系统结构实现监测数据的分布式存储外,其高度集群的计算资源也能应用在监测物联网系统中的多个环节。归纳总结目前云计算在各个行业中的应用情况,应用类别可分为三种:流计算、批处理和即席查询。流计算指为了节约数据库存储空间,数据在进入数据库前进行的低时延计算,得到计算结果后再入库,常用于数据过滤。如健康监测采集的初始数据存在异常、冗余、噪声等缺陷,流计算适宜应用于监测信息的预处理,以消除上述缺陷。批处理指调用数据库中的数据进行挖掘式计算分析,适用于完成工作量庞大且实时性要求不高的计算任务,适合部署在物联网系统应用层中的处理子层,执行健康评估、模型修正、损伤识别等应用分析。即席查询应用于搜索功能，空间结构构件数以千万计，并行编程技术（MapReduce）为快速找到某个构件的监测参数提供了技术实现方案。空间结构健康监测中云计算的部署情况如图 5-6 所示。

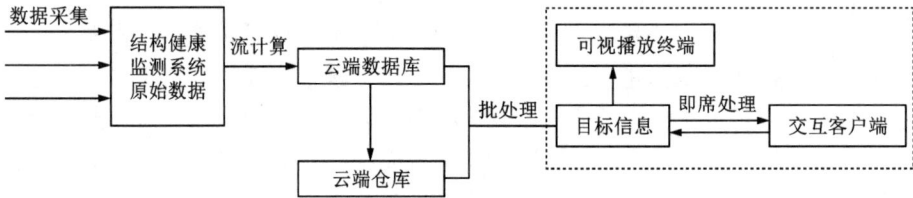

图 5-6　云计算任务部署图

智慧启思

以工匠精神守护结构安全——智能监测中的技术精度与人文温度

认知拓展

实践创新

思考题

参考答案

1. 智能信息处理技术的核心目标是什么？请简要解释其作用。

2. 海量数据压缩技术的核心原理是什么？请简要说明如何通过压缩技术提高数据存储和传输效率。

3. 集中式数据压缩技术的优点是什么？请解释其在智能建造中的重要性。

4. 分布式数据压缩技术与集中式压缩技术相比，在哪些方面有优势？请简要说明。

5. 在海量数据压缩中，冗余信息的来源有哪些？如何去除这些冗余信息？

6. 异常数据诊断的基本原则和目标分别是什么？

7. 异常数据修复有哪几种修复方法？

8. 根据多源数据融合的输入数据的抽象程度，可将多源数据融合技术划分为哪几个层次？

9. 神经网络模型基本结构按信息输入是否反馈，可以分为哪两种？分别描述它们的特点。

第 6 章

物联网安全技术

本章思维导图

AI微课

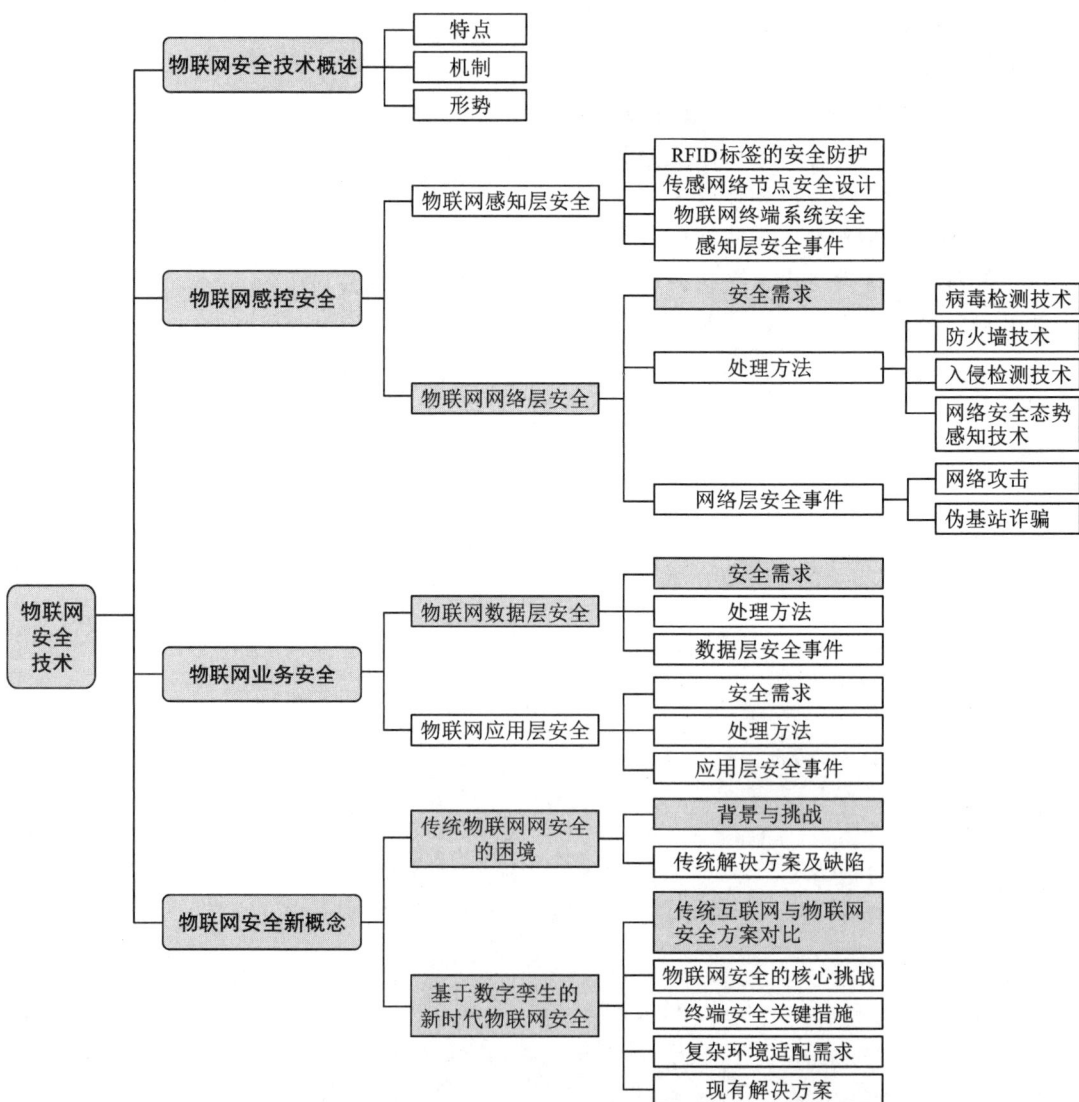

6.1　物联网安全技术概述

6.1.1　物联网安全的特点

随着物联网(IoT)技术的快速发展,物联网已渗透到我们的日常生活、工作环境乃至工业生产中。物联网通过连接各种设备、传感器和应用系统,实现数据的采集、交换和智能化决策。在智能家居、工业自动化、医疗健康、交通管理等领域,物联网的广泛应用极大地提升了效率与便捷性。然而,随着物联网设备数量的激增和应用场景的多样化,物联网安全问题也变得愈加严峻。由于物联网设备通常涉及多种设备、不同的通信协议以及庞大的数据交换,物联网的安全特性具有不同于传统 IT 系统的独特挑战。物联网安全架构的示意图如图 6-1 所示。

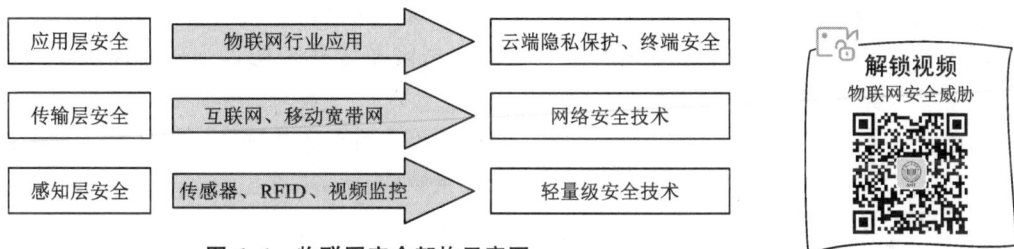

应用层安全	物联网行业应用	云端隐私保护、终端安全
传输层安全	互联网、移动宽带网	网络安全技术
感知层安全	传感器、RFID、视频监控	轻量级安全技术

解锁视频
物联网安全威胁

图 6-1　物联网安全架构示意图

保障物联网设备和系统的安全,不仅是对用户隐私的保护,也是确保设备正常运行、防止潜在攻击和减少安全隐患的必要措施。因此,理解和应对物联网安全的挑战是未来发展的关键。

1.设备种类繁多

物联网的设备种类非常丰富,从简单的传感器到复杂的智能系统,从低功耗的家用设备到高性能的工业控制系统,不同设备的功能、性能和资源需求各异,这种多样化给安全防护带来了巨大的挑战。例如,智能家居设备可能具有较低的计算能力和存储空间,而工业物联网(IIoT)设备则往往需要更强的处理能力和更高的安全性。对于低资源设备,可能无法支持复杂的加密技术或者高级的安全协议,这就导致这些设备容易成为攻击者的目标。此外,设备厂商的安全意识和设计标准也参差不齐,缺乏统一的标准化安全保障,使得不同设备的安全防护水平差异较大。因此,物联网安全方案需要兼顾多种设备类型,提出灵活的安全设计,确保各类设备在不同应用场景中的安全性。

2.大规模部署

物联网设备通常以大规模、分布式的方式部署在不同的地理位置,涉及数以万计的设备。这种大规模的部署不仅意味着更大的数据采集和传输量,也使得监控和管理的难度倍增。大量设备的部署使得对每个设备进行个性化的安全配置变得几乎不可能,从而增加了网络和数据的攻击面。例如,一旦某一设备或某一网络节点受到攻击,可能会通过其他设备迅速蔓延，造成更大的安全威胁。因此，物联网安全不仅要针对单个设备进行防护，更要从整个系统层面构建防御机制，包括集中监控、智能分析与事件响应机制。这种大规模的部署要求物联网安全解决方案具备可扩展性，能够有效管理成千上万的设备和庞大的数据流。

3. 资源受限

许多物联网设备为了达到低成本和低功耗的目标，在硬件设计和软件实现上都存在一定的资源限制。例如，一些物联网设备的处理器能力较弱、存储空间有限，无法支持复杂的加密算法和安全协议。这使得它们在进行数据保护、身份验证和防止恶意攻击方面面临较大的风险。这类设备通常依赖于云端计算或其他更强大的设备进行数据处理，但这也暴露出物联网系统的整体安全问题：一旦低资源设备遭受攻击，可能会影响到云端或其他设备的安全。因此，针对资源受限设备的安全防护必须更加简化且有效，设计轻量级的加密协议和认证机制，以确保设备的基本安全。

4. 异构网络环境

物联网设备通常通过多种不同的网络协议进行通信，涉及 Wi-Fi、蓝牙、ZigBee、LoRa、5G 等。这些网络协议各有不同的安全特性和漏洞。例如，Wi-Fi 和蓝牙较为常见且易于被攻击，而一些低功耗广域网（LPWAN）协议，如 LoRa 则可能存在更大的通信安全隐患。不同的网络协议之间也缺乏统一的安全标准，这使得物联网系统在跨协议通信时面临更大的风险。一旦攻击者通过一个薄弱的网络环节渗透到整个物联网系统，可能会导致整个系统崩溃。因此，物联网的安全防护不仅要考虑单一网络的安全性，还需要实现跨网络的安全协作与防护，确保整个系统能够抵御来自不同网络的安全威胁。

5. 长期使用与更新困难

物联网设备往往具有较长的生命周期，而且许多设备在设计时并未考虑到后期的安全更新和维护，这导致这些设备在面对新的安全漏洞时，很难通过远程更新或物理手段进行补救。一旦发现安全问题，尤其是对于已经部署多年的设备，可能无法进行有效的补丁更新。这一问题在一些关键领域尤为突出，如医疗设备和工业自动化系统。一旦这些设备受到攻击，可能会对用户安全或生产过程造成严重影响。因此，确保物联网设备具备长期的安全支持和及时的安全更新机制，成为物联网安全设计的重要环节。随着设备和技术的不断演进，确保设备能够安全地进行升级和维护是构建长期安全防护体系的关键。

6. 隐私保护问题

物联网设备通常会收集大量关于用户的个人数据，如位置信息、健康数据、消费行为数据等。这些数据在未经充分保护的情况下，可能会成为攻击者获取敏感信息的目标，甚至被恶意利用，侵犯用户隐私。一旦数据泄露或遭到滥用，可能会对用户的个人生活和财产安全产生严重影响。在物联网环境中，隐私保护不仅仅是一个技术问题，更涉及法律和伦理的多重考量。因此，物联网安全需要在数据收集、存储、传输和使用的每个环节进行严格的隐私保护，采取先进的加密技术、匿名化处理和用户数据访问控制等措施，确保用户的隐私不被侵犯。此外，制定严格的数据保护政策和合规标准，对企业和开发者也提出了更高的责任要求。

7. 攻击面广泛

物联网设备由于其大规模部署、不同设备间的互联互通，使得其攻击面非常广泛。每一个物联网设备都可能成为攻击者的切入点，无论是硬件漏洞、软件缺陷，还是通信协议的漏洞，都可能被恶意利用。攻击者可以通过物理篡改设备、恶意软件感染、网络钓鱼攻击等手段、控制设备、盗取数据，甚至对系统进行远程操作或破坏。随着物联网设备和网络的复杂性增加，传统的网络防火墙和安全防护技术已经无法满足需求。因此，物联网安全必须采取综合的防御策略，包括多层次的安全机制、行为分析、入侵检测系统以及应急响应机制，及时发现和阻止潜在的安全威胁。

8. 低成本与低功耗设计

物联网设备往往要求低成本和低功耗，这使得设备在设计时会放弃一些安全功能。例如，为了减少硬件成本，很多设备可能没有硬件加密模块，或者在传输数据时缺乏足够的加密手段。低功耗设计则限制了设备的处理能力，无法运行更为复杂的安全协议。虽然低成本和低功耗是物联网设备的优势，但也意味着它们在面对复杂的安全威胁时，可能无法提供足够的防护。因此，物联网设备的设计需要在功能和安全性上找到合适的平衡点，同时利用云计算等资源丰富的系统来补充硬件设备的安全能力。

9. 安全性与可用性冲突

物联网设备的安全性与可用性之间常常存在冲突。物联网设备大多用于实时、关键任务的应用场景，如智能家居、医疗监控、工业自动化等，要求其在运行时具备高可用性和低延迟。然而，为了提高安全性，通常需要对设备进行加密、身份认证和访问控制等处理，而这往往会导致系统性能下降，甚至影响实时响应。这种可用性与安全性的冲突，要求物联网安全设计在保证安全性的同时，也要尽量不影响设备的性能和用户体验。因此，在设计物联网安全方案时，需要综合考虑系统的实时性需求、资源限制以及安全防护需求，力求找到一个最佳平衡点。

10. 缺乏标准化

尽管物联网技术已得到广泛应用，但在物联网安全方面，仍然缺乏统一的行业标准。由于物联网设备的制造商、通信协议、应用场景等差异较大，现有的安全标准难以涵盖所有设备和环境的需求。缺乏标准化不仅使不同厂商设备间的安全保障出现差异，还使得企业在设计和实施物联网安全解决方案时缺乏统一的指导。因此，制定统一的物联网安全标准，特别是数据隐私、设备认证、网络安全等方面的标准化，是提升物联网整体安全性的重要手段。通过推动全球范围内的行业协作和标准制定，可以有效提升物联网设备的安全性，减少安全漏洞和风险。

物联网安全的独特性和复杂性，与设备种类繁多、资源受限、长期使用、隐私保护等多个因素有关。随着物联网的快速发展和普及，物联网系统的安全问题不容忽视。面对设备种类繁多和资源受限的挑战，物联网安全设计需要考虑不同设备的安全需求；面对大规模部署和广泛的攻击面，安全防护需要实现整体化和动态化的防护机制；面对长期使用和更新困难的难题，建立完善的更新机制和应急响应系统显得尤为重要。物联网的安全不仅仅是技术层面的挑战，更是一个系统性、综合性的问题，需要行业、厂商和用户共同努力，推动物联网安全的持续发展和完善。

6.1.2　物联网安全机制

物联网的安全架构可以根据物联网的架构分为感知层安全、网络层安全、应用层安全。应用层安全的研究内容，可能会与感知层安全和网络层安全有交叉，但其关注重点是具有应用特色的安全问题，或者需要在应用层解决的安全问题，如密钥管理问题、隐私保护问题、信任管理问题等。

物联网安全的研究应该突出从物联网应用中找安全需求，从有特色的共性网络技术中找安全问题，从物联网的特点中发现新问题。这里物联网的特点主要是指物联网存在多种形态网络的异构和融合、物联网设备可能资源受限、设备可能是大规模且远距离可访问的、设备的移动性和可定位追踪等。从信息安全研究领域和信息安全需求角度，这里给出一种物联网安全机制，如图6-2所示。

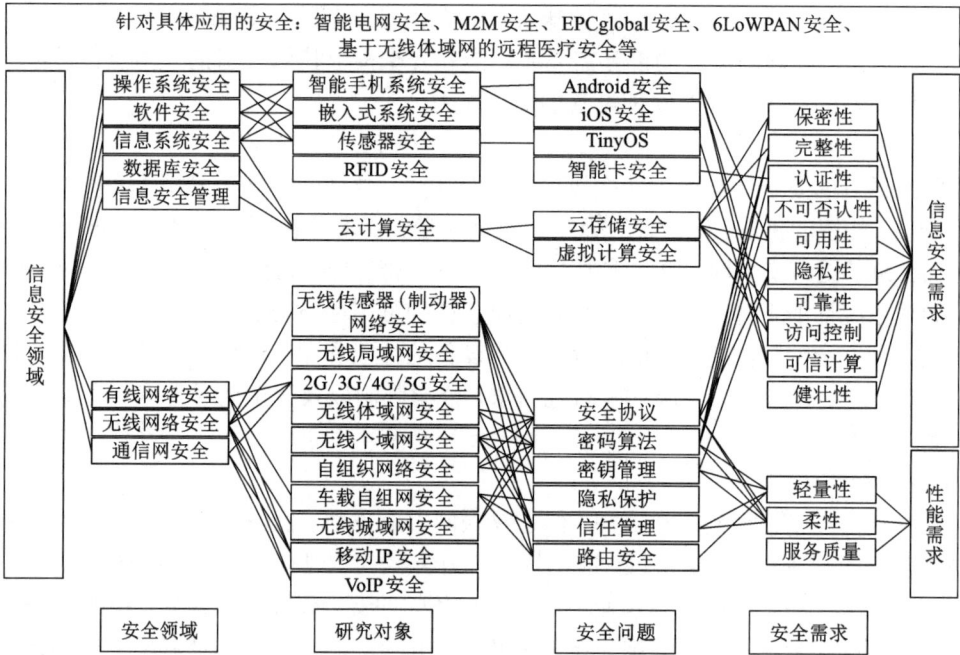

图6-2 物联网安全机制

从物联网的架构出发，进行物联网安全的分类，可给出一种物联网安全架构的层次模型，如图6-3所示。这也是本章将要论述的主要内容，在每个论题中尽量选取典型的网络情形和有代表性的安全问题。

6.1.3 物联网安全形势

由于物联网相关的安全标准滞后，以及智能设备制造商缺乏安全意识和投入，目前最流行的物联网智能设备几乎都存在高危漏洞，其中约80%的物联网设备存在隐私泄露或滥用风险，约80%的物联网设备存在弱口令漏洞，约70%的物联网设备在通信过程中无加密机制，约70%的物联网设备存在Web安全漏洞。物联网安全事件从个人、家庭、企业到国家层出不穷，由于物联网与实际物体产生关联，一旦遭受攻击和破坏，损失的不仅是个人资料，还会影响到人身安全、生产设备的运行安全。因此，物联网已经成为个人隐私、企业信息安全，甚至国家关键基础设施安全的头号威胁。

感知层安全
├─ RFID 安全
│ ├─ RFID 安全协议（认证协议、隐私保护协议等）
│ ├─ 轻量级密码算法（LBlock加密和SM3杂凑算法）
│ └─ 智能卡安全
├─ 传感器网络安全
│ ├─ 传感器网络的攻击与防范（女巫、黑洞攻击等）
│ ├─ 传感器网络的密钥管理（Blundo、EG）
│ ├─ 传感器网络的安全协议（SNEP、TELSA）
│ └─ 轻量级公钥加密算法（NTRU）
└─ 物联网终端系统安全
   ├─ 嵌入式系统（ARM）安全
   ├─ 嵌入式（传感器）操作系统（TinyOS）安全
   ├─ 智能手机终端安全
   └─ 智能手机终端操作系统（Android、OMS）安全

网络层安全
├─ 近距离无线接入安全
│ ├─ WLAN加密和认证机制（WPA、IEEE 802.11i）
│ └─ WAPI以及SMS4加密算法
├─ 远距离无线接入安全
│ ├─ 2G/3G认证与密钥协商机制
│ ├─ 4G LTE加密算法ZUC
│ └─ 5G加密算法
├─ 其他接入网安全
│ ├─ 近距离无线低速接入（Bluetooth/ZigBee等）
│ ├─ 有线网络接入（现场总线、宽带、PLC）
│ └─ 卫星通信接入（CMMB、北斗）安全
├─ 核心网安全
│ ├─ IPSec/VPN，SSL/TLS
│ ├─ 6LoWPAN适配层安全
│ └─ RPL和COAP安全性
└─ 服务端（云计算）安全
   ├─ 云存储的访问控制（ABE、PRE）
   ├─ 云存储的数据保密性（HE）
   ├─ 云存储的数据完整性校验（POR、POP）
   └─ 计算虚拟化安全

应用层安全
├─ 智能电网安全
│ ├─ 健壮性和可靠性保护
│ └─ 用户隐私保护
├─ EPCglobal 安全
│ ├─ EPCglobal架构安全（ONS、EPCIS安全等）
│ └─ 数据清洗
├─ 无线体域网安全
│ ├─ 基于无线体域网的远程医疗安全与隐私保护
│ └─ 无线体域网（WBAN）密钥管理
└─ M2M 安全
   ├─ M2M设备与SIM卡安全
   └─ 工业控制系统安全

物联网安全

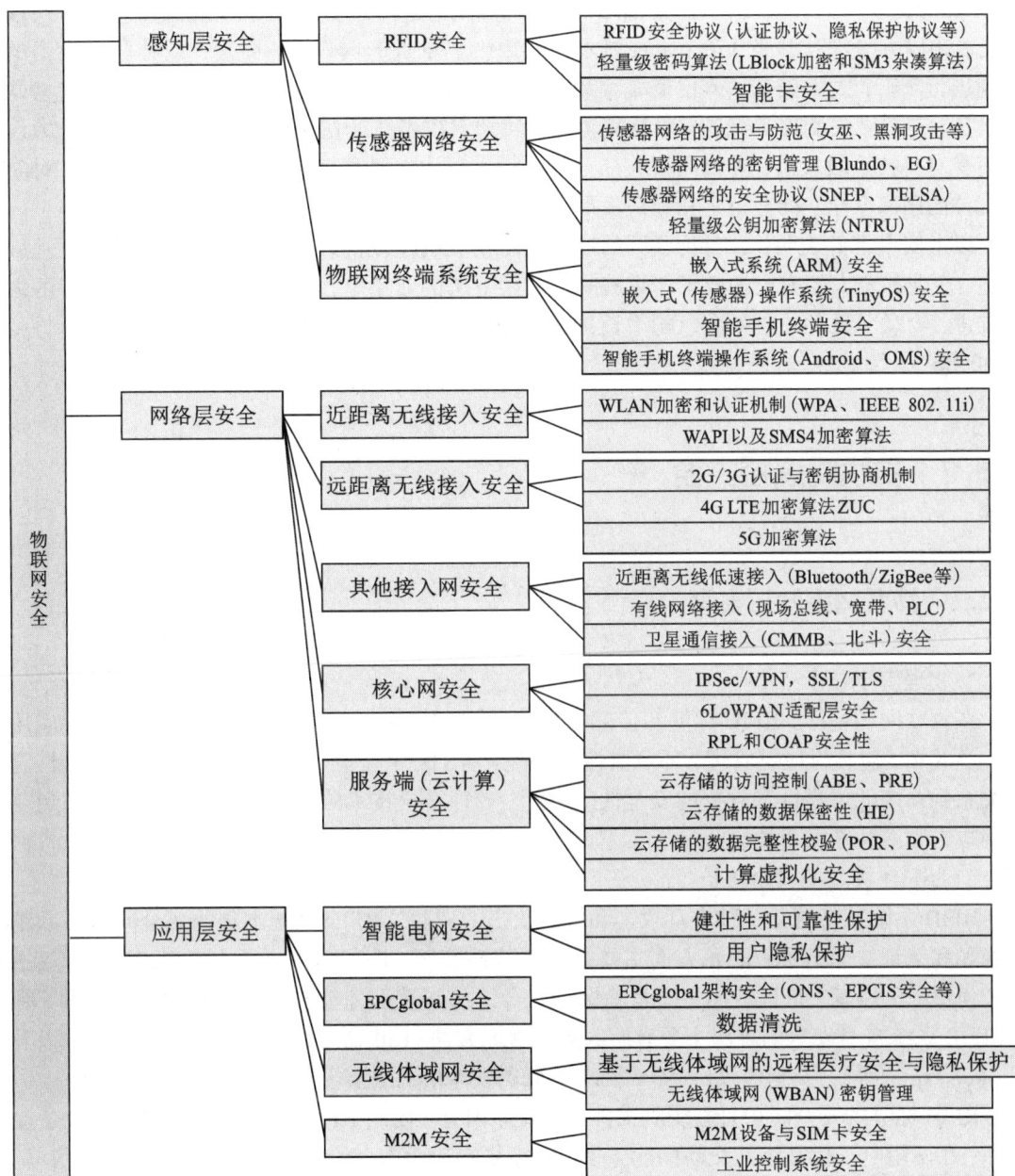

图 6-3　物联网的层次模型

2015 年 7 月，菲亚特克莱斯勒美国公司宣布召回 140 万辆配有 Uconnect 车载系统的汽车，是因为黑客入侵了该车载系统，远程操控车辆的加速和制动系统、电台和雨刷器等设备，严重危害人身安全。2016 年 10 月，美国域名服务提供商 Dyn 遭受大规模 DDoS 攻击，导致美国东海岸地区出现大面积网络瘫痪。造成此次攻击事件的罪魁祸首是一款名为"Mirai"的恶意软件，它通过控制大量的物联网设备（包括网络摄像头、路由器等）对目标实施大规模的 DDoS 攻击。继 Mirai 事件之后，多种恶意软件家族对物联网设备发起攻击，使大量物联网设备沦为僵尸网络的一部分，成为 DDoS 攻击的直接攻击对象。2017 年 11 月，德国电信受到

Mirai 变种僵尸网络的攻击，导致大面积网络故障。相比 Mirai 家族借助设备弱口令进行传播攻击，2017 年 9 月出现的 IoT_reaper 则不再使用破解设备的弱口令，而是针对物联网设备的漏洞进行攻击，大大提高了入侵概率。2018 年，攻击者利用漏洞编写恶意软件感染大量物联网设备，在暗网买卖攻击服务，肆意发动破坏和勒索攻击。2019 年 3 月，委内瑞拉的电力设施遭受高科技手段攻击，委内瑞拉大部分地区持续停电，严重破坏了社会的正常运转，对委内瑞拉的国家安全、社会稳定和经济发展产生严重威胁。

以上安全事件表明，针对物联网的攻击或由物联网发动的攻击，已对国家关键信息基础设施、企业和个人的安全构成了严重威胁。在接下来的几年里，随着国家 IPv6 规模部署的大力推进，物联网设备的数量会急剧增长，随之而来的安全问题也会增多，物联网安全形势将更加严峻。

6.2 物联网感控安全

6.2.1 物联网感知层安全

1.物理安全技术

在物联网环境中，RFID 标签和传感器网络节点的安全防护至关重要。它们在各种应用中广泛存在，包括供应链管理、环境监控、智能家居、医疗健康等领域，它们的物理安全性直接关系到系统的可靠性和数据的安全性。因此，物理安全技术的应用对于保护这些设备免受各种攻击和威胁至关重要。

（1）RFID 标签的安全防护

RFID 系统容易遭受各种主动攻击和被动攻击的威胁。RFID 系统本身的安全问题可归纳为隐私和认证 2 个方面：隐私方面主要是可追踪性问题，即如何防止攻击者对 RFID 标签进行任何形式的跟踪；认证方面主要是确保只有合法的阅读器才能与标签进行通信。当前，保障 RFID 系统自身安全的方法主要有两大类：物理方法（Kill 命令、静电屏蔽、主动干扰以及 Blocker Tag 法等）、安全协议（哈希锁随着物联网技术的日益普及应用）。

RFID 标签的安全防护日益受到关注，主要原因有：使用 RFID 标签的消费者隐私权备受关注；在使用电子标签进行交易的业务中，标签复制和伪造会给使用者带来损失；在 RFID 标签应用较广的供应链中，如何防止信息被窃听和篡改显得尤为重要。RFID 标签的安全防护主要分为 2 个方面，分别是物理防护和逻辑防护。

物理安全技术在 RFID 标签保护中起着关键作用，主要包括 Kill 命令机制、静电屏蔽机制、主动干扰和阻塞标签法。Kill 命令机制通过发送特定命令永久禁用标签，阻止其被读取或追踪，但由于口令较短且易于破解，且销毁后的标签难以确认是否完全失效，因此存在一定的安全隐患。静电屏蔽机制则通过法拉第笼将标签放置在导电材料容器中，屏蔽外界信号，从而有效阻止标签被扫描。尽管这种方法能够提供较好的保护，但需要额外的硬件支持，增加了系统的复杂性和成本。主动干扰则通过发射无线电干扰信号来阻止阅读器操作，虽然简单易行，但可能导致非法干扰，影响周围合法设备的正常运行。阻塞标签法通过发射干扰信号，阻止阅读器读取标签信息，有效保护用户隐私，但增加了成本，并可能引发拒绝服务攻击，且其有效范围有限。因此，这些技术各有优劣，通常需要结合使用，以提升 RFID 系统的物理安全性和隐私保护效果。

逻辑防护技术在 RFID 标签安全性中起着至关重要的作用，主要包括哈希锁、随机哈希锁和哈希链等方法。哈希锁通过哈希函数保护标签的隐私，标签接收到阅读器的请求后，通过哈希函数计算访问密钥与标签身份的哈希值(MetaID)，然后将 MetaID 发送给阅读器，阅读器通过查询数据库获取密钥并验证，如果匹配，标签才会解锁。这种方法的优点是实现简单且成本低，但由于标签返回的数据是固定的，因此易遭受位置跟踪攻击，而且传输的数据未经加密，可能被窃听者轻易截获。作为哈希锁的扩展，随机哈希锁引入了随机数生成器，使每次标签的响应数据不同，从而有效防止位置跟踪攻击。然而，随机哈希锁在低成本标签中实现较为困难，且它并不具备前向安全性，恶意攻击者一旦截获标签的密钥信息，便能追溯标签的历史记录。此外，随机哈希锁的计算开销较大，可能导致系统效率低下，并存在被拒绝服务攻击的风险。哈希链则通过使用 2 个哈希函数(G 和 H)来确保前向安全性，标签在每次访问后自动更新标识符，使得外部无法通过观察标签输出推断出标签的历史活动信息。这一方法具有较好的安全性，尤其是在防止标签信息被泄露方面。然而，哈希链也存在无法防止重放攻击，并且由于每次识别需要进行穷举搜索，计算负担较重，尤其在标签数量较多时，系统可扩展性差，容易受到拒绝服务攻击。总体来看，虽然这些逻辑防护方法能够有效提高标签的安全性，防止未授权访问和隐私泄露，但也面临着计算负担、扩展性和安全性等方面的挑战。如何平衡安全性和效率，仍是设计高效 RFID 安全系统的关键。

(2)传感网络节点安全设计

1)链路层加密与验证

通过链路层加密和使用全局共享密钥验证可以防止对大多数路由协议的外部攻击，攻击者很难加入到网络拓扑中，所以 Sybil 攻击、选择性转发、Sinkhole 攻击很难达到攻击目的。但是，Wormhole 攻击和 Hello 泛洪攻击不受链路层加密和验证机制的限制。在内部攻击或"叛变"节点存在的情况下，使用全局共享密钥的链路层安全机制将完全失效。

2)身份验证

Sybil 攻击使攻击者利用"叛变"节点的身份加入网络，并且可利用全局共享密钥将其伪装成任何节点(这些节点可能不存在)。因此，必须对节点身份进行验证。按照传统方法，可以使用公共密钥加密来实现，但数字签名的产生和验证将超出传感器节点的能力范围。

一种解决方案是使用可信任的基站使每个节点共享唯一的对称密钥，2 个节点之间可使用像 Needham-Schroeder 这样的协议来相互验证身份，并建立一个共享密钥。为了防止内部攻击在固定网络周围漫游，并与网络中的每个节点建立共享密钥，基站可合理限制其邻近节点的数量，当数量超过限制数量时则发送错误消息报警，并采取一定的防御措施。

3)链路双向验证

最简单的防御 Hello 泛洪攻击的方法是在对接收消息采取动作之前，对链路进行双向验证。这种方法不仅能够对 2 个节点之间的链路进行双向验证，而且即使接收机高度敏感或在网络多个位置有 Wormhole 攻击，当少量节点"叛变"时，可信任的基站仍可以通过限制节点验证邻近节点的数目来防止 Hello 泛洪攻击。

4）多径路由

如果"叛变"节点位于基站附近，即使协议能防止 Sinkhole、Wormhole 和 Sybil 攻击，"叛变"节点也可能对其数据流发起选择性转发攻击。此时可使用多径路由对抗选择性转发攻击。该方法可以完全防止最多 n 个"叛变"节点和节点完全不相交（Disjoint）的 n 条路径上路由的消息被选择性转发攻击，而且在 n 个节点完全"叛变"时，这种方法也能提供一些防护。但是，很难得到 n 条完全不相交的路径。在网状路径上有共用节点，但没有共用链路（即没有 2 个连续的共用节点）。使用多个网状路径可以为选择性转发提供可能的防护，而且只需要局部的信息。如果允许节点从一组可能的"跳"中动态地随机选择包的下一跳，则可以进一步降低攻击者对数据流完全控制的概率。

5）Wormhole 和 Sinkhole 的对抗策略

Wormhole 和 Sinkhole 攻击是安全路由协议设计面临的最大挑战。目前存在的路由协议中，防御这些攻击的有效措施很少。预防这些攻击是相当困难的，最好的办法是设计使 Wormhole 和 Sinkhole 攻击无效的路由协议。例如，基于地理位置的路由协议就是阻止这些攻击的协议。基于地理位置的路由协议只需要使用局部交互信息，而不需要基站的初始化信息就可以构建路由拓扑。使用基于地理位置的路由协议很容易检测 Wormhole 和虚假链路，因为"邻居"节点将会注意到它们之间的距离超过了正常的无线通信距离。

6）全局消息平衡机制

网络固有的自组织和分布性是大型传感器网络安全面临的重大挑战。当网络规模有限、拓扑结构良好或可控时，可使用全局消息平衡机制。以一个具有较小规模的网络为例，如果该网络在部署时没有"叛变"节点，则可以构成一个初始路由拓扑，每个节点能够将邻近节点信息和节点本身的地理位置信息发回基站，基站可以使用这些信息来绘制整个网络的拓扑。

考虑到无线干扰或节点失效引起的拓扑变化，网络应该定期进行拓扑更新。拓扑的急剧或可疑变化可能表示有节点"叛变"，由此可以采取一些相应的防护措施。

7）无线传感网络的防御机制

传感器网络节点的安全威胁主要指各种攻击。由于传感器网络采用无线通信，开放的数据链路是不安全的，所以攻击者可以窃听通信的内容，实施干扰。而且传感器节点通常在无人区域工作，缺乏物理保护，容易损坏，攻击者可以获取节点，读取存储内容，甚至写入恶意代码。攻击通常与使用的数据链路层协议和网络层协议有关。本小节对各种攻击进行简要介绍。

①阻塞攻击。

阻塞攻击是一种针对无线通信的 DoS 攻击。攻击方法是干扰正常节点通信所使用的无线电波频率，以达到干扰正常通信的目的。攻击者只需要在节点数为 N 的网络中随机布置 K（$K \ll N$）个攻击节点，使它们的干扰范围覆盖全网，就可以使整个网络瘫痪。

②耗尽攻击。

耗尽攻击的原理如下。恶意节点侦听附近节点的通信，当一帧快发送完时，恶意节点发送干扰信号。传统 MAC 层协议中的控制算法往往会重传该帧，而反复重传会造成被干扰节点的电源很快耗尽。自杀式的攻击节点甚至一直向被攻击节点发送请求信号，使得对方必须回答，这样 2 个节点的电源都被耗尽。这一攻击的原理可能与具体的 MAC 层协议有关。

③非公平竞争攻击。

无线信道是单一访问的共享信道，采用竞争方式进行信道的分配。非公平竞争攻击是指网络中的某些恶意节点总是占用链路通道，并采用一些设置，如较短的等待时间进行重传重试、预留较长的信道占用时间等，企图不公平地占用信道。这一攻击的原理与 MAC 层协议有关。

④汇聚节点攻击。

传感器网络中有些节点执行路由转发功能，汇聚节点攻击就针对这一类节点。攻击者只需要监听网络通信，就可以知道簇头的位置，然后对其发动攻击。簇头瘫痪后，在一段时间内整个簇都不能工作。这一攻击也属于 DoS 攻击。

⑤怠慢和贪婪攻击。

攻击者处于路由转发路径上，但随机地对收到的数据包不进行转发处理。虽然向消息源发送收包确认，但是把数据包丢弃不予转发，这就是怠慢攻击。如果被攻击者改装的节点对自己产生的数据包设定很高的优先级，使得这些恶意信息在网络中被优先转发，这就是贪婪攻击。

⑥方向误导攻击。

方向是指数据包转发方向。如果被攻击者控制的路由节点将收到的数据包发给错误的目标，则数据源节点会受到攻击；如果将所有数据包都转发给同一个正常节点，则该节点会很快因接收包而耗尽电量。

⑦黑洞攻击。

黑洞攻击又被称为排水洞攻击。攻击者声称自己具有一条高质量的从路由到基站的路径，比如广播"我到基站的距离为零"，如果攻击者能将无线通信信息发送得很远，则收到该信息的大量节点会向攻击者发送数据。大量数据到达攻击者的邻居节点，它们都要给基站发送数据，造成信道竞争。由于竞争，邻居节点的电源将很快被耗尽，这一区域就成为黑洞，无法通信。对于收到的数据，攻击者可能不予处理。黑洞攻击的破坏性很强，基于距离向量的路由算法容易受到黑洞攻击，因为这些路由算法将距离较短的路径作为优先传递数据包的路径。

⑧虫洞攻击。

虫洞攻击通常由 2 个移动主机攻击者合作进行。一个主机 A 在网络的一边收到一条消息，比如基站的查询请求，通过低延迟链路传给距离很远的另一个主机 B，B 就直接广播出去，这样，收到 B 广播的节点就会把传感器的数据发给 B，因为收到 B 广播的节点认为这是一条到达 A 的捷径。

⑨女巫攻击。

女巫攻击指一个节点冒充多个节点，它声称自己具有多个身份，甚至随意产生多个假身份，然后利用这些身份非法获取信息并实施攻击。

⑩破坏同步攻击。

破坏同步攻击指在 2 个节点正常通信时，攻击者监听并向双方发送带有错误序列号的包，使得双方误以为发生了丢失而要求对方重传。攻击者使正常通信双方不停地重传消息，从而耗尽电量。

⑪泛洪攻击。

泛洪攻击指攻击者不断要求与邻居节点建立新的连接，从而耗尽邻居节点用来建立连接的资源，使得其他合法的对邻居节点的请求不得不被忽略。

⑫Hello 泛洪攻击。

在众多协议中，节点通过发送一条 Hello 信息来表明自己的身份，而收到该信息的节点认为发送者是自己的邻居节点。但移动主机攻击者可以将 Hello 信息传播得很远，远处的正常节点收到消息之后把攻击者当成自己的邻居节点。这些节点会与"邻居节点"通信，导致网络流量的混乱。

⑬应用层攻击。

应用层攻击包括感知数据的窃听、篡改、重放、伪造等，这些都会对应用层功能如节点定位、节点数据收集和融合等造成破坏，使得功能出现错误。

除以上提及的攻击外，还可按照不同的分类标准将攻击进行分类，表 6-1 给出了无线传感器网络攻击的分类。

表 6-1　网络攻击的分类

分类标准	分类	说明
攻击者身份	节点型攻击	攻击者与传感器节点的计算能力和通信能力相当
	移动主动型攻击	攻击者与移动主机同级别，危害范围广
攻击来源	外部攻击	攻击者是攻击方放置的，可以是节点或移动主机
	内部攻击	网络中的节点被攻击者控制，从网络内部发起攻击
攻击发生的协议层次	物理层攻击	阻塞攻击
	数据链路层攻击	耗尽攻击、非公平竞争攻击
	网络层攻击	汇聚节点攻击、怠慢和贪婪攻击、方向误导攻击、黑洞攻击、虫洞攻击、Hello 泛洪攻击、女巫攻击
	输出层攻击	破坏同步攻击、泛洪攻击
	应用层攻击	如感知数据的窃听、篡改、重放、伪造等，节点不合作

扩频通信可以有效地防止物理层的阻塞攻击。防止阻塞攻击的另一种方法是攻击节点附近的节点觉察到阻塞攻击之后进入睡眠状态并保持低能耗，然后定期检查阻塞攻击是否已经消失，如果消失则进入活动状态，向网络通报阻塞攻击的发生。

对于传输层的攻击，一种对策是使用客户端谜题，即如果客户端要和服务器建立一个连接，必须首先证明自己已经为连接分配了一定的资源，然后服务器才为连接分配资源，这样就增大了攻击者发起攻击的代价。这一防御机制在攻击者同样是传感器节点的情况下很有效，但是合法节点在请求建立连接时也增加了开销。

对于怠慢和贪婪攻击，可用身份认证机制来确认路由节点的合法性，或者使用多路径路由来传输数据包，使得数据包在某条路径被丢弃后，仍可以被传送到目的节点。

对于黑洞攻击，可采用认证、监测、冗余机制。因为拓扑结构建立在局部信息和通信上，通信通过接收节点的实际位置自然地寻址，所以在其他位置成为黑洞就变得很困难了。

对于其他攻击，通常采用加密和认证机制来提供解决方案。例如对于分簇节点的数据层层聚集，可使用同态加密、秘密共享的方法；对于节点定位安全，可采用门限密码学以及容错计算方法等。表 6-2 给出了无线传感器网络节点针对攻击的防御方法的总结。

表 6-2 无线传感器网络节点针对攻击的防御方法

网络层次	攻击	防御方法
物理层	阻塞攻击	扩频、优先级消息、区域映射、模式转换
	物理破坏	破坏感知、节点伪装和隐蔽
数据链路层	耗尽攻击	设置竞争门限
	非公平竞争	使用短帧策略和非优先级策略
网络层	丢弃和贪婪攻击	冗余路径、探测机制
	汇聚节点攻击	加密和逐跳（Hop-to-Hop）认证机制
	方向误导攻击	出口过滤、认证、监测机制
	黑洞攻击	认证、监测、冗余机制
传输层	破坏同步攻击	认证
	泛洪攻击	客户端谜题
应用层	感知数据的窃听、篡改、重放、伪造	加密、消息鉴别、认证、安全路由、安全数据聚集、安全数据融合、安全定位、安全时间同步
	节点不合作	信任管理、入侵检测

（3）物联网终端系统安全

广义而言，物联网终端通常可分为两种：一种是感知识别型终端，以二维码、RFID、传感器为主，实现对"物"的识别或环境状态的感知；另一种是应用型终端，包括输入/输出控制终端，如计算机、平板电脑、智能手机等。感知识别型终端的系统安全问题中，以嵌入式系统安全问题为代表；应用型终端的系统安全问题中，以智能手机的安全问题为重中之重。因此，本节重点介绍嵌入式系统安全和智能手机系统安全。

1）嵌入式系统安全

物联网的感知识别型终端系统通常是嵌入式系统。所谓嵌入式系统，是以应用为中心，以计算机技术为基础，并且软/硬件是可定制的，适用于对功能、可靠性、成本、体积、功耗等有严格要求的专用计算机系统。嵌入式系统的发展经历了无操作系统、简单操作系统、实时操作系统和面向 Internet 等 4 个阶段（图 6-4）。

通常嵌入式系统安全对策可根据安全对策所在位置分为 4 层，如图 6-5 所示，下面分别加以解释。

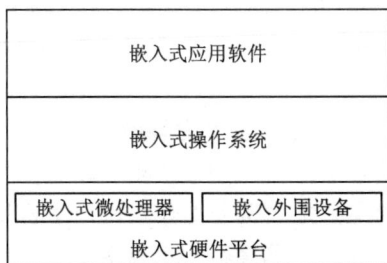

图 6-4 嵌入式系统的典型结构

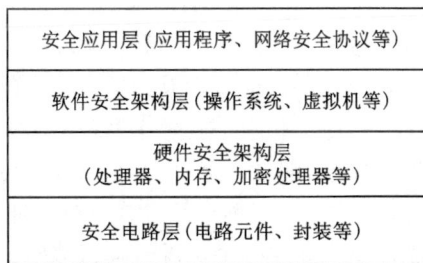

图 6-5 嵌入式系统的分层安全对策

①安全电路层。通过对传统电路加入安全措施或改进设计，实现对涉及敏感信息的电子器件的保护。在该层采用的措施主要有：通过降低电磁辐射、加入随机信息等来降低非入侵攻击所能测量到的敏感数据特征的可识别性；加入开关、电路等对攻击进行检测，例如，用开关检测电路物理封装是否被打开等。在关键应用如工业控制中还可使用容错硬件设计和可靠性电路设计。

②硬件安全架构层。该方法借鉴了可信平台模块(trusted platform module，TPM)的思路。该层可采取的措施包括：加入部分硬件处理机制支持加密算法甚至安全协议；使用独立的安全协处理器模块处理所有的敏感信息；使用分离的存储子系统(RAM、ROM、FLASH 等)作为安全存储区域，这种分离可以限制只有可靠的系统部件才可以对安全存储区域进行存取，如果上述功能不能实现，可以利用存储保护机制，即通过总线监控硬件来区分对安全存储区域的存取是否合法来实现，对经过总线的数据在进入总线前进行加密以防止总线窃听等。实际的例子包括 ARM 公司的 Trustzone 和 Intel 公司的 LaGrande 等。

③软件安全架构层。该层主要通过增强操作系统或虚拟机(如 Java 虚拟机)的安全性来增强系统安全。例如，微软的 NGSCB(next-generation secure computing base，下一代安全计算基础)，通过与相应硬件(如 IntelLaGrande)协同工作提供如下增强机制：进程分离(process1solation)，用来隔离应用程序，免受外来攻击；封闭存储(sealed storage)，让应用程序安全地存储信息；安全路径(secure path)，提供从用户输入设备输出的安全通道；证书(attestation)，用来认证软/硬件的可信性。其他方法还有通过加强 Java 虚拟机的安全性，对不可靠的代码使其在受限制和监控的环境中运行(如沙盒 sand box)等。另外，该层还对应用层的安全处理提供必要的支持。例如，在操作系统之内或之上充分利用硬件安全架构的硬件处理能力优化和实现加密算法，并向上层提供统一的应用编程接口等。

④安全应用层。通过利用下层提供的安全机制，实现涉及敏感信息的安全应用程序，保障用户数据安全。这种应用程序可以是包含诸如 SSL 安全通信协议的复杂应用，也可以是仅仅简单查看敏感信息的小程序，但必须符合软件安全架构层的结构和设计要求。

2)智能手机系统安全

Gartner 预计，到 2013 年，全球 PC 保有量将达到 16.2 亿台，而智能手机和具备浏览器的传统手机的保有量将达到 16.9 亿部。智能手机将超越 PC 成为人们的主要上网工具。因此，移动互联网尤其是智能终端安全将是一个重要的安全课题。智能手机系统安全主要涉及手机操作系统安全及手机病毒的防治。目前智能手机采用的操作系统主要有：Google Android 平台、苹果的 iOS 系统、微软的 Windows Mobile 操作系统(Window Phone 7，Windows 8)、以 Nokia 为主要发起厂商的 Symbian 操作系统以及 Palm 操作系统、Linux 等。随着终端操作系统的多样化，手机病毒将呈现多样化的趋势。随着基于 Android 操作系统的智能手机的快速发展，基于此种操作系统的手机也日渐成为黑客攻击的目标。

手机病毒会利用手机操作系统的漏洞进行传播。手机病毒以手机为感染对象，以通信网络(如移动通信网络、蓝牙、红外线)为传播媒介，通过发送短信、彩信、电子邮件、聊天工具、浏览网站、下载铃声等方式进行传播。手机病毒的主要危害为：①导致用户手机里的个人隐私外泄。②控制手机进行强行消费，如拨打付费电话、订购高额短信服务，导致通信费用剧增。③通过手机短信的方式传播非法信息，如发送垃圾邮件、垃圾短信等。④破坏手机软件或硬件系统，如 SIM 卡损毁，造成手机通信瘫痪，如手机死机等。

同计算机病毒类似，手机病毒具有病毒的一般特性。

①传播性：手机病毒具有把自身复制到其他设备或者程序的能力，手机病毒可以自我传播，也可将感染的文件作为传染源，并借助该文件的交换、复制再传播，从而感染更多手机。

②隐蔽性：手机病毒隐藏在正常程序中，当用户使用该程序时，病毒乘机窃取系统的控制权，然后执行病毒程序，而这些动作是在用户没有察觉的情况下完成的。

③潜伏性：病毒感染系统后不立即发作，可能在满足触发条件时才发作。

④破坏性：无论何种手机病毒，一旦侵入手机就会对手机软/硬件造成不同程度的影响，轻则降低系统性能、破坏、丢失数据和文件，导致系统崩溃，重则可能损坏硬件。手机病毒的分类依据包括：工作原理、传播方式、危害对象和软件漏洞出现的位置。

根据手机病毒的工作原理，手机病毒可以分为以下 5 类。

①引导型病毒：智能手机具有操作系统，引导型病毒是一种在系统开机自检(BIOS)完成后，进入操作系统引导时开始工作的病毒。引导型病毒先于操作系统执行。其先获得控制权，将真正的引导区内容转移或替换，待病毒程序执行后，再将控制权交给真正的引导区内容，带病毒的系统看似正常运转，其实病毒已隐藏在系统中。

②宏病毒：宏病毒是一种寄生在文档或模板(如 Word、PowerPoint 文件等)宏中的病毒，宏是一种可以自动执行的代码，一旦打开这样的文档，其中的宏病毒就会执行。宏病毒主要使用某个应用程序自带的宏编程语言(如 VB Script)编写。智能手机(如 Windows Phone 7)可以安装阅读 Word 和 PowerPoint 文档的应用软件，因此可能遭到这种病毒的攻击。

③文件型病毒：文件型病毒是主要感染可执行文件(如 apk 文件)的病毒，它通常隐藏在宿主(Host)程序中，执行宿主程序时，先执行病毒程序再执行宿主程序。它的安装必须借助病毒的加载程序，已感染病毒的文件执行速度会减慢。

④蠕虫(worm)病毒：蠕虫的特征是在手机和手机之间自动地自我复制，它利用了手机中传输文件或信息的功能。一旦手机感染蠕虫病毒，蠕虫即可大量复制和传播。

⑤木马(trojan horse)病毒：这类病毒在正常程序中植入恶意代码，当用户启动程序时，该恶意代码也同时运行，并做一些破坏性动作。

根据手机病毒传播方式，手机病毒可以分为 4 类：通过手机外部通信接口进行传播，如蓝牙、红外、Wi-Fi 和 USB 等；通过互联网接入进行传播，如网站浏览、电子邮件、网络游戏、下载程序、聊天工具等；通过电信增值服务(业务)进行传播，如 SMS、MMS 等；通过手机自带的应用程序进行传播，如 Word 文档、电子书等。

根据手机病毒的危害对象划分：危害手机终端的病毒、危害移动通信核心网络的病毒。

根据软件漏洞出现的位置划分：手机操作系统漏洞病毒、手机应用软件漏洞病毒、交换机漏洞病毒、服务器漏洞病毒。

安全的手机操作系统通常具有如下 4 种特征。

(1)身份验证：确保所有访问手机的用户身份真实可信。可以采用的身份认证方式有口令认证、智能卡认证、生物特征识别(如指纹识别)及实体认证机制等。

(2)最小特权：每个用户在通过身份验证后，只拥有恰好能完成其工作的权限，即将其拥有的权限最小化。

(3)安全审计：对指定操作的错误尝试次数及相关安全事件进行记录、分析。

(4)安全域隔离：安全域隔离分为物理隔离和逻辑隔离。物理隔离是指对移动终端中的物理存储空间进行划分，不同的存储空间用于存储不同的数据或代码，而逻辑隔离主要包括进程隔离、数据分类存储。

最后简要介绍一下 Android 手机操作系统。Android 是 Google 与 OHA（open handset alliance，开放手机联盟）合作开发的基于 Linux 2.6 平台的开源智能手机操作系统平台。其系统架构如图 6-6 所示，包括 4 层结构。

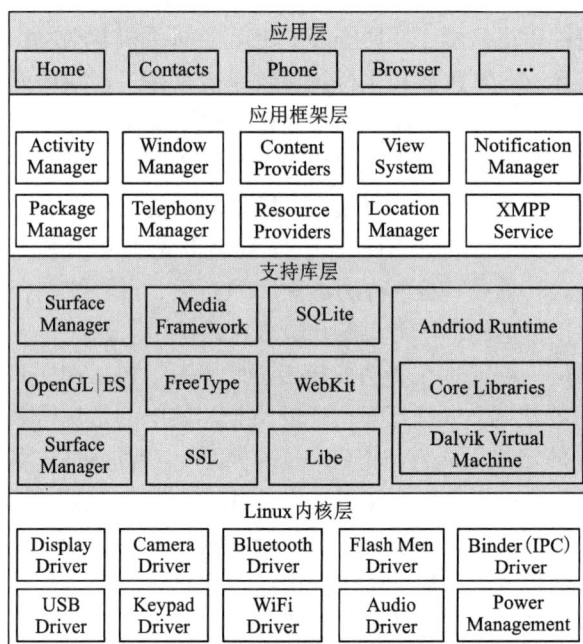

图 6-6　安卓系统架构

①应用层（Applications）。Android 操作系统的用户应用层，直接面向用户，完成显示以及与用户交互的功能，包括一系列主要的应用程序包，如 E-mail 客户端、SMS 短信程序、浏览器等。

②应用框架层（Application Framework）。该层专门为应用程序的开发而设计，提供允许开发人员访问核心应用程序所使用的 API 框架。它由一系列服务和系统构成，提供功能管理和组件重用机制，包含电源管理、窗口管理、资源管理等。

③支持库层（Libraries），包含虚拟机（Runtime）。这一层主要与进程运行相关，Dalvik 虚拟机（DVM）是类似 JVM 的虚拟机，提供 Java 语言的运行环境，每一个 Android 程序都有独立的 Dalvik 虚拟机为其提供运行环境。核心库（Core Libraries）提供了 Java 编程语言核心库的大多数功能。库中的代码主要基于 C/C++编写，为上层的应用程序框架提供访问硬件的方式，可用于较底层的应用程序，其中比较重要的是对 SQL Lite 的支持、2D/3D 图像技术的支持，以及多媒体解码等。

④Linux 内核层（Linux Kernel）。安卓系统（Android）的内核为 Linux 2.6 内核，Linux 内核为安卓系统（Android）手机提供了一系列硬件驱动，主要用于保障安全性、内存管理、进程管理、网络协议栈等。

（4）感知层

物联网感知层面临的安全威胁主要来自对物联网终端设备的攻击，可分类如下。

①物理攻击：攻击者实施物理破坏使物联网终端无法正常工作，或者盗窃终端设备并通过破解获取用户敏感信息。

②传感设备替换威胁：攻击者非法更换传感器设备，导致数据感知异常，破坏业务的正常开展。

③假冒传感节点威胁：攻击者假冒终端节点加入感知网络，上报虚假感知信息，发布虚假指令或者从感知网络中的合法终端节点骗取用户信息，影响业务的正常开展。

④拦截、篡改、伪造、重放：攻击者对网络中传输的数据和信令进行拦截、篡改、伪造、重放，从而获取用户敏感信息或者导致信息传输错误，使业务无法正常开展。

⑤耗尽攻击：攻击者向物联网终端泛洪发送垃圾信息，耗尽终端电量，使其无法继续工作。

⑥卡滥用威胁：攻击者将物联网终端的 SIM 卡拔出并插入其他终端设备滥用，对网络运营商业务造成不利影响。

6.2.2　物联网网络层安全

1. 安全需求

物联网是一种虚拟网络与现实世界实时交互的新型网络，通过网络层实现更加广泛的互联功能。物联网的网络层主要用于把感知层收集到的信息安全、可靠地传输到信息处理层，然后根据不同的应用需求进行信息处理，从而实现对客观世界的有效感知及有效控制。其中，连接终端感知网络与服务器的桥梁便是各类承载网络，物联网的承载网络包括核心网（NGN）、2G 通信系统、3G 通信系统、LTE 4G 通信系统和 5G 通信系统等移动通信网络，以及 WLAN、蓝牙等无线接入系统。

物联网是在移动通信网络和互联网基础上延伸和扩展的网络，但由于不同应用领域的物联网具有不同的网络安全和服务质量要求，所以无法复制互联网成功的技术模式。针对物联网不同应用领域的专用性，需客观地设定物联网的网络安全机制，科学地设定网络安全技术研究和开发的目标和内容。物联网的网络层面临现有 TCP 和 IP 网络的所有安全问题，又因为物联网感知层所采集的数据格式多样，来自各种各样感知节点的数据是海量的并且是多源异构数据，所以网络安全问题更加复杂。物联网对实时性、安全性、可信性、资源保证性等方面有很高的要求。如医疗卫生相关的物联网必须具有很高的可靠性，保证不会由于物联网的误操作而威胁患者的生命。物联网需要具有严密的安全性和可控性，具有保护个人隐私、防御网络攻击的功能。

物联网的网络层主要用于实现物联网信息的双向传递和控制。物联网应用承载网络主要以互联网、移动通信网络及其他专用 IP 网络为主，物联网网络层对安全的需求可以概括为以下几个方面。

①业务数据在承载网络中的传输安全。物联网需要保证业务数据在承载网络传输的过程中数据内容不被泄露、篡改及数据流量不被非法获取。

②承载网络的安全防护。物联网网络层需要解决如何对脆弱传输点或核心网络设备的非法攻击进行安全防护这一问题。

③终端及异构网络的鉴权认证。在网络层，为物联网终端提供轻量级鉴别认证和访问控制，实现对物联网终端接入认证、异构网络互联的身份认证、鉴权管理等，是物联网网络层安全的核心需求之一。

④异构网络下终端安全接入。物联网应用业务承载网络包括互联网、移动通信网络、WLAN 等，针对业务特征，网络接入技术和网络架构都需要改进和优化，以满足物联网业务网络安全应用需求。

⑤物联网应用网络统一协议栈需求。物联网需要一个统一的协议栈和相应的技术标准，以杜绝篡改协议、利用协议漏洞等安全风险威胁网络应用的安全。

⑥大规模终端分布式安全管控。物联网应用终端的大规模部署，对网络安全管控体系、安全管控与应用服务统一部署、安全检测、应急联动、安全审计等方面提出了新的安全需求。

2. 处理方法

(1)病毒检测技术

随着计算机病毒的不断演化和复杂化，传统的病毒检测方法逐渐暴露出不足之处，尤其在应对新型病毒时显得力不从心。为了解决这些问题，研究人员提出了多种新的病毒检测技术。长度检测法是一种通过比较文件的字节长度变化来识别病毒的方法。由于病毒通常会通过附加额外的代码或数据来感染宿主程序，因此被感染文件的字节长度往往会显著增加。然而，这种方法并不完美。对于那些感染后文件的字节长度没有显著变化的病毒，长度检测法的效果大打折扣。因此，尽管这种方法在检测一些常见病毒时有效，但对于新型病毒或具有隐藏功能的病毒，它并不总是可靠的。

另一种比较先进的技术是虚拟机技术。虚拟机技术通过创建一个虚拟环境来模拟病毒的执行过程，能够有效捕捉病毒的动态行为。病毒运行在虚拟机中时，所有的操作都会被记录和监控，从而反映出病毒的传播方式、加密过程等细节。这使得虚拟机技术尤其适用于检测复杂病毒，如木马病毒或加密病毒。尽管如此，虚拟机技术也有一些不足之处。首先，病毒的检测过程较为耗时，尤其是对复杂或大型病毒，虚拟环境中的执行速度较慢。其次，并非所有的病毒行为都能在虚拟环境中被完全模拟，某些特殊的病毒可能仍然无法被有效检测。因此，虚拟机技术虽然强大，但在实际应用中可能不适用于所有病毒类型。

除了上述技术，智能广谱扫描技术和特征码过滤技术也被广泛用于病毒检测。智能广谱扫描技术通过扫描文件的每一个字节，全面分析潜在的病毒特征。当 2 个病毒编码之间存在相似或相近的情况时，系统会判断其为病毒，从而提高检测的准确性。尽管这种技术在传统病毒的检测中表现优异，但它对新型病毒的检测效果相对较弱。此外，特征码过滤技术通过提取病毒的特征码(即病毒特有的字节序列)来检测病毒。这种方法准确性较高，能够有效避免误报，特别适用于已知病毒的检测。特征码过滤技术的缺点是检测速度较慢，并且对隐蔽性强的病毒识别能力较差。特别是对于病毒变种，特征码过滤技术可能无法及时识别其新特征，因此需要与其他技术结合使用，以提高检测的全面性和效率。

计算机病毒的传播严重影响计算机网络的使用，甚至导致经济损失和重要信息的泄露，这些重要信息的泄露有可能使企业、个人甚至国家都面临重大损失。目前计算机病毒检测技术更新较快，针对不同的病毒已经具备了各种对应的检测方法。通过对计算机网络的安全维护，人们能够对计算机网络的积极作用产生更加充分的认识。

(2)防火墙技术

　　提升物联网信息传输的安全性，要从物联网的特点和性能入手，以此为依据搭建更具实用性的防火墙系统，并结合具体的系统应用来完善访问机制，对不同的网络进行隔离，以此提升整个网络运行的安全等级。被隔离的不同网络在完成信息传输时，能够达到更高的安全性，并保证数据在传输过程中不被恶意盗取和篡改，提升数据的有效性。

　　防火墙是建立在一个安全和可信的内部网和一个被认为不安全和不可信的外部网之间的防御工具，它由软件和硬件设备组成（在不同网络之间），只有唯一的出入口。通过结合安全策略来控制出入网络的信息流，加上防火墙技术本身强大的抗攻击能力，能够为计算机网络提供安全的信息服务。防火墙技术的关键在于其在网络之间执行访问控制策略。从专业角度而言，防火墙技术实际上就是一个分离器、限制器，只允许经过授权的数据通过，也正因为如此，它能够有效地监控内网和外网之间发生的任何活动，有利于增强整个内部网络的安全性。

　　防火墙可以是软件、硬件或软硬件的组合。目前，涉密信息系统内较少使用纯软件防火墙，多用硬件或软硬件结合的防火墙（图 6-7）。防火墙从结构上分为 2 种：基于 ASIC 芯片的纯硬件防火墙和基于 NP 架构的软硬件结合防火墙。其优缺点为：纯硬件防火墙基于 ASIC（application specific integrated circuit，特定用途集成电路）开发，性能优越，但可扩展性、灵活性较差；软硬件结合防火墙大多基于 NP（network processor，网络处理器）开发，性能较高，具备一定的可扩展性和灵活性。

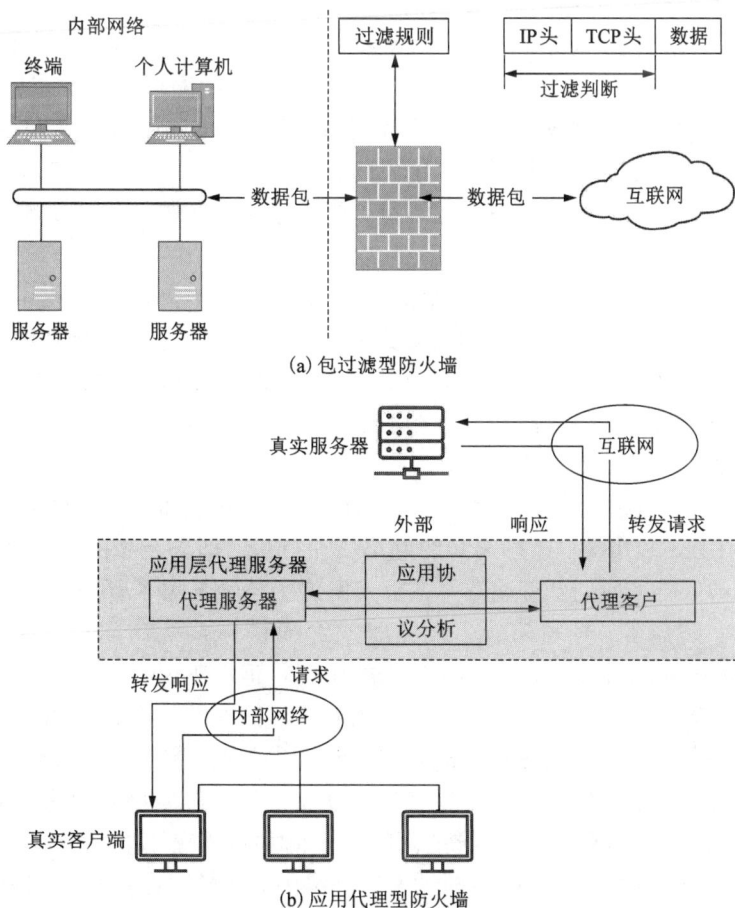

(a) 包过滤型防火墙

(b) 应用代理型防火墙

图 6-7　主要的防火墙类型

防火墙作为涉密信息系统边界防护中最基本的安全防护产品，一直以来都是黑客研究和攻击的重点，针对防火墙的攻击手法和技术也越来越智能化和多样化。虽然防火墙技术已经较为成熟，但我们仍要重视其安全性，应结合已发现的脆弱点，切实从技术和管理方面加强防范措施，确保涉密信息系统的安全。

（3）入侵检测技术

随着互联网技术的飞速发展，网络系统的结构越来越复杂，越来越多的传统行业开始与互联网应用相结合，推出了许多便捷、经济、全面的优质服务。计算机网络的安全也日益重要和复杂，成为人们关注的热点。同时，消费者的消费行为也发生着质的改变，由实体货币支付向虚拟货币、移动支付等电子货币支付的方式转变。电子商务、电子银行和电子支付的兴起在提升消费者购物体验的同时，其安全性也受到了严峻的挑战，仅依靠传统的防火墙策略已经远远无法维护系统的安全了。

近年来有关网络空间安全的事件屡见不鲜。2013年的"棱镜"事件开始让众多互联网用户感受到了来自网络空间的安全威胁。自2007年起，美国国家安全局（National Security Agency，NSA）和联邦调查局（Federal Bureau of Investigation，FBI）启动了一项代号为"棱镜计划（PRISM）"的电子监控项目，在长达6年的时间内，悄无声息地入侵全球大量的企业、学校、政府等机构的网络服务器，包括直接入侵美国互联网中心服务器进行数据的窃取与收集，入侵其他国家的网络服务器，甚至是终端设备，以进行情报的搜集。2014年1月，国内顶级域名服务器遭到入侵，服务出现异常，导致大面积的DNS解析故障。由此引发的网页无法打开或浏览网页异常卡顿现象持续了数小时，对广大互联网用户造成了巨大的不便与损失。2014年3月，携程公司被曝出存在安全支付日志漏洞的问题。安全人员发现入侵者可以通过下载携程公司的支付日志，从而获取用户的敏感信息，包括用户姓名、银行卡账号等信息。为了解决网络入侵行为所导致的数据泄露、服务终止等问题，入侵检测技术与配套系统开始应用在互联网之中。

入侵检测技术作为一种积极主动的网络安全防御措施，不仅能够提供对内部攻击、外部攻击以及误操作的实时保护，有效地弥补防火墙技术的不足，还能结合其他网络安全产品，在网络系统受到威胁之前对入侵行为作出实时反应。随着网络攻防技术向复杂化、持续化、高威胁化等方向的转变，入侵检测技术也在不断地发展与创新。

（4）网络安全态势感知技术

目前的网络安全问题既有已知的问题，如已知的网络病毒、已知的软硬件设备漏洞、APT攻击、DoS/DDoS攻击等，还有未知的网络安全问题，即未公布的软硬件设备零日漏洞（zero-day）和未纳入特征库的新型病毒等。虽然网络中已经部署了各种安全防护措施，如防火墙、入侵检测、防病毒、主机审计、服务器或终端操作系统访问控制和安全管理平台（security information and event management）等防护措施，但由于现有防护措施都是基于已知攻击样本特征和专家经验规则库来设计和实施攻击行为检测的，未考虑各种防护措施之间的关联性，所以一方面较难从宏观角度去实时评估网络的安全性，另一方面也较难及时发现和应对未知的网络攻击行为，这些防护措施属于被动防护手段。随着网络攻击行为向着分布化、规模化、复杂化等趋势发展，上述传统的网络安全防护技术已不能完全满足网络安全的需求，迫切需要新的技术来实现主动、及时地发现网络中的异常事件，实时掌握网络安全状况，将以往出现的安全事件的事中、事后处理转向事前自动评估预测，从而达到降低网络安全风险、提高网络安全防护能力的目的。基于上述需求，近几年网络安全态势感知技术快速发展，很快便成为国内外各研究机构青睐的研究领域。我国已将网络安全态势感知系统建设工作上升至国家安全战略防护层面，对于网络安全态势感知关键技术方面的研究工作也就变得愈发重要。

　　态势感知是指在一定时间和空间范围内，认知、理解环境因素，并对未来的发展趋势进行预测。整个态势感知过程可由图 6-8 所示的三级模型直观地表示出来。传统的态势感知思想主要应用于航空领域中对人为因素的考虑，并未应用到网络安全方面。

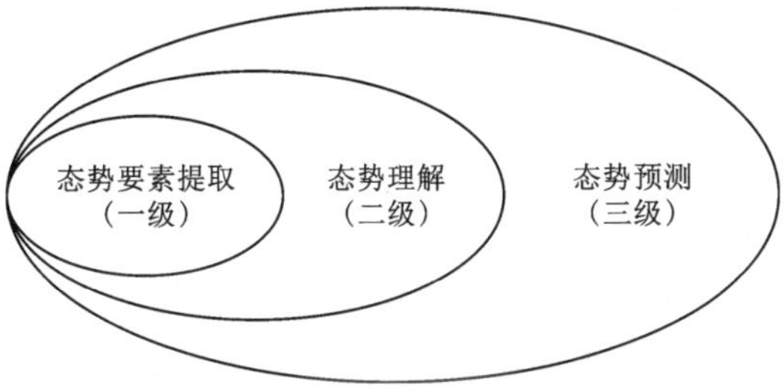

图 6-8　态势感知的三级模型

　　网络态势感知指在大规模网络环境中，对能够引起网络态势变化的安全要素进行提取、理解、显示以及对最近发展趋势的持续性预测，进而进行决策与行动。网络安全态势感知（图 6-9）则是在上述基础上，着重针对网络中发生的安全事件态势的预测而形成的概念，其在提高网络的监控能力、应急响应能力、主动防御能力和预测网络安全趋势等方面具有重要意义。

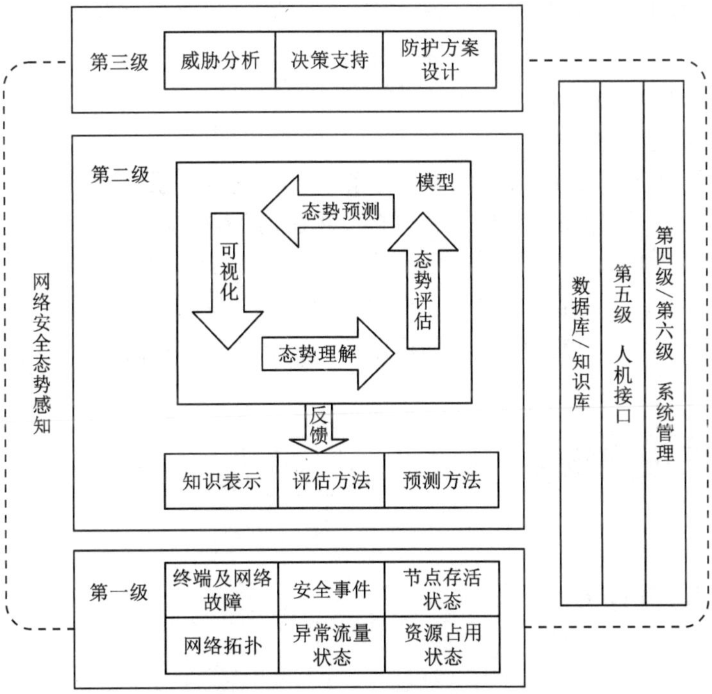

图 6-9　网络安全态势感知框架

网络安全态势感知技术提出后，国外首先将其用于下一代入侵检测系统的研究。其中最成熟的应用，当属美国的"爱因斯坦计划"。"爱因斯坦计划"始于 2003 年，目的是让"系统能够自动地收集、关联、分析和共享美国联邦政府之间的计算机安全信息，从而使得各联邦机构能够接近实时地感知其网络基础设施面临的威胁"。

国内外研究者一般以网络攻击、网络脆弱性、网络性能指标变化以及它们的综合影响为侧重点来研究网络安全态势评估方法。因此，根据研究侧重点的不同可以将网络安全态势评估方法分为 3 个基础类：面向攻击的网络安全态势评估方法、面向脆弱性的网络安全态势评估方法和面向服务的网络安全态势评估方法。此外，典型的研究模型又分为网络融合技术模型、数据融合技术模型、利用支持向量机的方法以及基于证据理论的融合方法等。国内在这方面的起步较晚，主要研究成果为基于免疫危险理论的模型、基于神经网络的模型以及基于马尔可夫(Markov)博弈的模型等。

3.网络层安全事件

物联网网络层面临的安全威胁主要来自对网络节点的攻击，可分类如下。①拒绝服务攻击：物联网终端数量巨大且防御能力薄弱，攻击者可将物联网终端变成"傀儡"，向网络发起拒绝服务攻击。②假冒基站攻击：GSM 网络中终端接入网络时的认证过程是单向的，攻击者通过假冒基站骗取终端驻留其上，并通过后续信息交互窃取用户信息。③隐私泄露威胁：攻击者攻破物联网业务平台后，窃取其中维护的用户隐私及敏感信息。④IMSI 暴露威胁：物联网业务平台基于 IMSI 验证终端设备、SIM 卡及业务的绑定关系，这使网络层敏感信息 IMSI 暴露在业务层面，攻击者据此获取用户隐私。

（1）网络攻击

2014 年，意大利某安全公司声称，有攻击者利用 ShellShock 漏洞组建僵尸网络。该网络运行在 Linux 服务器上，且可利用 Bash ShellShock 漏洞自动感染其他服务器。其中一个活跃的僵尸网络 Wopbot 能够扫描互联网并寻找存在 ShellShock 漏洞的系统，包括美国国防部的 IP 地址段 215.0.0.0/8。Wopbot 对 CDN 服务商 Akamai 发起了分布式拒绝服务攻击。

（2）伪基站诈骗

2014 年，某安全机构发现一款"伪中国移动客户端"病毒，犯罪分子通过伪基站方式大量发送伪 10086 的短信，诱导用户点击钓鱼链接，并在钓鱼页面诱导用户输入网银账号、网银密码、下载安装"伪中国移动客户端"病毒。该病毒会在后台监控用户短信内容，获取网银验证码。黑客通过以上方式获取网银账号、网银密码和网银短信验证码后，窃取资金。该病毒启动后即诱导用户激活设备管理器，激活后隐藏图标，导致卸载失败，且用户不易察觉。

6.3 物联网业务安全

>>>

6.3.1 物联网数据层安全

>>>

1.安全需求

在信息社会，数据是最具生产价值的资源之一。企业在被允许的情况下根据用户数据为用户提供定制化的服务，监管机构根据监管数据进行风险评估、安全监测，交通管理机构根据行程数据制定合理的流量控制策略，运营商根据流量及业务分布数据选择基站以及云计算中心的部署位置等。一方面，数据为企业创造了价值，也丰富了人们的日常生活，为人们带来了便利。另一方面，数据的安全也是极其重要的。如果以上场景中的数据被不法企业或恶意攻击者窃取，那么将会对社会、企业、组织、个人带来不可估量的损失。人们在享受着大数据带来的便捷的同时，也受到极大的威胁。用户信息的管理和保护是我国亟待解决的难题，也是全球共同面临的挑战。

物联网中的信息安全和传统互联网领域中的信息安全既有相同点也有不同点。当前，在物联网环境下数据层安全主要面临以下几方面的挑战。

(1)数据的加密存储

在传统的信息安全系统中，数据库往往采用数据加密存储技术来保证数据的安全。但是在基于物联网的云环境下，需要被云应用程序操作的数据往往是不能进行加密的，不同设备厂商制造的不同设备通常没有统一的数据结构和加密形式，如果数据被加密，那么数据被传递到云端之后的后续操作将会极其困难，甚至无法进行存储和处理，因此基于云环境的数据加密存储是急需解决的问题。

(2)数据隔离

在平台即服务的云模式或者软件即服务的云模式中，云服务提供商为了便于对数据进行统一管理，会采用多租户技术对用户数据进行存储。多租户技术是指将多个用户的数据放到同一个存储数据表中进行存储，当用户需要从表中取出数据时，系统将会根据用户的权限返回其申请且有权限取出的数据。多租户技术为云服务提供商带来了便利，同时也带来了严重的安全隐患。虽然云服务提供商采取了一些数据隔离技术对同一个数据表中不同用户的数据进行隔离处理，但是一些恶意攻击者还是可以通过软件平台漏洞对未授权的数据表进行访问和窃取。

(3)数据迁移

当云服务器宕机时，为了确保正在进行的业务不受影响，云服务提供商需要将正在进行的任务进程迁移到容灾服务器上。虽然容灾服务器一般会对数据进行同步，但是当前服务器正在执行的一些进程还是需要进行迁移的，这实际上就是对与该任务进程相关的数据进行迁移。其中需要迁移的数据不仅包括内存和寄存器中的动态数据，还包括服务器本地磁盘中与服务相关的静态数据。

为了不影响用户的体验，云服务提供商需要对所有数据进行高速迁移，以便任务进程能够快速地在容灾服务器上重建。如果云服务器宕机时运行的进程涉及机密数据，还需要保证在数据迁移的过程中不发生泄露或者被窃听。

(4)数据残留

数据残留是指数据在逻辑上被删除后，数据在硬盘上仍然物理存在的一种情形。在云环境下，数据残留可能会使得未授权的用户在不经意的情况下接收到其他用户的隐私信息。由于数据残留是硬盘本身的存储机制造成的，所以到目前为止，没有一家云服务提供商能够彻底解决数据残留的问题。

(5)数据安全审计

以外包的形式将数据存储在云端时，用户主要关注的问题为：外包存储的数据确实已存储到云中，并且只归数据拥有者所有；除所有者以及被授权的用户以外，任何人不得对数据进行访问及修改。这2个问题的解决都依赖于数据安全审计机制。通常，当数据存放到本地或者企业的可信域时，数据管理者可以直接检测到数据的物理状态，因此数据的安全审计是非常容易实现的。但是当数据以外包的形式存储在云服务器中时，数据安全审计将会变得非常困难，管理者需要对数据进行下载后才能审计，这样既延长了数据安全审计时间，又浪费了网络带宽。

2. 处理方法

数据层安全的处理方法研究主要集中在加密存储、完整性审计以及密文访问控制等方面。下面将从加密存储、完整性审计以及密文访问控制等角度对数据安全进行简要阐述。

（1）加密存储

在保护数据的安全性、隐私性以及有效性方面，加密是最常用也是最有效的方法之一。当前对于云数据加密存储的研究主要是针对云数据安全存储框架展开的。在云环境下，数据的加密将会导致后续操作变得非常困难，因此学者们提出了新的数据安全存储框架来解决这些问题。此外，值得关注的安全存储技术还有同步加密技术、基于VMM的数据保护技术、基于加密解密的数据存储技术、支持查询的数据加密技术和面向可信平台的数据安全存储技术。表6-3为以上几种技术的对比。

表6-3 数据安全存储技术的对比

技术名称	技术特点	运算支持能力	加密位置	传输安全	内存安全	外存安全	存在的主要问题
同步加密	明文上执行的代数运算结果等同于在密文上的另一个代数的运算结果	支持全部运算	客户端	完全解决	完全解决	完全解决	密文处理效率低
基于VMM的数据保护	操作系统和文件系统只能看到密文	不支持	VMM	部分解决	部分解决	部分解决	特权用户可以解密用户数据；VMM负荷加重
基于加密解密的数据存储	采用传统的加密技术	不支持	客户端	完全解决	未解决	部分解决	安全机制复杂且有安全隐患；时空代价太大
支持查询的数据加密	加密算法支持密文查询	仅支持查询	客户端	完全解决	完全解决	完全解决	不能支持加减乘除等基本运算
面向可信平台的数据安全存储	硬件和软件都可信	支持全部运算	VMM	部分解决	部分解决	部分解决	特权用户可解密用户数据；可信条件难以满足；VMM负荷加重

（2）完整性审计

数据完整性审计模型主要有以下几种：POR（proofs of retrievability）模型、数据可检索证据模型、公有云存储环境中的数据公开审计模型。此外，还有一些数据外包审计技术及模型，如纠删码、同步令牌、基于公钥的同态认证、MHT、基于认证数据结构的外包数据认证模型等。

（3）密文访问控制

基于属性的密文访问控制是一种比较常用的访问控制技术。典型的基于属性的密文访问控制技术有以下两种：基于密钥策略的 KP-ABE、基于密文策略的 CP-ABE。

ABE 加密算法一般包括以下 4 个阶段。

①初始化阶段：输入系统安全参数，产生相应的公共参数（PK）和系统主密钥（MK）。

②密钥生成阶段：解密用户向系统提交自己的属性，获得与属性相关联的用户密钥（SK）。

③加密阶段：数据拥有者对数据进行加密，得到密文（CT）并发送给用户或者发送到公共云上。

④解密阶段：解密用户获得密文，用自己的密钥 SK 进行解密。

3. 数据层安全事件

大数据时代，数据成为推动经济社会创新发展的关键生产要素，基于数据的开发与开放推动了跨组织、跨行业、跨地域的协作与创新，催生出各类全新的产业形态和商业模式，全面激活了人类的创造力和生产力。

然而，大数据在为社会创造价值的同时，也面临着严峻的安全风险。一方面，数据经济的发展特性使得数据在不同主体间的流通和加工成为不可避免的趋势，由此也打破了数据安全管理边界，弱化了管理主体的风险控制能力；另一方面，随着数据资源商业价值的凸显，针对数据的攻击、窃取、滥用、劫持等活动持续泛滥，并呈现出产业化、高科技化和跨国化等特性，给国家的数据生态治理水平和组织的数据安全管理能力带来全新挑战。在内外双重压力下，大数据安全重大事件频发，已经成为全社会关注的重大安全议题。

综合近年来国内外重大数据安全事件发现，大数据安全事件正在呈现以下特点：（1）风险成因复杂交织，既有外部攻击，也有内部泄露；既有技术漏洞，也有管理缺陷；既有新技术新模式触发的新风险，也有传统安全问题的持续触发。（2）威胁范围全域覆盖，大数据安全威胁渗透在数据生产、流通和消费等大数据产业链的各个环节，包括数据源的提供者、大数据加工平台提供者、大数据分析服务提供者等各类主体都是威胁源。（3）事件影响重大且深远。数据云端化存储导致数据风险呈现集聚和极化效应，一旦发生数据泄露，其影响将超越技术范畴和组织边界，对经济、政治和社会等领域产生影响，包括产生重大财产损失、威胁生命安全和改变政治进程。

随着数据经济时代的来临，全面提升网络空间数据资源的安全是国家经济社会发展的核心任务，如同环境生态的治理，数据生态治理面临一场艰巨的战役，这场战役的成败将决定新时期公民的权利、企业的利益、社会的信任，也将决定数据经济的发展乃至国家的命运和前途。为此，建议重点从政府和企业 2 个维度入手，全面提升我国大数据安全水平。

从政府角度，建议持续提升数据保护立法水平，构筑网络空间信任基石；加强网络安全执法能力，开展网络黑产长效治理；加强重点领域安全治理，维护国家数据经济生态；规范发展数据流通市场，引导合法数据交易需求；科学开展跨境数据监管，切实保障国家数据主权。

从企业角度，建议网络运营者规范数据开发利用规则，明确数据权属关系，重点加强个

第 6 章

人数据和重点数据的安全管理,针对采集、存储、传输、处理、交换和销毁等各个环节开展全生命周期的保护,从制度流程、人员能力、组织建设和技术工具等方面加强数据安全能力建设。

(1)全球范围遭受勒索软件攻击

2017年5月12日,全球范围爆发针对 Windows 操作系统的勒索软件(WannaCry)感染事件。该勒索软件利用此前美国国家安全局网络武器库泄露的 Windows SMB 服务漏洞进行攻击,受攻击文件被加密,用户需支付比特币才能取回文件,否则赎金翻倍或文件被彻底删除。全球100多个国家数十万名用户中招,国内的企业、学校、医疗、电力、能源、银行、交通等多个行业均遭受不同程度的影响。

安全漏洞的发掘和利用已经形成了大规模的全球性黑色产业链。美国政府网络武器库的数据泄露更是加剧了黑客利用众多未知的零日漏洞发起攻击的威胁。2017年3月,微软就已发布此次黑客攻击所利用的漏洞的修复补丁,但全球有太多用户没有及时修复更新,再加上众多教育系统、医院等还在使用微软早已停止提供安全更新的 Windows XP 系统,网络安全意识的缺乏突破了网络安全的第一道防线。

(2)京东内部员工涉嫌窃取50亿条用户数据

2017年3月,京东与腾讯的安全团队联手协助公安部破获了一起特大窃取贩卖公民个人信息案,犯罪嫌疑人系京东内部员工。该员工2016年6月底才入职,尚处于试用期,即盗取涉及交通、物流、医疗、社交、银行等个人信息50亿条,通过各种方式在网络黑市贩卖。

为防止数据被盗,企业每年花费巨额资金保护信息系统免受黑客攻击,然而因内部人员盗窃数据而导致损失的风险也不容小觑。地下数据交易的暴利以及企业内部管理的失序诱使企业内部人员铤而走险、监守自盗,盗取贩卖用户数据的案例屡见不鲜。管理咨询公司埃森哲等研究机构2016年发布的一项调查研究结果显示,其调查的208家企业中,69%的企业曾在过去一年内"遭公司内部人员窃取数据或试图盗取"。未采取有效的数据访问权限管理、身份认证管理、数据利用控制等措施是大多数企业数据被内部人员盗窃的主要原因。

(3)希拉里遭遇"邮件门"导致竞选失败

希拉里"邮件门"是指民主党总统竞选人希拉里·克林顿在任职美国国务卿期间,在没有事先通知美国国务院相关部门的情况下使用私人邮箱和服务器处理公务,并且希拉里处理的未加密邮件中有上千封包含国家机密。同时,希拉里没有在离任前上交所有涉及公务的邮件记录,违反了美国国务院关于联邦信息记录保存的相关规定。2016年7月22日,在美国司法部宣布不指控希拉里之后,维基解密开始对外公布黑客攻破希拉里及其亲信的邮箱系统后获得的邮件,最终导致美国联邦调查局重启调查,希拉里的总统竞选支持率暴跌。

作为政府要员,希拉里缺乏必要的数据安全意识,在担任美国国务卿期间私自架设服务器处理公务邮件,违反了联邦信息安全管理要求,触犯了美国国务院有关"使用私人邮箱收发或者存储机密信息属于违法行为"的规定。希拉里私自架设的邮件服务器缺乏必要的安全保护,无法应对高水平黑客的攻击,造成重要数据泄露并被国内外政治对手充分利用,最终导致大选落败。

6.3.2　物联网应用层安全

>>>

1.安全需求

应用层是物联网中的业务提供层,也是物联网架构中的最顶层,它主要负责提供服务支持,处理众多用户的请求,智能处理数据和决策分析等。在提供服务的同时,应用层还涉及数据的真实性、完整性和机密性等方面的问题,这些问题与用户隐私安全及物联网设备安全息息相关。根据 Gartner Group 的统计,约75%的黑客攻击发生在应用层。同样,统计显示,约92%的系统漏洞属于应用层漏洞。

当前物联网应用层面临的安全挑战主要有以下几种。

钓鱼攻击:在钓鱼攻击中,攻击者可以通过钓鱼网站或邮件来窃取用户的认证信息。

恶意病毒/蠕虫:在物联网中传播的一些恶意程序。当设备被植入恶意病毒或蠕虫后,攻击者就可以利用这些程序直接篡改设备的相关信息,获取用户数据。

嗅探攻击:攻击者通过在设备中引入嗅探器实用程序来对机器进行攻击,这种攻击可能会造成整个网络系统崩溃。

恶意脚本:可以引入软件、在软件程序中修改并从软件程序中删除的脚本,其目的是损害物联网设备功能。

除以上这些攻击之外,应用层还需要警惕由于用户操作失误或网络情况不佳生成的错误指令,终端产生的海量数据造成的数据阻塞、处理不及时,智能设备失效、无法自动处理,设备在网络中逻辑丢失,无法从故障或灾难中快速恢复等问题,这些问题都有可能对物联网应用层造成很大的危害。

2.处理方法

物联网应用层安全主要涉及中间件安全、服务安全、数据安全、云计算安全等,不同的应用程序有不同的安全威胁,工业和家庭的安全措施也是不一样的,因此,没有一种万能的安全策略可以解决所有的安全问题,在制订应用层安全方案时,需要根据应用层本身的特性选择合适的安全策略和技术。总的来说,为应用层提供安全保障可以从以下几个方向入手:要求用户使用复杂的密码,增加访问控制机制,使用密钥协议,增加数据管理系统,增加反恶意软件系统,增加身份认证机制,增加风险评估系统,在入侵监测系统程序中加入一些醒目的标识以提醒用户增强防范意识。

(1)中间件安全技术

物联网是一种网络基础设施,用于将物理对象、计算机和人类连接到 Internet 以进行信息交换。这些基础设施可以是传感器、执行器、智能手机、建筑物和其他设备。物联网为各种各样的应用提供了前所未有的机遇,并被广泛应用于许多场景,如制造、医疗和交通。然而,物联网是一个超大规模的网络,包含数十亿甚至数万亿个节点。这些节点会自发地产生大量的数据,要对这些数据进行实时处理,无疑给应用程序的性能带来了挑战。要实现物理世界、网络世界和人类世界的无缝集成,有效地管理和控制这些事物是一个具有挑战性的问题。根据分布式系统的开发经验,有必要构建一个将网络硬件、操作系统、网络栈和应用程序黏合在一起的泛在中间件,如图 6-10 所示。

中间件是一种独立的系统软件或服务程序,分布式应用软件借助中间件在不同的技术之

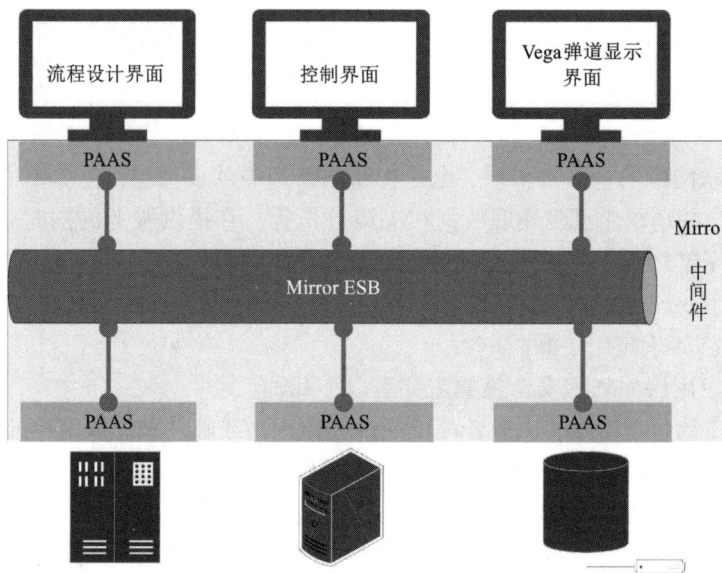

图 6-10　中间件

间共享资源。中间件位于客户机/服务器的操作系统之上，管理计算机资源和网络通信，是连接 2 个独立应用程序或独立系统的软件。相连接的系统，即使具有不同的接口，但通过中间件仍能相互交换信息。从基本功能上来说，物联网中间件既实现了平台的功能又实现了通信的功能，它为上层服务提供应用支撑平台，同时连接操作系统，保证系统正常运行。中间件还要支持各种标准的协议和接口。从结构上来说，物联网中间件位于物联网的集成服务器端和感知层、传输层的嵌入式设备中。服务器端中间件被称为物联网业务基础中间件，一般是基于传统的中间件构建的。嵌入式中间件是支持不同通信协议的模块和运行环境。中间件的特点是它固化了很多通用功能，但在具体应用中多半需要二次开发来实现个性化的业务需求，因此所有物联网中间件都需要提供快速开发工具。

（2）服务安全技术

随着移动互联网的繁荣及云计算和物联网的快速发展，应用层服务涉及的领域越来越广泛，从人们的日常生活到政府、企业的正常运转都离不开应用层服务。应用层服务的广泛应用也使其被攻击的范围变得越来越广。Web 是 Internet 提供的一种界面友好的信息服务。Web 中海量的信息是由彼此关联的文档组成的，这些文档被称为主页或页面，它们是一种通过超链接连接起来的超文本信息，通过 Web 我们可以访问遍布于 Internet 主机上的链接文档。

近年来，信息技术和互联网飞速发展，Web 服务根据人们的不同需求和目的，遍布我们生活的各个领域。越来越多的公司或组织可以使用 Web 将现有的系统高度集成。Web 服务虽然大大简化了我们的工作流程，丰富了我们的生活，但 Web 也面临严重的安全威胁，例如负责实现公司安全目标的人员面临的最严峻的挑战之一是确保网站免受攻击和滥用。

根据国际权威组织开源 Web 应用安全项目（open web application security project，OWASP）在 2017 年发布的 Web 攻击 Top 10 中，前三大攻击是数据库（structured query language，SQL）注入、失效的身份认证与会话管理和跨站脚本攻击（cross site script，CSS），此

处重点介绍 SQL 注入攻击、跨站脚本攻击和跨站请求伪造攻击等 3 种攻击。

①SQL 注入攻击是黑客对数据库进行攻击的常用手段之一。随着 B/S 模式的发展，使用这种模式编写应用程序的程序员也越来越多。但是由于程序员的水平及经验参差不齐，相当数量的程序员在编写代码时，没有对用户输入数据的合法性进行有效判断，使应用程序存在安全隐患。用户可以提交一段数据库查询代码，根据程序返回的结果，获得需要的数据。攻击者可以利用数据库返回的错误信息进行注入，往往这种注入方式的成功率是最高的；或者通过联合查询，虽然没有返回数据库错误信息，但是通过 UNION SELECT 可以轻易地获取数据库敏感信息。

②跨站脚本攻击是指利用网站漏洞恶意盗取信息。用户在浏览网站、使用即时通信软件，甚至阅读电子邮件时，通常会点击其中的链接，攻击者通过在链接中插入恶意代码，盗取用户信息。攻击者通常会用十六进制（或其他编码方式）将链接编码，以免用户怀疑其合法性。网站在接收到包含恶意代码的请求之后会产生一个包含恶意代码的页面，而这个页面看起来就像是原目标网站生成的合法页面一样。

③跨站请求伪造攻击（CSRF）指攻击者盗用被攻击者的身份，以被攻击者的名义发送恶意请求。这种攻击产生的主要原因是提交的表单缺乏验证项。CSRF 可能会危及最终用户的数据和操作，如果被攻击对象是管理员，可能会危及整个 Web 业务应用程序。

源代码安全监测可以从以下几个方面进行。

定向检测，针对特定功能点的隐患，定向测试漏洞。通常文件上传功能易出现后端程序未严格限制上传文件的格式的问题，导致可能存在有人以文件上传的方式绕过防火墙的情况。登录或注册功能，可能存在用户角色或 ID 未进行严格匹配验证，造成非法越权操作。文件管理功能也是常见的隐患功能点，如文件路径直接在参数中传递，很可能造成任意文件读取或下载问题。

正向检测，从源代码的主目录入手，分析源代码的程序结构，重点关注包含 function、common 和 include 等关键字的文件夹，这些文件夹中通常存放一些公共函数或者核心文件，提供给其他文件统一调用。然后查找应用的配置文件，通常文件名中包含 config 关键字，配置文件中包含了 Web 程序运行必需的功能性配置选项及数据库等配置信息。最后查找安全过滤文件，这些文件涉及漏洞能否被利用的问题，通常命名中包含 filter、check 等关键字，这类文件主要针对输入参数、上传类型以及执行命令进行过滤。

大多数应用层漏洞的形成原因与程序员在程序开发过程中对敏感函数使用不当有很大关系，因此根据敏感函数来逆向追溯参数的传递过程是一种非常有效的源代码漏洞检测手段。这种方法的优点是只需要搜索相关敏感函数关键字，即可快速定位漏洞隐患点，进而进行深入的跟踪分析。其缺点是由于没有通读源代码，对程序的整体业务逻辑结构理解不够深入，不容易发现逻辑类漏洞隐患。

Web 应用防火墙（web application firewall，WAF）是 Web 应用程序中的一种安全防护措施，类似于使用 HTTP 访问的应用程序的安全屏蔽，它在网络拓扑结构中的位置往往在最前面，通常作为外部网络和内部网络之间的屏障。传统防火墙主要用来保护服务器之间传输的信息，而 WAF 则主要针对 Web 应用程序。网络防火墙和 WAF 工作在 OSI 7 层网络模型的不同层，相互补充，可以搭配使用。WAF 的简介如图 6-11 所示。

WAF 的部署方式主要有以下几种，各有优劣。

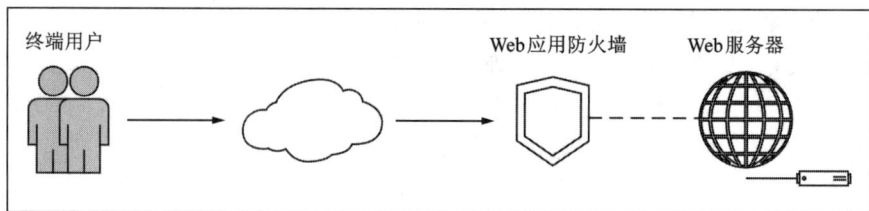

图 6-11　WAF 简介

透明代理模式。在透明代理模式下，WAF 对客户端和服务端都是透明的，双方都"认为"自己和对方是直接相连的。以透明代理模式部署 WAF 的优点是对网络的影响比较小，不需要对网络结构进行修改；缺点是客户端和服务端之间的流量都需要经过 WAF，这就对 WAF 的处理能力提出了很高的要求。此外，在透明代理模式下无法在服务器上实现负载均衡，因此在高并发场景下对网络性能有一定的影响。

反向代理模式。反向代理模式是一种用于隐藏 Web 服务器的安全模式。在反向代理模式下，客户端的请求会先定向发送到 Web 服务器的代理服务器中，代理服务器收到请求后会将请求转发到真实服务器，从而使得客户端只能获取代理服务器的地址而无法获取 Web 服务器的真实地址。服务器响应请求时，需要经过 WAF 设备转发才能到达客户端。反向代理模式需要对网络结构进行一定程度的调整。与透明代理模式不同，反向代理可以在 WAF 上实现负载均衡。

路由代理模式。路由代理模式与透明代理模式的区别在于透明代理工作在网桥模式，而路由代理工作在路由转发模式。路由代理模式需要为 WAF 的转发接口配置路由以及 IP，因此需要对网络进行简单的改动。与透明代理模式相同，路由代理模式也不支持负载均衡。

（3）应用层安全事件

1）车联网安全事件

车联网产品由云端服务器、手机 App、盒子三大基本要素构成，攻击其中任何一个要素以及要素之间的通信，都能给车联网带来毁灭性的打击。主要攻击手段如下。①入侵云端服务器，篡改云端服务器的诊断数据逻辑，达到改变汽车行为的目的。②通过逆向工程获知手机 App 和盒子之间的通信逻辑，伪装成车联网产品的手机 App 向盒子发送恶意的消息序列。③通过 Wi-Fi、蓝牙等通信渠道进行攻击。

美国国防部高级研究计划局资助的两名安全调查员花费数月的时间"攻破"了福特翼虎和丰田普锐斯汽车系统：将汽车仪表盘底部的标准数据接口与笔记本电脑连接，再通过笔记本式计算机发出指令，就可以控制汽车的刹车系统和方向盘。

在 2014 年中国互联网安全大会上，国内外黑客进行了各种攻防演示。360 互联网安全公司的技术人员在现场演示了黑客不用车钥匙，而是用笔记本电脑和智能手表打开奔驰 C180 轿车的车门。他们用一个无线电设备，将车钥匙中的射频信号截取下来，然后把这个信号转换成实际的数据，用一些其他设备，比如手机或者一些能发出同样射频信号的设备，将之前分析出来的信号发射出来，这样就可以用这个设备而不用车钥匙把车门打开了。此外，360 互联网安全公司的专业团队研究了特斯拉 ModelS 型汽车，发现该汽车的应用程序流程存在设计缺陷。攻击者利用这个漏洞可远程控制车辆，实现开锁、鸣笛、闪灯、开启天窗等操作，甚至能够在车辆行驶中开启天窗。

2014 年 5 月，美国一家网络安全公司发布了一份研究报告，指出网络黑客已经能够轻松入侵并操控城市交通信号系统以及其他道路系统，涉及范围涵盖纽约、洛杉矶、华盛顿等美国大城市。黑客能够通过改变交通信号灯、延迟交通信号灯改变时间、改变数字限速标记，导致交通拥堵甚至车祸。研究者 CesarCerrudo 表示，目前没有任何方法能够防止交通控制设备被入侵。

2）智慧医疗安全事件

2014 年 5 月，美国知名科技媒体撰稿人吉姆·曾特（Kim Zetter）对现代医院医疗设备展开了一次详尽的调查，指出目前医院所使用的大多数医疗设备都存在着被黑客入侵的风险，这一风险甚至可能会造成致命的后果。同时，美国食品及药物管理局已经出台了要求医疗设备制造厂商强制检查出厂设备的安全性指导意见。

美国 McAfee 公司的资深信息安全专家巴纳比·杰克模拟了黑客入侵医疗设备的全过程，操控设备按照黑客的意志"行凶"，整个过程让现场观摩的医生和设备供应商大为震惊。巴纳比和团队利用强大的无线电设备成功干扰了一台胰岛素泵的正常工作，再利用高超的计算机技术篡改胰岛素泵原本的工作流程，即可实现逆向通信。至此，这台胰岛素泵就处于黑客的控制中，黑客可随意加快胰岛素泵的注射频率，短时间内把 300 个单位的胰岛素注入病人体内，这样病人的血糖就会急降，如果抢救不及时就会死亡。巴纳比说，只要让他在距离胰岛素泵 91 m 以内的范围就可实现干扰，把胰岛素泵"玩于股掌之上"，又不被患者本人和医护人员识破。

360 互联网安全公司的安全专家指出，黑客可以利用远程医疗设备的无线或有线通信协议中存在的安全设计缺陷及硬件设备安全漏洞，通过远程控制心脏起搏器等方式杀人于无形。

3）可穿戴智能设备安全事件

2013 年 5 月，谷歌眼镜被指存在重大安全隐患。黑客可以通过电脑控制谷歌眼镜，从而获得用户的所见、所闻及用户的密码等敏感信息。马萨诸塞大学的研究人员发现，黑客可以利用谷歌眼镜盗取用户智能手机的密码，从而进入用户的智能手机，盗取手机中的数据。

随着移动互联网的普及，可穿戴智能市场变得异常火爆，包括苹果、三星在内的许多互联网公司都在 2014 年推出了可穿戴智能设备。在 2014 年的互联网安全大会上，一款智能手环凭借定位功能受到关注，儿童在戴上智能手环后，父母可以通过手机 App 实时了解其位置，厂家称其产品为"防丢神器"。从技术层面上说，黑客完全有能力通过技术手段攻破并控制智能设备。可穿戴智能设备是与人们生活关联度最高的智能设备，出现问题可能不仅损失钱财，甚至会威胁到消费者的生命安全。业内公认安全性最好的苹果公司的产品也被频频曝出安全漏洞，这让人们对可穿戴智能设备的安全性有所质疑。

6.4　物联网安全新概念

6.4.1　传统物联网安全的困境

在当今数字孪生的时代背景下，物联网安全需要新的安全理念。从原来的单纯感知演变为现在的真实还原，其最核心的改变就是更加数据化和智能化。基于数字孪生的物联网安全,既是迄今为止最重要,也是场景最复杂的问题。我们可以思考一些比较典型的物联网安全事故,如特斯拉汽车、宝马汽车被攻击,乌克兰断电、委内瑞拉断电,以及最近两年热门的摄像头安全、智能门锁安全等问题。物联网已经深入到我们日常生活的各个细节。传统的网络安全公司应对物联网安全问题更多采用两种方式:一是监测式安全,二是外挂式安全。图 6-12 所示为传统的物联网安全方案。

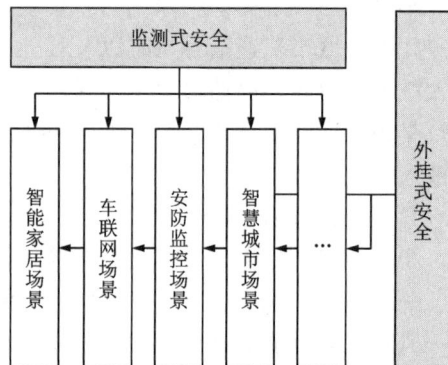

监测式安全,主要是利用扫描发现物联网终端的一些安全漏洞,但它治标不治本,并且需要手工

图 6-12　物联网安全的传统方案

操作,效率比较低下。物联网的终端庞杂,类型各异,使其覆盖面非常有限,达不到预期效果。外挂式安全基于攻防理念,物联网与互联网的一个重要区别是所要保护的对象不是一个封闭的体系,而是一个物理开放性的网络架构,所以外挂式安全难度高,并且商业复制非常困难,在不同物联网场景下外挂式设备的产品方式不一样,很难起到对应的效果。所以在这些典型的物联网场景下,如智能家居、车联网、智慧城市等,这两种方案很难真正解决安全问题。对于数字孪生时代的物联网安全,可以使用基于身份认证的物联网智能安全体系。

6.4.2　基于数字孪生的新时代物联网安全

图 6-13 为传统互联网与物联网安全方案的对比。物联网中的云端和边缘端与传统的互联网基本一致,使用 TCP/IP 协议,原有的、成熟的、完善的互联网安全/网络安全设备产品和技术方案可以直接沿用并起到相应的效果。智能终端,即终端这一侧。对整个物联网来说,智能终端五花八门,可以称为海量终端。多元异构是终端的一个典型特征,这些终端在传统的网络安全时代是不存在的。在现如今的物联网里,云边端、云管端等多出来的这些万物互联的终端是以前没有的课题,需要重点解决。只有把这一问题解决,再结合云端和边缘端形成一个闭环的安全体系,才能真正有效地解决物联网安全问题。

解锁视频
网络安全

传统互联网安全	VS	物联网安全
外挂安全	网络形态	内生式安全
仅PC/服务器等少量类型	终端类型	海量,万物
可主动部署第三方安全	用户视角	无法主动部署第三方安全
有人值守,物理不可接触	黑客视角	无人值守,物理随时可接触
攻击者—用户	攻防两端	攻击者—终端
动态攻击,攻防不断升级	攻防状态	静态及物理攻击
可人为阻断	攻击阻断	不可人为阻断

图 6-13　传统互联网与物联网的安全方案对比

经过上述分析，可以得出端安全是目前物联网安全需要重点解决的问题。端是整个物联网数据产生的源头，也是数据采集的源头，还是指令最根本和最后的执行者，所以端其实决定了整个物联网的安全效果。在网络安全的攻与防中，攻击者最终的目的无非是对被攻击对象的一些有价值的数据进行偷窃或者破坏。同样，对于防御者来说，其目的是要保护这些有价值的核心数据。

在互联网时代，所有有价值的核心数据基本上是在公司内部、机房内、办公环境内产生的。每个独立的环境是物理上能够看守住的场所，黑客在物理上接触不到产生数据源的电脑或服务器等应用环境的设备和系统，只能通过对外连接的网线来进行攻击。此时，对于每个要保护的主体或防御者来说，对外连接的网线是黑客攻击的唯一入口，采用边界防御是非常有效的手段。

这种手段和解决思路沿用到物联网并不能起作用，原因是物联网在物理上是一个开放的网络，所有产生数据源的终端部署在户外，无人值守，24 小时工作；黑客在物理上很容易接触，可以买一个同型号终端进行研究和攻击。作为一种静态攻击，当找出这类终端的安全漏洞和特征后，就可以直接去攻击同型号的在外的终端，并且在物理上可以直接进行网络入侵，无法防御。这就是物联网安全的现状。

基于物联网安全的现状，关于解决终端安全问题可以得出 2 个结论。一是在黑客可以对终端进行静态分析和攻击的现状下，目前的各种安全技术中，只有采用密码学技术对终端进行安全设计并赋予其安全能力才能起到相应的效果。即使黑客知道终端所采用的密码学技术也不能破解，达到透明攻防。二是厂家一旦将终端销售出去就不会再介入终端的使用，对于用户来说，不能像在互联网时代那样把计算机买回来后自己操作，对于所有的智能终端来说用户只是一个使用者。所以所有的物联网终端在出厂时就必须具备原生的安全能力，这样才能保证安全。

物联网安全不仅涉及财产安全，还涉及人身安全，而且针对物联网安全的攻击一旦发起就是不可阻挡的，所以要实现物联网安全较为困难。如图 6-14 所示，物联网需要支持复杂环境下的安全。第一，物联网安全涉及多场景。不同的细分场景，其安全需求不一样。第二，多通信协议。物联网不像互联网时代只有 TCP/IP 协议，它有窄带、宽带等多种协议。第三，多系统环境。在同一个物联网场景中会出现多种系统环境，除了 Windows、Mac、Linux 这种 PC 端系统环境，还有 iOS 这种智能终端的系统环境和嵌入式操作系统，甚至无 OS 的系统也在物联网终端里频繁出现。第四，多硬件架构。物联网安全有基于 ARM、Intel 等的不同硬件架构。在这种情况下，很难有一个标准覆盖所有的终端。针对不同的终端，应该思考怎样做到广覆盖。

信长城提出了一种适配于物联网典型场景的安全体系产品———乐高积木式的安全组件，如图 6-15 所示，组件式是指安全产品分为云、边、端，适配在云端/边缘网关/各种类型的终端。积木式的组件可以从技术分层的角度考虑，在硬件层、驱动层、系统层、应用层和业务层做不同的组件，复杂系统的硬件层会存在六七种嵌入式环境/智能终端环境，驱动层存在六七种嵌入式环境/智能终端环境，等等，组合后的组件有几十种至上百种。针对每一个新出现的智能终端，在赋予其安全性能时，可以通过一系列组件的组合来提供全维度的安全，让智能终端在研发设计之初就具备原生的安全能力，从经济效益上讲这是一种一次性投入永久收益的方式。

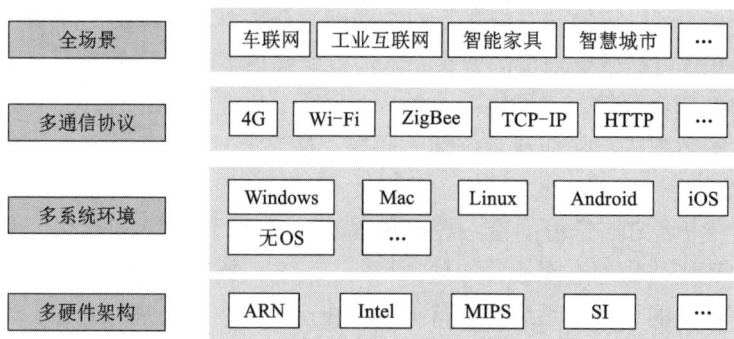

图 6-14　复杂环境下的物联网安全

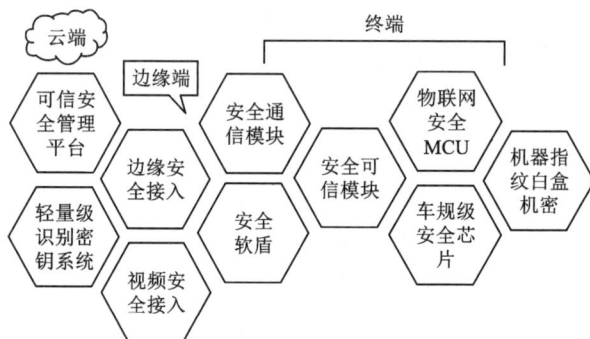

图 6-15　乐高积木式的安全组件

上述内容只是解决了物联网中终端部分的安全问题，但对整个物联网的安全需求来说，必须由云、边、端全覆盖的体系来实现。信长城从上层角度提炼出一套由三大板块组成的完整的物联网安全体系，即智能化的物联网安全体系。终端上称为安全知觉系统，连接时称为安全神经系统，所有的物联网连接时采用密码学技术保障双向身份认证，实现安全性。最后汇聚到云端的安全智能分析系统/智能决策系统，把所有的威胁特征和安全情况汇集起来后通过实时动态的决策机制，实现整个物联网闭环的安全体系。

智慧启思

某二手交易平台数据泄露事故的警示

认知拓展

实践创新

思考题

参考答案

1. 总结和梳理一下物联网安全的主要特点。

2. 物联网安全主要包含了哪些部分？各部分的主要内涵是什么？

3. 如何实现复杂环境下的物联网安全？

4. 请结合土木工程学科的专业背景，调研 1~2 个有关物联网安全的案例。

5. 物联网感知层的特点是多源异构、资源受限、设备类型复杂等，传统的计算、存储和通信开销较大的安全协议无法满足物联网感知层的需求，因此需要研究开发什么类型的安全协议？

第 7 章

智能建造工程实例

本章思维导图

AI微课

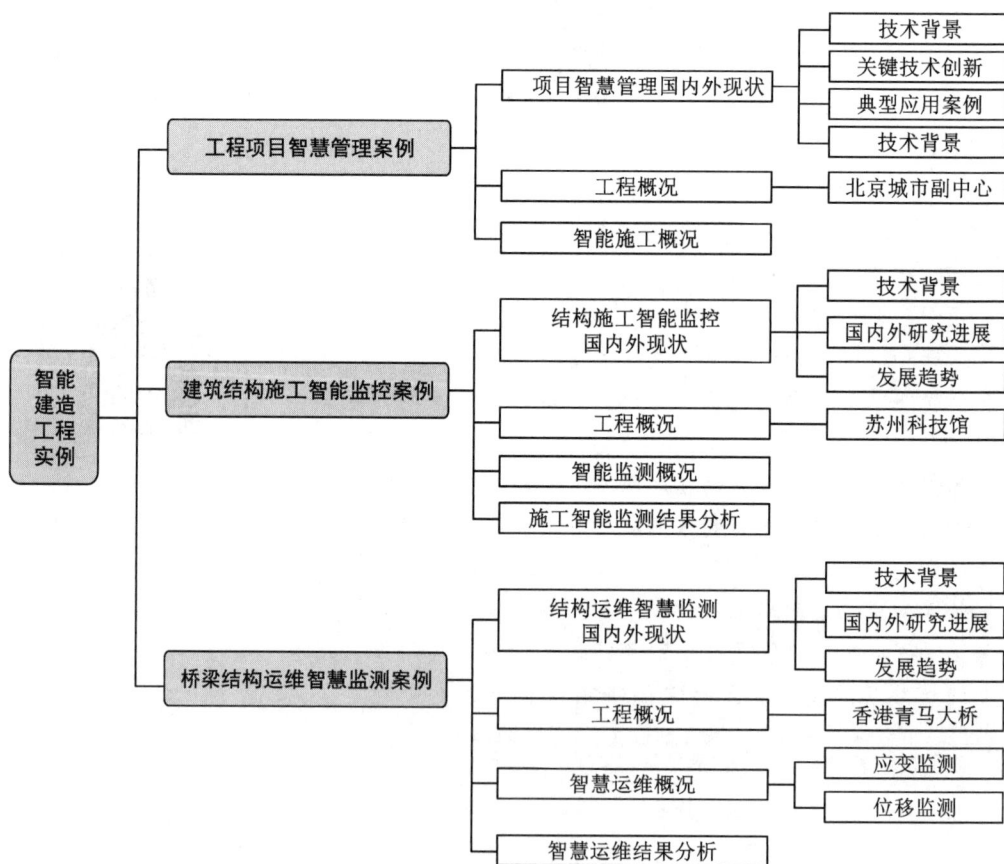

7.1　工程项目智慧管理案例

7.1.1　项目智慧管理国内外现状

在"新基建"与"双碳"战略的双重驱动下，全球建筑行业正经历着从传统建造向智能建造的深刻变革。智慧施工的创新之处在于对物联网、大数据、云计算、人工智能、5G 通信等技术的集成与应用。这些技术共同实现了工地现场的全面感知、实时分析、智能决策和精细管理。其中，物联网技术通过在工地部署各类传感器和智能设备，如 RFID 标签、摄像头、无人机、穿戴设备等，收集人员位置、机械设备状态、环境参数等实时数据，为智慧工地搭建物理世界与数字世界的桥梁。大数据和云计算技术提供了强大的数据存储和处理能力，使海量工地数据得以高效存储和快速分析，为施工决策提供数据支持。人工智能技术包括机器学习、深度学习、自然语言处理等，负责对工地数据进行深度挖掘，从而预测施工进度、识别安全隐患、优化资源调度。现代 5G 通信技术的高速率、低时延特性确保了工地现场信息的实时传输，支持远程监控、即时通信和虚拟现实/增强现实(VR/AR)培训等应用，极大提升了工地的智能化水平和管理效率。

BIM 技术已从单纯的三维建模工具进化为全生命周期的数字中枢。在北京大兴国际机场的建造过程中，超过 600 万个建筑构件在虚拟空间实现了毫米级精度的预装配，施工方通过云端协同平台与全球 42 个专业团队进行实时碰撞检测，将传统模式下需要数月的设计协调周期压缩至 17 天。这种数字孪生技术的深度应用，使得工程团队能在破土动工前就预见并解决 90% 以上的潜在冲突。而在迪拜未来博物馆的曲面幕墙施工中，BIM 直接生成数控机床的加工代码，将异形铝板的制造误差控制在 0.2 mm 以内，这种设计施工一体化模式使工程效率提升了 40%。更为前沿的发展出现在荷兰，MX3D 公司通过将 BIM 数据直接导入智能焊接机器人系统，成功在阿姆斯特丹运河上打印出跨度为 12 m 的全不锈钢桥梁，整个建造过程无须任何人工焊接干预，展现出数字模型与制造设备的无缝衔接。

人工智能的介入正在重新定义施工管理的决策模式。中国尊(北京中信大厦)项目施工高峰期，每天有超过 300 辆物料运输车进出工地，AI 调度系统通过分析历史交通数据、实时路况和天气预报，动态优化车辆进出场路线，使平均等待时间从 45 min 降至 8 min，仅此一项每年节省燃油成本超千万元。在悉尼地铁隧道工程中，机器学习模型通过分析过去十年全球类似项目的 8000 多组事故数据，成功预测出 17 处潜在风险点，并自动生成加固方案，使施工事故率下降 82%。更为革命性的突破出现在美国硅谷，Built Robotics 公司开发的 AI 挖掘机系统在特斯拉得州超级工厂的土方工程中通过强化学习算法自主规划作业路径，在复杂地形条件下仍保持每小时 120 m³ 的作业效率，相当于熟练工人的 3 倍工作量。而日本鹿岛建设研发的混凝土配合比优化 AI，通过分析 10 万组实验数据建立预测模型，在横滨某超高层项目中，仅调整骨料级配就使混凝土强度标准差从 4.5 MPa 降至 1.8 MPa，材料成本节约 15%。

建筑机器人的崛起正在改写施工现场的人力图景。广州白云站的建设现场，28 台抹平机器人组成编队，通过 UWB 定位系统和机器视觉协同作业，将 3 万 m² 地坪的平整度误差控制在 2 mm 内，作业效率是人工团队的 6 倍。在迪拜的可持续城市项目里，阿联酋工程师开发的全自动砌砖机器人，集成 3D 扫描与路径规划算法，每小时可精准砌筑 380 块特制生态砖，同时通过机械臂末端的力反馈装置实时调整砂浆厚度，将材料损耗率从人工砌筑的 12% 降至 3%。中国建筑集团的智能钢筋绑扎机器人，运用深度学习识别钢筋交叉点，机械手指的灵活度已接近人类技工水平。在挪威奥斯陆机场的扩建工程中，全自动焊接机器人团队在密闭空间内连续作业 120 h，完成了传统工艺需要 3 个月工期的钢结构焊接任务，焊缝合格率达到 99.97%。

在技术革命与产业变革的交会点，结构智慧施工正突破传统建造的物理边界。当数字基因深度融入建筑肌理，我们看到的不仅是效率提升与成本优化，更是整个行业向高质量、可持续方向的根本性转变。这场静默的革命，正在重构人类建造文明的 DNA。

7.1.2　工程概况

北京城市副中心三大建筑及共享配套设施项目，包含博物馆、剧院、图书馆、共享配套设施及轨道交通预留车站等五部分，总占地面积约 70 公顷（1 公顷 = 10000 m²），规划建筑规模约 60 万 m²，其中地上约 20 万 m²，地下约 40 万 m²。城市副中心剧院（文化粮仓）坐落于大运河南岸，总用地面积约 122398 m²，地上建筑面积 82700 m²，地下建筑面积 42650 m²。地上 3 座建筑单体，主要楼层数为地上 5 层，地下 2 层，最大建筑高度 49.5 m，地下为一整体地下室，建筑基底面积 56273 m²，位于歌剧院西南角。工程场地呈现南高北低、中高东西低的趋势（图 7-1）。

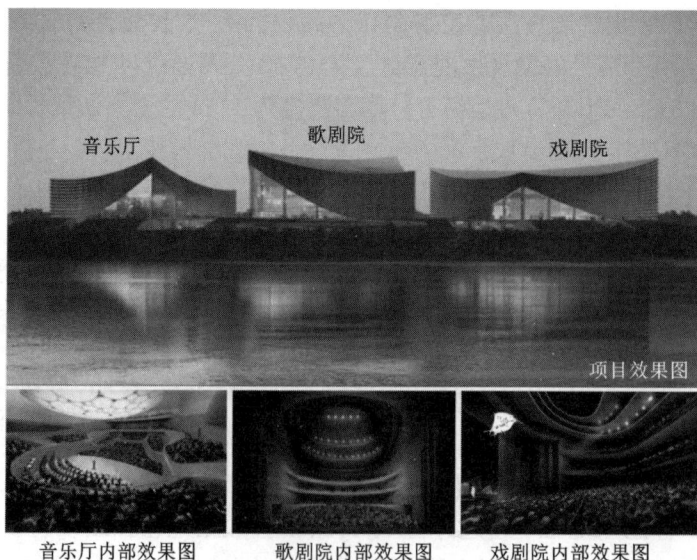

图 7-1　北京城市副中心项目效果图

7.1.3　工程项目智慧管理概况

1.项目重难点及解决对策

（1）项目重难点

①剧院项目空间复杂，施工方案多，包括地下室墙体单侧支模、大空间满堂红脚手架、大环梁施工、预应力、劲性结构施工、台座施工等。

②不规则双曲网格钢结构屋盖体系。项目采用不规则双曲网格钢结构屋盖+外框钢柱、砼屋面大跨度钢梁+钢桁架、劲性结构+钢板墙、钢马道+栅顶吊轨结构。钢结构形式多、造型复杂、交叉工序多，对加工制作的精度要求高，施工精度要求高，变形控制难度极大，目前业内尚无经验可供参考。

③异形曲面金属屋面和立面曲折线铝装饰板。项目立面曲折线铝板为异形曲面铝板，加工难度大；板块不可替代，如果存在板块缺陷或损伤，将影响其他板块施工。金属屋面系统（含天沟、装饰铝板、融雪系统）、屋顶装饰铝板与钢结构工程、机电工程、幕墙工程、给排水工程等多个工程有交叉，对设计技术的专业性、全面性有很高的要求。

④深化设计、机电管线综合排布以及出图。项目机电多达 50 个专业系统，管线综合复杂，且剧院项目涉及舞台机械、消声降噪、音响等各类专业，深化设计需要考虑接口极多，管线布置难度极大。

⑤项目工作量大，构件形式多。剧院底层面积大，封闭环形周边线长，钢结构体量大、构件形式多、协作单位多，同时与土建、机安等专业公司配合，工作量大。

（2）解决对策

①建立信息化管理体系。剧院项目采用了 1 个平台、3 大管理中心、3 大技术中心、9 大模块、3 端应用的系统架构，期望打造一个具有建工特色、国内领先的 BIM+智慧工地平台（图 7-2）。

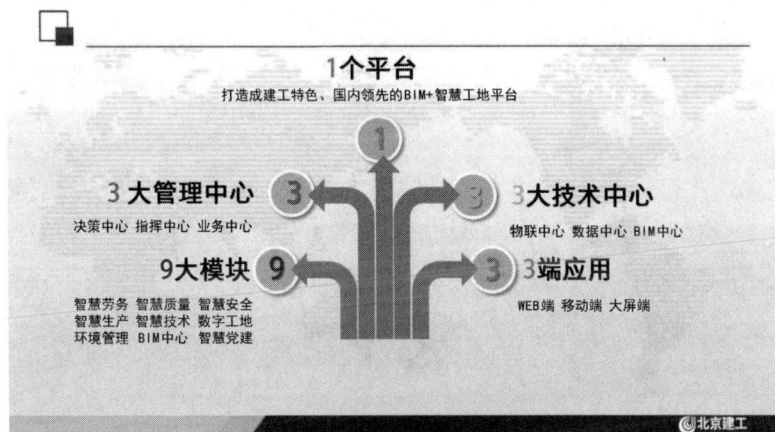

图 7-2　剧院项目信息化管理体系

②应用模块。剧院项目通过应用数字工地、智慧劳务、智慧安全、BIM 中心、智慧生产、智慧技术、智慧质量、环境管理、智慧党建 9 大模块，建立了包含全业务场景、项目全员参与

的信息化平台,用智能化手段实现项目高效管控(图7-3)。

图7-3 剧院项目9大模块

2. 智慧生产

(1)生产进度三级管控,延期精准纠偏

由于项目工程生产任务较为紧张,各工种之间流水穿插作业,人力、设备、材料管控难度大,如何保证项目按整体施工计划顺利完成,进度管理工作是工程管控的重中之重。

本项目采用生产管理系统进行进度管理。项目生产进度管理以总控计划为核心,在各个施工阶段逐步细化,主要是以具体的工序任务项目为主,进行现场跟踪管理。利用数字例会、施工日志、施工相册等功能辅助进度管理,充分发挥生产管理系统优势。

为消除疫情对工期进度的不利影响,利用 BIM 联动生产计划及时纠偏,优化主体结构工期 10 d,节约成本 90 万元,经测算,其中 14 台塔吊及汽车吊机械租赁费节省约 20 万元,管理人员费用节省约 20 万元,劳动力费用节省约 50 万元。

(2)施工现场可视化管理,形象进度信息自动留存(图7-4)

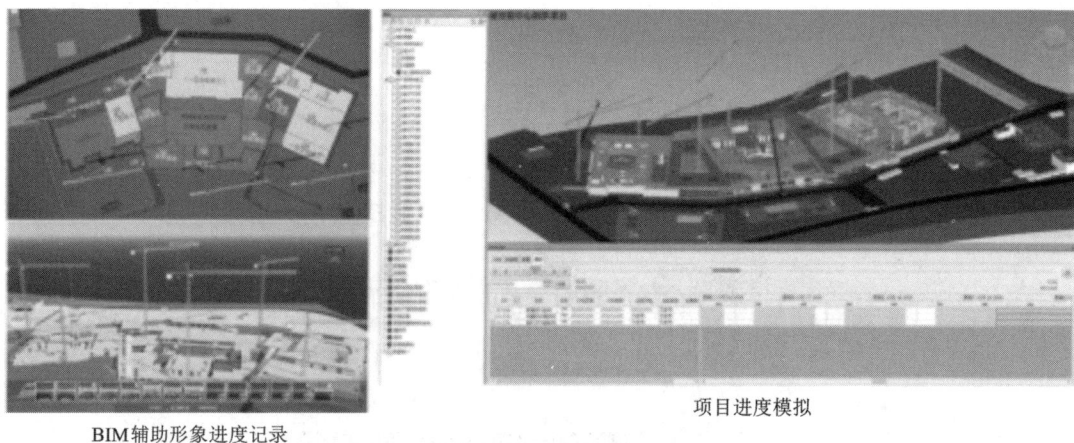

BIM辅助形象进度记录   项目进度模拟

图7-4 剧院项目施工现场可视化管理

剧院项目在办公走廊、大门、施工现场、吊钩等处共设置 6 台球机、1 台枪机,对项目进行全方位监控,并且在项目制高点设置的 1 台球机,能够定期抓拍图像生成延时摄影视频。

每天按时自动记录形象进度，留存工程重要节点的影像资料，提高管控效率，节约数据资料整理时间。

（3）大型机械设备管控，助力生产提效

利用塔机监测系统进行数据监测，看板可直观体现违章总数、报警总数、预警总数。项目共配备14台塔吊设备，实时监测塔吊运行过程中高度、重量等数据，并且系统可自动划定群塔作业碰撞区间，一旦发生风险，自动预警，提醒塔吊司机注意操作，安全驾驶；吊钩可视化是使用安装在塔机上的摄像头，实时跟踪吊钩下方吊物的情况，并根据吊钩位置自动调整摄像头的倍率，保障驾驶员可以清晰地看到吊钩吊载运行的情况。

利用塔吊工效分析，合理调配汽车吊辅助钢结构吊装安装，协调各专业单位的工序交叉，确定合理的工艺安装顺序，做好与土建、钢结构、机械安装等多专业交叉协同配合工作，确保生产进度管理有序。

施工升降电梯监测直观体现施工电梯运行情况并提供当前设备预警报警信息，协助项目管理人员掌握电梯日常运行状况。本项目在戏剧院、歌剧院各设置1台电梯，项目管理人员通过分析选定时间段内工作循环数量趋势，对电梯的工作饱和度进行判断，并对现场施工计划进行优化；根据违章工作循环数量，判断电梯运行是否存在安全隐患，及时对电梯司机及相关人员进行安全教育，规避安全事故发生。

（4）智慧绿施—环境监测预警提示

由于项目钢结构焊接施工工艺较多，项目会有较少的有害气体排放。现场安装1台环境监测设备，实时监测现场噪声、温湿度、风速风向、颗粒物浓度等数据，数据实时回传至智慧工地平台，以直观的图表形式呈现。管理人员可远程实时监控项目环境情况，通过24 h环境变化曲线、月度环境变化曲线（图7-5），判断现场扬尘治理情况是否满足市政环保管控要求，遇到扬尘天气，及时洒水降尘，确保绿色文明施工。

图7-5 智慧绿施—环境监测

7.2 建筑结构施工智能监控案例

>>>

7.2.1 结构施工智能监控国内外现状

>>>

解锁视频
房屋建筑监测

虽然现有的施工过程仿真模拟软件较为成熟，也有相当多的工程实例，但是在工程施工过程中存在许多不确定因素，并且部分情况难以在有限元软件仿真模拟中考虑。因此，对施工过程进行全过程模拟并不能确保施工过程一定安全，而对结构施工全过程进行施工监测，能够实时地了解结构关键部位构件的应力、位移等数据及变化情况，并可以及时调整施工方案，这对保障建筑施工过程安全与结构质量具有重要意义。施工监测最早应用在桥梁施工中，20 世纪中后期，日本首次将施工监测技术应用于日野预应力混凝土连续桥的施工过程中，此后，施工监测技术在桥梁施工中得到了广泛应用，典型的，如日本明石海峡大桥、英国 Foyle 桥等。随后，钢筋混凝土建筑施工阶段的安全性问题开始受到许多行业的关注，许多学者对其进行了研究，研究内容主要包括新监测技术的应用、优化算法。随着社会科技与经济的发展，施工监测技术也在不断升级。1996 年，美国的 Straser 和 Kiremidian 首先提出了使用无线监测系统这一新概念，自此土木工程监测领域开启了使用无线监测系统的新篇章。进入 21 世纪，由于科技水平的迅速发展，用于施工监测的仪器不断发展，监测精度以及操作程序上都实现了进一步的优化。

我国在施工监测的研究和应用方面晚于国外部分先进国家。20 世纪末，国内才开始在一些桥梁建设中安装各种监测系统对其施工过程进行监测，但 21 世纪以来，随着我国经济实力和科技水平的飞速提升，我国施工监测技术也在高速发展。如今随着建筑行业发展与社会发展的需要，越来越多的大型、复杂结构出现，施工监测技术也逐渐用于各类大型复杂结构之中。如在"鸟巢"体育场施工过程中，可利用无线传感器设备监测卸载全过程，保证了卸载的安全；可利用激光垂准仪、全站仪对广州会展中心进行变形监测；在青岛体育中心游泳馆施工的卸载过程中，使用振弦式应变传感器监测该结构在卸载过程中的应力，并利用水准仪对结构进行变形监测；利用施工监测技术实时监测了央视大楼在高空合龙施工时的应力与变形，为施工安全提供了预警。

结构施工监测正朝着智能化、集成化与全周期管理方向快速发展。依托物联网、5G 通信和人工智能技术，监测系统实现多源数据(应变、位移、振动等)的实时采集与融合分析，结合机器学习算法精准识别结构损伤并预测风险。传感器技术向微型化、自适应方向升级，如光纤光栅与压力式传感器提升了监测精度；无人机与雷达技术(如微波干涉雷达)的应用扩展了复杂结构(桥梁、超高层建筑)的远程非接触监测能力。同时，标准化监测平台与开放数据共享机制逐步完善，推动跨学科协同与预防性维护策略的普及。未来，施工监测将深度融入数字孪生与智慧工地体系，实现从"被动预警"到"主动优化"的飞速发展。

7.2.2　工程概况

苏州科技馆、工业展览馆项目位于苏州虎丘区，规划定位为苏州科技生活体验中心、苏州科技文化展示窗口。项目总建筑面积为 68940.56 m²，其中地上面积 43262.54 m²，地下面积 25678.02 m²。建筑主体从西向东为工业展览馆和科技馆，结构从西侧盘旋而上，旋转 270°后向水面延伸，形成一段大悬臂。科技馆地上 3 层，地下 1 层，中部设有一处下沉庭院，结构形式采用钢-混凝土混合框架(局部钢管混凝土柱)+巨型钢桁架结构，建筑最高高度 23.9 m；中部下沉庭院内设一球幕影院，结构形式为网壳结构。工业展览馆地上 1 层，结构形式采用钢-混凝土(局部型钢混凝土柱)混合框架结构，建筑最高高度 12.900 m。该项目的现场情况如图 7-6 所示。

图 7-6　苏州科技馆、工业展览馆项目效果和现场图

钢结构主要包括工业展览馆、科技馆、球幕影院 3 个建筑物，钢桁架结构总用量约 23700 t。工业展览馆为型钢-钢筋混凝土混合框架结构，钢结构包括地上、地下劲性十字钢柱、劲性 H 型钢柱，地上一层 H 型实腹钢梁、H 型蜂窝钢梁、拉杆等。钢桁架结构效果图如图 7-7 所示。钢桁架结构分布在地下 1 层和地上 3 层，包括 5 个核心筒结构(A、B、C、D、E)、楼屋面结构、内外侧弧形钢桁架结构、楼屋面箱形主梁、H 型次梁等，楼屋面采用钢桁架楼承板，如图 7-8 所示。钢板厚度最大为 100 mm，材质主要为 Q345GJB，屋面结构最高标高为 23.9 m。

图 7-7　钢桁架结构效果图

图 7-8　钢桁架结构体系组成

7.2.3 结构施工智能监控概况

>>>

巨型钢桁架结构具有跨度大、外形美观、轻盈等特点，但是构造形式多，且施工工艺复杂，施工过程中的应力与变形往往与设计的最终状态存在较大差异，导致施工过程中存在安全隐患，一旦发生事故，将会造成巨大的人员伤亡、财产损失及恶劣的社会影响。在施工过程中，苏州科技馆钢桁架结构从施工卸载开始到全部竣工后 2 年，结构关键部位的位移、关键构件的应变以及使用舒适度情况进行监测，确保结构的安全性和正常使用。为了实现上述监测目标，根据以下原则进行苏州科技馆钢桁架结构的监测测点布置：①对结构关键部位的位移和应变进行监测，掌握结构的受力和变形状态；②对结构大跨度的跨中、大悬挑的端部在正常使用时的加速度响应进行监测，及时掌握建筑的使用舒适度情况。

根据设计院提供的模型，经与建设单位、监理单位、施工单位等多方协商，最终确定在该结构上共布置 278 个测点，其中包括加速度监测点 23 个、梁上应变监测点 117 个、柱上应变监测点 11 个及结构位移监测点 127 个。为了更好地说明各测点的分布情况，根据结构的特点对楼面 2 层、楼面 3 层以及结构屋面的测点进行统计，见表 7-1，各测点的具体位置如图 7-9 所示。

表 7-1 苏州科技馆监测测点数量统计表   单位:个

楼层	测点类型			
	位移测点（W）	梁应变测点（Y）	柱上应变测点（ZY）	加速度测点（J）
二层	66	37	11	14
三层	15	12	0	2
屋面层二	36	54	0	4
屋面层三	10	14	0	3
合计	127	117	11	23

针对苏州科技馆项目，开发了基于 BIM 技术的结构安全监测平台。平台由客户端和服务端两部分组成，从逻辑上分为 5 层，分别为服务层、应用层、平台层、数据层及采集层。为了解决 BIM 轻量化和可视化的问题，在监测平台的数据层中引入了模型轻量化模块和 Web 技术。同时，针对巨型钢桁架结构的施工卸载监测，提出了实时安全预警方法并在应用层中设计了相应模块。监测平台的总体架构如图 7-10 和图 7-11 所示。采集层是监测平台的基础，实现了对监测数据的采集和结构信息的整理。监测平台的主要数据采集手段分为自动在线上传和人工离线录入。对于无法在线上传的监测数据，可在后期人工录入监测平台的数据库中。数据层是采集层和平台层之间的桥梁，通过数据层可以保存和管理监测平台所需数据。其中，数据的主要类型包含有关系统管理的用户数据(用户账户密码及用户权限数据等)、监测数据以及 Revit 模型数据。考虑到 Revit 模型和监测平台的兼容性问题，采用了 gltf 格式对模型进行轻量化的格式转换，该格式作为一种中转格式为结构三维模型提供了统一标准，方便监测平台读取并进行渲染，进而确保 Revit 模型在监测平台上的兼容性和扩展性。平台层将数据层和应用层连接到一起，以保证监测平台的各项功能正常运行。此外，平台层预留了

第7章

二层测点布置

屋面层三测点布置

屋面层二测点布置

三层测点布置

▼ 位移测点（W）　▲ 柱应变测点（ZY）
◐ 梁应变测点（Y）　● 加速度测点（J）

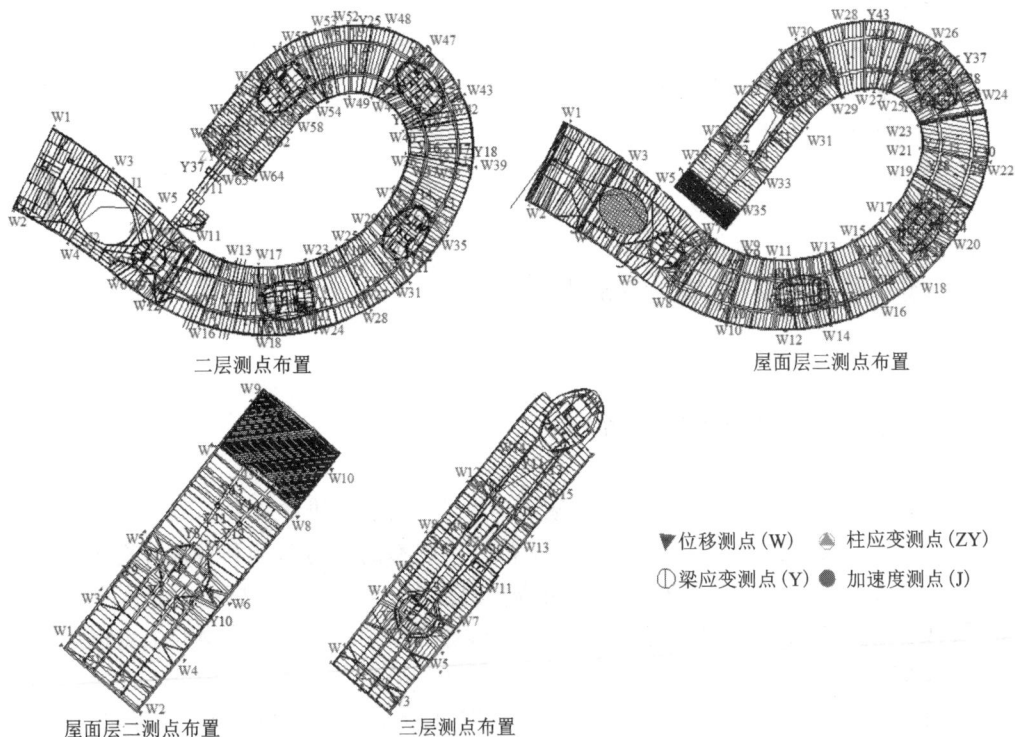

图 7-9　测点布置图

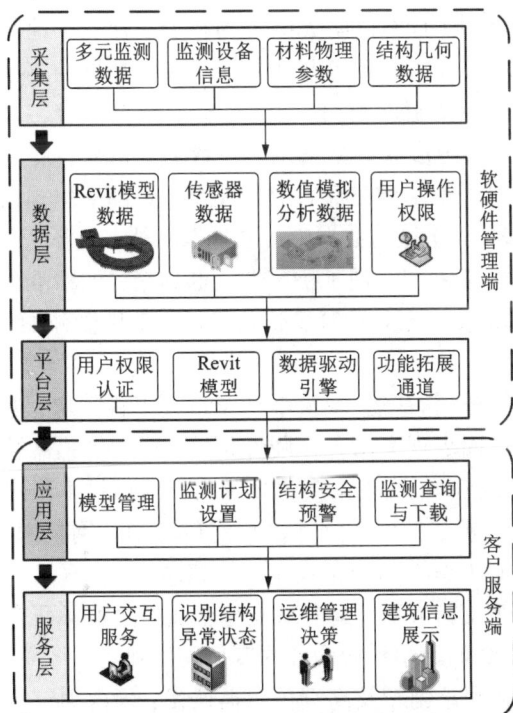

图 7-10　监测平台架构示意图

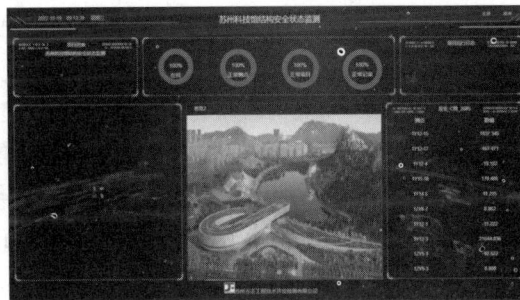

图 7-11　钢桁架结构体系组成

接口端以满足潜在的功能需求。应用层通过 Web 技术实现了该监测平台的各项基本功能，如 Revit 模型可视化操作、监测计划设置、结构安全预警、报表导出等。采用可靠的阈值估计方法，对各类监测参数的异常值进行预警。服务层的主要功能是使用户与平台交互，是用户能够直接管理并操作的界面平台。用户可通过服务层掌握建筑结构信息、识别结构异常、制定运维管理决策等。

7.3 桥梁结构运维智慧监测案例

>>>

7.3.1 结构运维智慧监测国内外现状

>>>

随着技术的发展，结构健康监测系统逐渐成为结构智慧运维的重要工具。其利用传感技术、大数据分析、人工智能等技术，实现对结构健康状态的实时监测和智能化分析，确保工程结构安全。结构智慧运维监测技术通过集成传感技术、物联网、大数据分析及人工智能等技术，实现了对结构状态的实时感知、动态评估与智能预警，为工程结构的全生命周期管理提供了科学依据。

在硬件技术与系统集成方面，美、日等发达国家以及欧洲地区的高精度光纤布拉格光栅传感器、无线传感网络及微机电系统技术已广泛应用于桥梁、大坝、高层建筑等重大工程。例如，美国在旧金山-奥克兰海湾大桥等项目中部署了基于物联网的实时监测系统，结合数字孪生技术，实现了结构行为的动态仿真与性能预测（日本以防灾减灾为核心，开发了地震响应实时监测系统，结合 AI 算法实现结构灾变预警，如东京晴空塔采用了多参数协同监测技术。）欧洲则注重标准化体系建设，英国提出的"智能基础设施"框架强调多源数据融合与全生命周期管理，并在伦敦地铁、北海风电设施等项目中形成典型案例。在数据分析与智能算法方面，国外研究机构较早将机器学习、深度学习引入结构健康评估。例如，美国斯坦福大学开发的基于卷积神经网络的损伤识别算法，能够从海量监测数据中自动提取特征，显著提升诊断效率；欧洲多国利用大数据平台整合环境与荷载数据，实现了桥梁性能退化趋势的精准预测。此外，日本在边缘计算领域进展显著，通过本地化数据处理减少传输延迟，提升监测系统的实时性。

我国结构智慧运维监测技术虽起步较晚，但依托"新基建"政策推动及重大工程需求，近年来发展迅猛，在技术应用规模与新兴技术整合方面表现突出。在硬件领域，国产传感器性能逐步提升，如光纤传感器和北斗高精度位移监测技术已实现国产化。国内在通信技术集成方面具有国际优势，例如港珠澳大桥综合监测系统融合了 5G、北斗卫星定位与物联网技术，实现了多源数据的实时传输与协同分析；上海中心大厦采用分布式光纤传感网络，实现了对超高层建筑的全天候应变监测。在算法创新与政策支持方面，国内高校与企业通过产学研合作，在损伤识别、剩余寿命预测等领域取得突破，然而跨学科协同的深度仍需加强。

国外技术优势主要体现在长期数据积累、基础理论创新及高端传感器研发；国内则以规模化应用和新兴技术快速落地生长。未来发展趋势将聚焦于多源异构数据融合、边缘计算与云平台协同、自主智能算法开发以及标准体系国际化。此外，在"双碳"目标下，绿色监测技术与可持续运维模式将成为全球竞争的新焦点。总体而言，结构智慧运维监测技术正从"数字化"向"智能化"跃升，国内外技术互补与竞争将共同推动该领域创新发展。

7.3.2 工程概况

香港青马大桥位于香港特别行政区西北部，连接葵青区的青衣岛和荃湾区的马湾岛，跨越马湾海峡，与汲水门大桥相接。香港青马大桥作为香港青屿干线道路的重要组成部分，于1992年5月25日动工，经过5年的建设，于1997年5月22日正式通车。该桥线路全长2160 m，主桥全长1377 m，如图7-12所示。香港青马大桥采用双层悬索设计，同时支持铁路和公路运输，上层为双向六车道城市高速公路，设计速度100 km/h，下层为双线铁路，设计速度135 km/h。桥梁主体采用钢桁架结构，两座高达206 m的混凝土桥塔巍然耸立。主缆由33400根高强度钢丝组成，直径达1.1 m，总长度可绕地球赤道4圈。桥面宽度达41 m，在强风条件下允许最大1.2 m的横向摆动，配备的调谐质量阻尼器可抵御300 km/h的台风。在防腐方面，大桥采用先进的除湿系统和氟碳涂料，主缆内部保持40%的恒定湿度，确保50年的设计使用寿命。目前，大桥日均通行车辆超过6万辆，承担着香港国际机场70%的陆路客运任务，是名副其实的"香港门户"。

作为20世纪桥梁工程的杰作，青马大桥先后获得美国建筑博览会"20世纪十大建筑成就奖"、英国结构工程师学会"杰出结构奖"等国际奖项。如今，这座服役超过25年的超级工程仍然是世界桥梁史上的重要里程碑，其创新的设计理念和建造技术为港珠澳大桥等超级工程提供了宝贵经验。

图7-12 香港青马大桥

7.3.3 结构运维智慧监测概况

香港青马大桥是香港最大的跨径桥梁，是承载着香港公路系统的重要动脉。为实时监测该桥的运行状态，1997年在该桥布置了风和结构健康监测系统。该系统由6个模块组成：传感系统、数据采集和传输系统、数据处理和控制系统、结构健康评估系统、便携式数据采集系统和便携式检查与维护系统。传感系统是监测系统中的重要组成部分，包括应变传感器、加速度计、位移传感器、GPS接收器、风速计、温度传感器等。其中加速度计与应变传感器的采样频率均为 51.2 Hz。香港青马大桥共布置 13 个加速度计，分别位于 9 个截面；110 个应变传感器，分别位于 3 个截面。通过各类传感器数据采集，可以实时监测并评估香港青马大桥的结构健康状态，从而确保其安全可靠运行。

图 7-13 为青马大桥纵向桁架应变监测系统，采用三类高精度对称应变计组网布置：(a) 顶部和弦应变计采用 IP68 防护等级不锈钢壳体，以 50 cm 间距成对布设于桁架顶板中性轴两侧，通过光纤光栅技术实现 ±3000 με 量程和 0.5 με 分辨率的弯曲变形监测；(b) 对角弦线应变计通过特殊 45° 安装支架构成 X 形监测网络，配备温度自补偿芯片，具有 ±5000 με 大量程特性，专门用于追踪桁架剪力分布和扭矩效应；(c) 底部和弦应变计采用防撞型设计焊接于下弦杆腹板，配备防腐蚀镀层和 ±1500 με 量程，重点监测支座反力及负弯矩区应力。所有传感器均以对称布置方式消除偏心荷载影响，通过 25 Hz 采样频率的铠装光缆传输系统，实现桁架三维应力场的差分计算与实时监测，其中顶部测点侧重桥面系统荷载传递，对角测点掌控剪力分布，底部测点专注支座受力，共同构成完整的桁架结构力学行为监测体系。

(a) 顶部和弦处的对称应变计　　(b) 对角弦线上的对称应变计　　(c) 底部和弦处的对称应变计

图 7-13　香港青马大桥纵向桁架上的对称应变计

图 7-14 所示为青马大桥主缆上安装的高灵敏度加速度计，该传感器采用防水防振设计，通过高强度螺栓固定于主缆表面，用于实时监测主缆在风荷载、车辆荷载等作用下的三维振动特性。此外，在青马大桥青衣桥墩关键部位，安装有纵向位移传感器，该传感器通过不锈钢安装支架刚性固定在桥墩承台与主梁连接处，测量范围为 ±150 mm，分辨率达 0.01 mm，具备 IP68 防护等级和 5000 V 抗雷击能力。传感器内置温度补

图 7-14　香港青马大桥主缆上的加速度计

偿模块，通过振弦频率变化精确测量结构纵向位移，采样频率为 20 Hz，数据经屏蔽双绞线传输至数据采集仪。该传感器主要用于监测桥墩在温度荷载、车辆制动及地震作用下的纵向位移响应，特别关注支座滑移行为和伸缩缝工作状态。

7.3.4　智慧运维结果分析

图 7-15 展示了 2011 年 6 月 3 日 24 小时内香港青马大桥北桁架关键部位的应变监测数据对比：(a) SPTDN01 传感器安装于北桁架侧桁架下轴处，其 24 小时监测数据呈现"先降后升再降"的显著变化趋势，这种大幅波动反映了桥面系统在早高峰交通荷载作用下典型的应

力重分布过程，特别是重载车辆通过时导致的桁架下弦杆弯曲效应。(b)SPTDN03 传感器布置在北桁架侧桁架右对角位置，其数据表现为平稳起始→快速下降→急速回升→小幅回落→持续上升的复合响应，这种差异化的应变演变规律，揭示了桁架结构在交通荷载与温度荷载共同作用下的复杂力学响应：下弦杆主要承受整体弯曲效应，而对角杆件则更多反映局部剪力传递特性，为评估桁架节点疲劳累积损伤提供了重要依据。

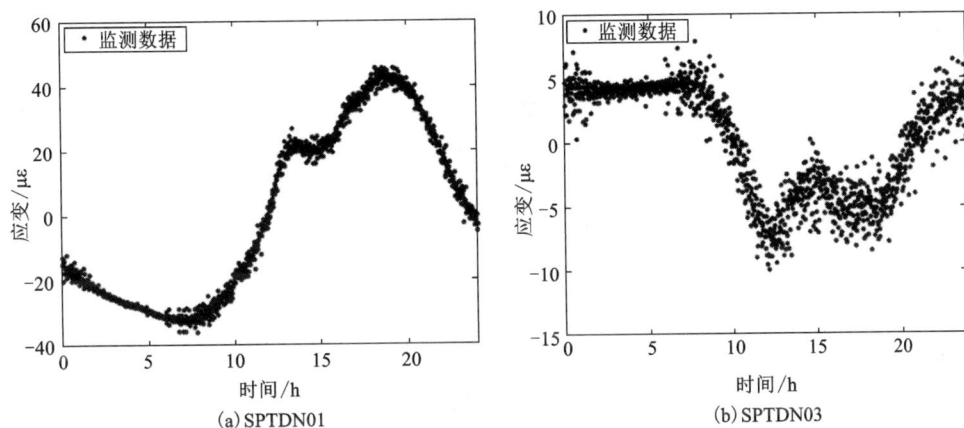

图 7-15 香港青马大桥应变传感器监测数据

图 7-16 展示了 2011 年 6 月 3 日 24 小时内香港青马大桥马湾塔与青衣桥塔关键部位的位移动态响应特征。(a)DSTEN01 传感器安装于马湾主塔北侧索鞍连接处，其位移曲线呈现典型的三阶段变化：清晨快速下降阶段，对应夜间降温收缩效应；日间持续上升阶段反映了温度回升与交通荷载的共同作用；午后缓慢回落阶段则显示结构热惯性导致的滞后响应。(b)DSTRA600 传感器部署在青衣桥塔锚固区，其位移模式更为复杂，其数据表现为持续上升→快速下降→上下波动→急剧上升→急剧下降的复合响应，位移区间为 [-1.55 mm,+3.73 mm]。

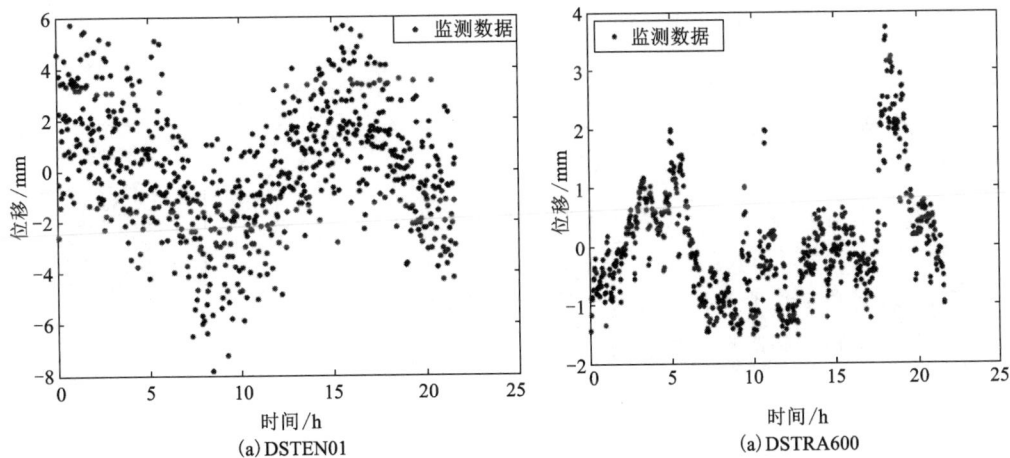

图 7-16 香港青马大桥位移传感器监测数据

智慧启思

以"港珠澳大桥"工程厚植爱国情怀与协同创新

认知拓展

实践创新

思 考 题

1. 香港青马大桥的风和结构健康监测系统主要由哪几个模块组成?

2. 青马大桥安装了多种传感器。请列举出其中提到的三种传感器类型及其主要监测对象(或物理量)。

参考答案

参考文献

[1] SOHN H, FARRAR C R, HEMEZ F M, et al. A review of structural health monitoring literature：1996 – 2001 [J]. Los Alamos National Laboratory, USA, 2003, 1：16.

[2] CHAN T H T, YU L, TAM H Y, et al. Fiber Bragg grating sensors for structural health monitoring of Tsing Ma bridge：Background and experimental observation[J]. Engineering Structures, 2006, 28(5)：648-659.

[3] 李惠, 欧进萍, JIN P O. 斜拉桥结构健康监测系统的设计与实现（Ⅱ）：系统实现[J]. 土木工程学报, 2006(4)：45-53.

[4] JANG S, JO H, CHO S, et al. Structural health monitoring of a cable – stayed bridge using smart sensor technology：deployment and evaluation [J]. SMART STRUCTURES AND SYSTEMS, 2010, 6(5–6)：439-459.

[5] KASHIMA S, YANAKA Y, SUZUKI S. Monitoring the Akashi Kaikyo Bridge：First Experiences[J]. Structural Engineering International, 2001.

[6] 陈伟欢, 吕中荣, 陈树辉, 等. 广州新塔不同激励下动力特性监测[J]. 振动与冲击, 2012, 31(3)：49 -54.

[7] NI Y Q, XIA Y, LIAO W Y, et al. Technology innovation in developing the structural health monitoring system for Guangzhou New TV Tower[J]. STRUCTURAL CONTROL & HEALTH MONITORING, 2009, 16(1)：73-98.

[8] ZHANG F L, XIONG H B, SHI W X, et al. Structural health monitoring of Shanghai Tower during different stages using a Bayesian approach[J]. Structural Control and Health Monitoring, 2016, 23(11)：1366-1384.

[9] 谢壮宁, 徐安, 魏琏, 等. 深圳京基100风致响应实测研究[J]. 建筑结构学报, 2016, 37(6)：93-100.

[10] 孙利民, 尚志强, 夏烨. 大数据背景下的桥梁结构健康监测研究现状与展望[J]. 中国公路学报, 2019, 32(11)：1-20.

[11] 麦肯锡全球研究院. 数字时代的中国：打造具有全球竞争力的新经济[EB/OL]. https://www. mckinsey. com. cn/.

[12] 中国建筑业协会. 2023年建筑业发展统计分析[EB/OL]. https：//mp. weixin. qq. com/s?＿＿biz＝MzUyNjM4NzkzOQ＝＝&mid＝2247499961&idx＝1&sn＝21bc374880e67a5fa8bcff0e7f981e87&chksm＝fa0d1f35cd7a9623879c35d9ac414e055de40dec1714eda5b026df96c955aa6999acf30e4298&scene＝27.

[13] 李惠, 鲍跃全, 李顺龙, 等. 结构健康监测数据科学与工程[J]. 工程力学, 2015, 32(8)：1-7.

[14] FARRAR C R, LIEVEN N A J. Damage prognosis：the future of structural health monitoring [J]. PHILOSOPHICAL TRANSACTIONS OF THE ROYAL SOCIETY A – MATHEMATICAL PHYSICAL AND ENGINEERING SCIENCES, 2007, 365(1851)：623-632.

[15] BAO Y, LI H. Machine learning paradigm for structural health monitoring[J]. STRUCTURAL HEALTH MONITORING-AN INTERNATIONAL JOURNAL, 2021, 20(4)：1353-1372.

[16] YEUM C M, DYKE S J. Vision-Based Automated Crack Detection for Bridge Inspection[J]. COMPUTER-AIDED CIVIL AND INFRASTRUCTURE ENGINEERING, 2015, 30(10)：759-770.

[17] NARAZAKI Y, HOSKERE V, HOANG T A, et al. Vision-based automated bridge component recognition with

high-level scene consistency[J]. COMPUTER-AIDED CIVIL AND INFRASTRUCTURE ENGINEERING, 2020, 35(5): 465-482.

[18] HINTON G E, OSINDERO S, TEH Y. A fast learning algorithm for deep belief nets [J]. NEURAL COMPUTATION, 2006, 18(7): 1527-1554.

[19] FENG D, FENG M Q. Computer vision for SHM of civil infrastructure: From dynamic response measurement to damage detection - A review[J]. ENGINEERING STRUCTURES, 2018, 156: 105-117.

[20] SPENCER B F, HOSKERE V, NARAZAKI Y. Advances in Computer Vision-Based Civil Infrastructure Inspection and Monitoring[J]. ENGINEERING, 2019, 5(2): 199-222.

[21] YE X W, JIN T, YUN C B. A review on deep learning-based structural health monitoring of civil infrastructures[J]. SMART STRUCTURES AND SYSTEMS, 2019, 24(5): 567-585.

[22] 韩晓健, 赵志成, ZHI CHENG ZHAO. 基于计算机视觉技术的结构表面裂缝检测方法研究[J]. 建筑结构学报, 2018, 39(S1): 418-427.

[23] XU Y, BAO Y, CHEN J, et al. Surface fatigue crack identification in steel box girder of bridges by a deep fusion convolutional neural network based on consumer-grade camera images[J]. STRUCTURAL HEALTH MONITORING-AN INTERNATIONAL JOURNAL, 2019, 18(3): 653-674.

[24] CHEN F, JAHANSHAHI M R. NB-CNN: Deep Learning-Based Crack Detection Using Convolutional Neural Network and Naive Bayes Data Fusion[J]. IEEE TRANSACTIONS ON INDUSTRIAL ELECTRONICS, 2018, 65(5): 4392-4400.

[25] HUANG H, LI Q, ZHANG D. Deep learning based image recognition for crack and leakage defects of metro shield tunnel[J]. Tunnelling and Underground Space Technology, 2018, 77: 166-176.

[26] YEUM C M, CHOI J, DYKE S J. Automated region-of-interest localization and classification for vision-based visual assessment of civil infrastructure[J]. STRUCTURAL HEALTH MONITORING-AN INTERNATIONAL JOURNAL, 2019, 18(3): 675-689.

[27] ZHAO J, HU F, QIAO W, et al. A modified U-net for crack segmentation by Self-Attention-Self-Adaption neuron and random elastic deformation[J]. SMART STRUCTURES AND SYSTEMS, 2022, 29(1): 1-16.

[28] NI F, ZHANG J, CHEN Z. Zernike-moment measurement of thin-crack width in images enabled by dual-scale deep learning[J]. COMPUTER-AIDED CIVIL AND INFRASTRUCTURE ENGINEERING, 2019, 34(5): 367-384.

[29] JIANG S, ZHANG J. Real-time crack assessment using deep neural networks with wall-climbing unmanned aerial system[J]. COMPUTER-AIDED CIVIL AND INFRASTRUCTURE ENGINEERING, 2020, 35(6): 549-564.

[30] HU F, ZHAO J, HUANG Y, et al. Structure-aware 3D reconstruction for cable-stayed bridges: A learning-based method[J]. COMPUTER-AIDED CIVIL AND INFRASTRUCTURE ENGINEERING, 2021, 36(1): 89-108.

[31] JIANG W, DING L, ZHOU C. Cyber physical system for safety management in smart construction site[J]. ENGINEERING CONSTRUCTION AND ARCHITECTURAL MANAGEMENT, 2021, 28(3): 788-808.

[32] ZHOU C, LUO H, FANG W, et al. Cyber-physical-system-based safety monitoring for blind hoisting with the internet of things: A case study[J]. AUTOMATION IN CONSTRUCTION, 2019, 97: 138-150.

[33] DING L, FANG W, LUO H, et al. A deep hybrid learning model to detect unsafe behavior: Integrating convolution neural networks and long short-term memory[J]. AUTOMATION IN CONSTRUCTION, 2018, 86: 118-124.

[34] SHIM C, DANG N, LON S, et al. Development of a bridge maintenance system for prestressed concrete bridges using 3D digital twin model[J]. STRUCTURE AND INFRASTRUCTURE ENGINEERING, 2019, 15

（10）：1319-1332.

［35］AUSTIN M, DELGOSHAEI P, COELHO M, et al. Architecting Smart City Digital Twins：Combined Semantic Model and Machine Learning Approach［J］. JOURNAL OF MANAGEMENT IN ENGINEERING, 2020, 36（4）.

［36］WEI S, ZHANG Z, LI S, et al. Strain features and condition assessment of orthotropic steel deck cable-supported bridges subjected to vehicle loads by using dense FBG strain sensors［J］. SMART MATERIALS AND STRUCTURES, 2017, 26（10）.

［37］LI S, WEI S, BAO Y, et al. Condition assessment of cables by pattern recognition of vehicle-induced cable tension ratio［J］. ENGINEERING STRUCTURES, 2018, 155：1-15.

［38］刘占省, 刘诗楠, 赵玉红, 等. 智能建造技术发展现状与未来趋势［J］. 建筑技术, 2019, 50（7）：772-779.

［39］陈珂, 丁烈云, LIE YUN DING. 我国智能建造关键领域技术发展的战略思考［J］. 中国工程科学, 2021, 23（04）：64-70.

［40］邓国盛, 刘桂雄, 申柏华, 等. 迅速崛起的网络化智能传感技术［J］. 传感器技术, 2002（9）：4-7.

［41］张冬谊, 王曼. 基于智能传感技术的城乡电网实时监控研究［J］. 电工技术, 2025（2）：92-94.

［42］徐颖秦, 熊伟丽. 物联网技术及应用［M］. 2 版. 北京：机械工业出版社, 2023.

［43］顾安邦, 张永水. 桥梁施工监测与控制［M］. 北京：机械工业出版社, 2005.

［44］LEBET J P. Experimental and theoretical study of the behaviour of composite bridges during construction［Z］. 1998：46, 69-70.

［45］AUTHORITY H B. The Akashi-Kaikyo bridge：Design and construction of the world's longest bridge［J］.（No Title）, 1998.

［46］CHEUNG M S. Instrumentation and Field Monitoring of the Confederation Bridge［C］//Workshop on Research and Monitoring of Long Span Bridges, 2000.

［47］YI T, LI H, GU M, et al. Sensor placement optimization in structural health monitoring using niching monkey algorithm［J］. International Journal of Structural Stability and Dynamics, 2014, 14（05）：1440012.

［48］YI T, LI H, GU M. Optimal sensor placement for structural health monitoring based on multiple optimization strategies［J］. The Structural Design of Tall and Special Buildings, 2011, 20（7）：881-900.

［49］STRASER E G, KIREMIDJIAN A S, MENG T H, et al. A modular, wireless network platform for monitoring structures［C］//. Proceedings-SPIE The International Society for Optical Engineering：Citeseer, 1998：450-456.

［50］曾志斌, 张玉玲. 国家体育场大跨度钢结构卸载时应力监测系统［J］. 中国铁道科学, 2008（1）：139-144.

［51］蔡巍, 王恩宏. 广州国际会议展览中心钢结构施工监测［J］. 广州建筑, 2003（1）：25-27.

［52］张慎伟. 大型钢结构施工过程计算理论与监测技术［D］. 上海：同济大学, 2007.

［53］彭明祥, 刘军进, 王翠坤, 等. CCTV 主楼施工过程结构关键点位的变形监测技术［J］. 建筑科学, 2009, 25（11）：91-94.